高等职业教育土木建筑类专业新形态教材

建筑装饰施工图绘制与CAD

主　编　谢　晶　陆建遵　钱飞丞

副主编　朱　芸　单　江

北京理工大学出版社
BEIJING INSTITUTE OF TECHNOLOGY PRESS

内容提要

全书共分两部分，第一部分为建筑装饰制图，包括第一至五章：第一章为建筑制图标准，主要内容为建筑装饰工程制图的基本知识；第二章为投影，主要内容为投影的基本理论；第三章为建筑施工图绘制，主要内容有建筑总平面图、建筑平面图、立面图、剖面图和详图的绘制；第四章为装饰装修施工图绘制，主要内容为装饰装修施工图的图样画法；第五章为轴测图和透视图绘制，主要内容有轴测投影图的绘制、透视的基本知识、透视图的绘制、透视图中阴影的绘制。第二部分为计算机辅助制图与AutoCAD，包括第六至第九章：第六章为计算机辅助制图，主要内容有计算机辅助制图文件及绘图规律；第七章为AutoCAD基础知识；第八章为AutoCAD绘图规则；第九章为应用AutoCAD绘制装饰工程图样，主要内容包括AutoCAD软件绘制建筑工程图样的方法与步骤。

本书可作为高等院校建筑土木工程类相关专业的基础教材，也可作为土建施工人员进行图纸识读和提升绘制能力的培训用书。

图书在版编目（CIP）数据

建筑装饰施工图绘制与CAD / 谢晶，陆建遵，钱飞丞主编.—北京：北京理工大学出版社，2023.2重印

ISBN 978-7-5682-9487-4

Ⅰ.①建…　Ⅱ.①谢…　②陆…　③钱…　Ⅲ.①建筑装饰－建筑制图－计算机辅助设计－AutoCAD软件　Ⅳ.①TU238-39

中国版本图书馆CIP数据核字（2021）第017723号

出版发行 / 北京理工大学出版社有限责任公司
社　　址 / 北京市海淀区中关村南大街5号
邮　　编 / 100081
电　　话 / （010）68914775（总编室）
（010）82562903（教材售后服务热线）
（010）68944723（其他图书服务热线）
网　　址 / http://www.bitpress.com.cn
经　　销 / 全国各地新华书店
印　　刷 / 北京紫瑞利印刷有限公司
开　　本 / 787毫米 ×1092毫米　1/16
印　　张 / 14.5
字　　数 / 370千字
版　　次 / 2023年2月第1版第3次印刷
定　　价 / 42.00元

责任编辑 / 高雪梅
文案编辑 / 高雪梅
责任校对 / 周瑞红
责任印制 / 边心超

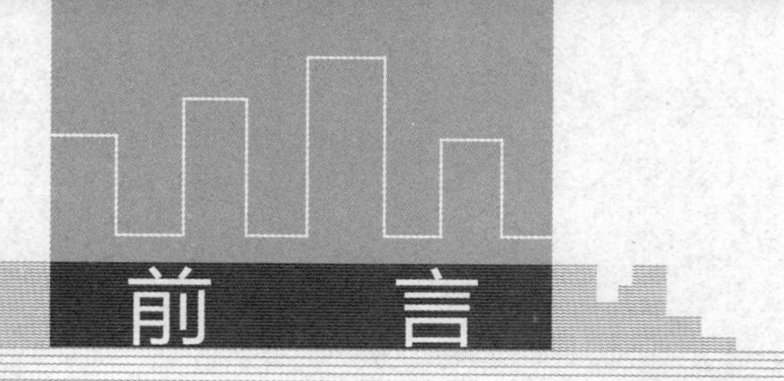

前　言

随着我国高等教育改革的不断深化，转变教学理念，实施多元化学业评价机制变得尤为重要。本书为突出职业素质的教育与评价，以项目、任务为载体，通过真实工作任务的实践，使学生掌握发现问题、分析问题、解决问题的能力，由原来的“学会”知识，变为“会学”知识，从而实现学生职业能力的自我建构和职业素养的提高。

课程教学的重要目标是以任务为载体，先按照绘图步骤和规则进行制图操作，然后在掌握规则与步骤的基础上通过由简入繁、由基础到实用、由局部到整体、由徒手到计算机软件应用一系列环环相扣的任务训练，使熟练的操作最终转化为一项职业基本技能。

本书以建筑装饰制图与CAD操作基本知识为基础，以实际工作任务为载体，通过对不同类型建筑空间图纸的识读与绘制，使学生掌握建筑装饰制图必备的基本知识，熟练掌握CAD绘图软件操作的方法和技巧，具备一定的建筑装饰图的识读绘制能力所必需的基本职业素质，实现学生职业能力的自我建构和职业素养的形成。

本书根据高等院校的培养目标和教学要求，针对高等院校土木工程专业、建筑技术专业和工程造价等相关专业进行编写。本书编写时，对基本理论的讲授以应用为目的，教学内容以必需、够用为度，力求体现高等教育注重职业能力培养的特点，并总结多年高等院校教学改革和建筑装饰施工图绘制和CAD教学实践的经验；依据“少而精”的教学原则，突出教学过程中的理论与实际相结合，强化了实际操作的培训。

本书由谢晶、陆建遵、钱飞丞担任主编，由朱芸、单江担任副主编。具体编写分工为：第一章、第六章和第九章由谢晶编写，第二章和第三章由陆建遵编写，第四章和第五章由钱飞丞编写，第七章由朱芸编写，第八章由单江编写。

本书在编写过程中参阅了大量文献，在此向这些文献的作者致以诚挚的谢意！由于编写时间仓促，编者的经验和水平有限，书中难免存在不妥和错误之处，恳请读者和专家批评指正。

编　者

Contents

目 录

第一部分 建筑装饰制图……1

第一章 建筑制图标准……1

第一节 图纸幅面……1

一、图纸幅面规格……1

二、图框格式……2

三、标题栏格式……3

第二节 图线……5

一、图线的形式及应用……5

二、图线的画法……7

第三节 比例……8

一、比例符号表示方法……8

二、比例的选用……8

第四节 字体……9

一、字高……9

二、汉字……9

三、字母与数字……9

第五节 尺寸标注……10

一、尺寸标注的基本原则……10

二、尺寸的组成……10

三、常用的尺寸标注方法……11

第六节 建筑施工图中的常用符号……14

一、剖切符号……14

二、内视符号……15

三、索引符号与详图符号……16

四、指北针与风向频率玫瑰图……17

第七节 定位轴线……17

一、定位轴线的作用……17

二、定位轴线的表示方法……17

第八节 图例……19

一、图例的作用与要求……19

二、建筑工程制图常用图例……20

第二章 投影……21

第一节 投影基本知识……21

一、投影的概念……21

二、投影法的种类……21

三、三面投影图的形成与投影规律……22

第二节 点、线、面的投影……24

一、点的投影……24

二、直线的投影……27

三、平面的投影……30

第三节 基本形体的投影……34

一、平面体的投影……35

二、曲面体的投影……37
三、立体表面上点的投影……40
四、基本立体尺寸标注……43
第四节　组合形体的投影……44
一、组合体的组合方式……44
二、组合体的画法……46
三、组合体的尺寸标注……47
四、组合体投影图的识读……50
第五节　建筑物的形体表达……51
一、六面投影图……51
二、剖面图……51
三、断面图……54

第三章　建筑施工图绘制……56
第一节　建筑施工图绘制步骤与要求……56
一、绘制建筑施工图的步骤……56
二、绘制建筑施工图的要求……56
第二节　建筑施工图的内容……57
一、建筑施工图的分类与图纸编排……57
二、施工图首页……58
三、建筑总平面图……58
四、建筑平面图……59
五、建筑立面图……61
六、建筑剖面图……62
七、建筑详图……62
第三节　建筑施工图图样画法……64
一、投影法……64
二、视图布置……64
三、剖面图和断面图……65
四、简化画法……67

第四章　装饰装修施工图绘制……70
第一节　装饰装修施工图的内容与绘制要求……70
一、装饰装修施工图的内容……70
二、装饰装修施工图的绘制要求……79
第二节　装饰装修施工图图样画法……83
一、投影法……83
二、平面图……84
三、顶棚平面图……85
四、地面平面图……86
五、立面图……87
六、剖面图……88
七、断面图……89
八、建筑装饰装修详图……89
九、建筑装饰装修工程设备安装施工图……90
十、视图布置……98
十一、其他规定……98

第五章　轴测图和透视图绘制……99
第一节　轴测图……99
一、轴测投影的形成及有关术语……99
二、轴测图的分类……100

三、轴测图的选择……102
四、轴测图的画法……105
第二节　透视图……107
一、透视图的形成及有关术语……107
二、透视图的分类……108
三、透视图的基本规律……109
四、平面立体透视图的画法……111
五、透视阴影与虚影……113

第二部分　计算机辅助制图与AutoCAD……117

第六章　计算机辅助制图……117
第一节　计算机辅助制图文件……117
一、图库文件……117
二、工程模型文件的命名……117
三、工程图纸编号……118
四、工程图纸文件命名……118
五、工程图纸文件夹……119
六、工程图纸文件的使用与管理……120
第二节　计算机辅助制图文件图层……120
一、图层命名要求……120
二、图层命名格式……120
第三节　计算机辅助制图规则……121
一、指北针……121
二、坐标系与原点……122
三、计算机辅助制图的布局……122
四、比例……122

第七章　AutoCAD基础知识……123
第一节　AutoCAD软件功能与工作界面……123
一、AutoCAD 软件功能……123
二、AutoCAD 绘图工作界面……123
三、AutoCAD 坐标系统……126
四、AutoCAD 配置绘图系统……126
第二节　AutoCAD基本命令与操作……128
一、AutoCAD 基本操作……128
二、二维图形的绘制……133
三、二维图形的编辑……155
四、文字输入与文字样式设置……180
五、尺寸样式设置与标注……184
六、图块的创建与编辑……188
七、图纸布局和打印……192

第八章　AutoCAD绘图规则……201
第一节　AutoCAD工程制图基本设置要求……201
一、图纸幅面与格式……201
二、比例……202
三、字体……203
四、图线……204
五、剖面符号……205
六、标题栏……205

七、明细栏……………………………………206

第二节　AutoCAD工程图的基本画法与尺寸标注………………………………206

一、AutoCAD 工程图的基本画法……206

二、AutoCAD 工程图的尺寸标注……207

第九章　应用AutoCAD绘制装饰工程图样……………………………………208

第一节　原始结构平面图的绘制………208

一、工程图样板文件的创建……………208

二、绘制原始结构平面图………………212

第二节　装饰施工平面布置图的绘制…215

第三节　装饰施工地面铺装图的绘制…217

第四节　装饰施工顶棚平面图的绘制…218

第五节　装饰施工立面图的绘制………220

第六节　装饰施工节点详图的绘制……221

一、装饰施工节点详图的绘制要点…221

二、绘制装饰施工节点制图……………221

参考文献……………………………………………224

第一部分　建筑装饰制图

第一章　建筑制图标准

第一节　图纸幅面

一、图纸幅面规格

《房屋建筑制图统一标准》

图纸幅面是指图纸的大小规格。常用标准图纸幅面共有五种，由小至大分别为 A4、A3、A2、A1、A0 图幅，其大小规格见表 1-1。各种图纸幅面的尺寸关系为“沿上一号幅面的长边对裁，即次一号图幅的大小”，如图 1-1 所示。

表 1-1　图纸幅面及图框尺寸　mm

幅面代号 尺寸代号	A0	A1	A2	A3	A4
$b\times l$	841×1 189	594×841	420×594	297×420	210×297
c	10			5	
a	25				
注：表中 b 为幅面短边尺寸，l 为幅面长边尺寸，c 为图框线与幅面线间宽度，a 为图框线与装订边间宽度。					

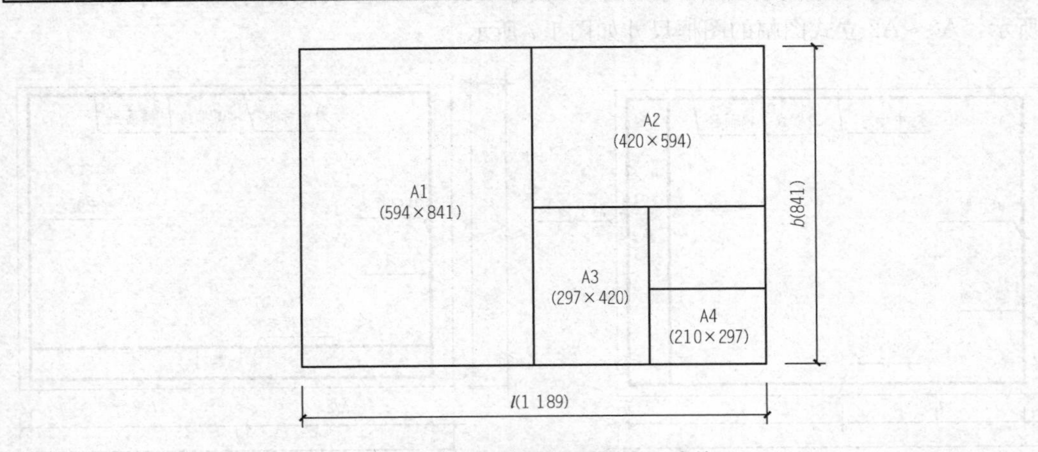

图 1-1　各种图纸幅面的尺寸关系

设计制图时应优先选用 A4、A3、A2、A1、A0 这五种图幅尺寸，必要时也允许加长幅面。加长幅面的尺寸是由基本幅面的短边成整数倍数增加后得出的，见表 1-2。

表 1-2　图纸长边加长尺寸　　mm

幅面代号	长边尺寸	长边加长后的尺寸
A0	1 189	1 486(A0+1/4l)　1 783(A0+1/2l) 2 080(A0+3/4l)　2 378(A0+l)
A1	841	1 051(A1+1/4l)　1 261(A1+1/2l)　1 471(A1+3/4l) 1 682(A1+l)　1 892(A1+5/4l)　2 102(A1+3/2l)
A2	594	743(A2+1/4l)　891(A2+1/2l)　1 041(A2+3/4l) 1 189(A2+l)　1 338(A2+5/4l)　1 486(A2+3/2l) 1 635(A2+7/4l)　1 783(A2+2l)　1 932(A2+9/4l) 2 080(A2+5/2l)
A3	420	630(A3+1/2l)　841(A3+l)　1 051(A3+3/2l) 1 261(A3+2l)　1 471(A3+5/2l)　1 682(A3+3l) 1 892(A3+7/2l)
注：有特殊需要的图纸，可采用 $b \times l$ 为 841 mm×891 mm 与 1 189 mm×1 261 mm 的幅面。		

二、图框格式

图纸可以横放，也可以竖放。在图纸上必须用粗实线(线宽约为 1.0 mm 或 1.4 mm)画出图框。应注意的是，同一套图只能采用一种图框格式。A0～A3 横式图幅的图框尺寸如图 1-2 和图 1-3 所示，A0～A1 横式图幅的图框尺寸如图 1-4 所示，A0～A4 立式图幅的图框尺寸如图 1-5 和图 1-6 所示，A0～A2 立式图幅的图框尺寸如图 1-7 所示。

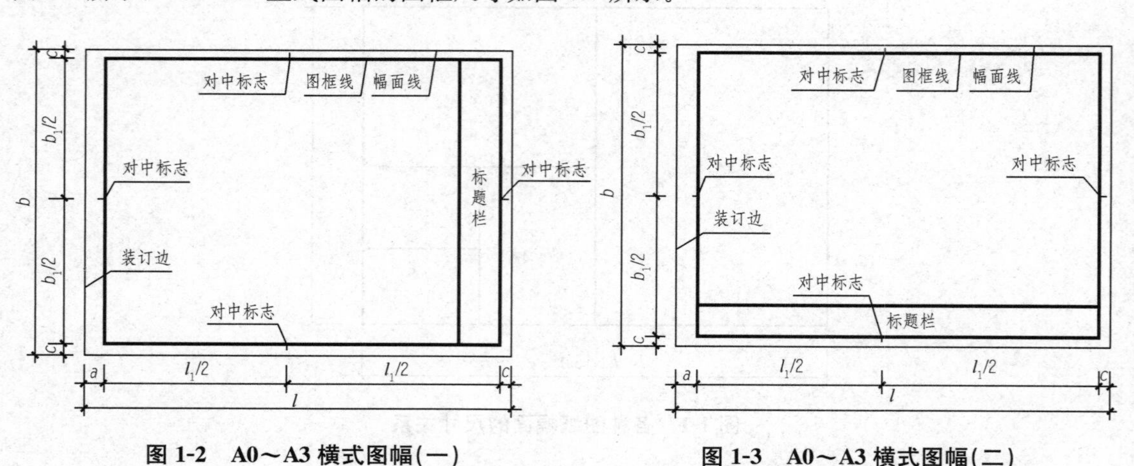

图 1-2　A0～A3 横式图幅(一)　　图 1-3　A0～A3 横式图幅(二)

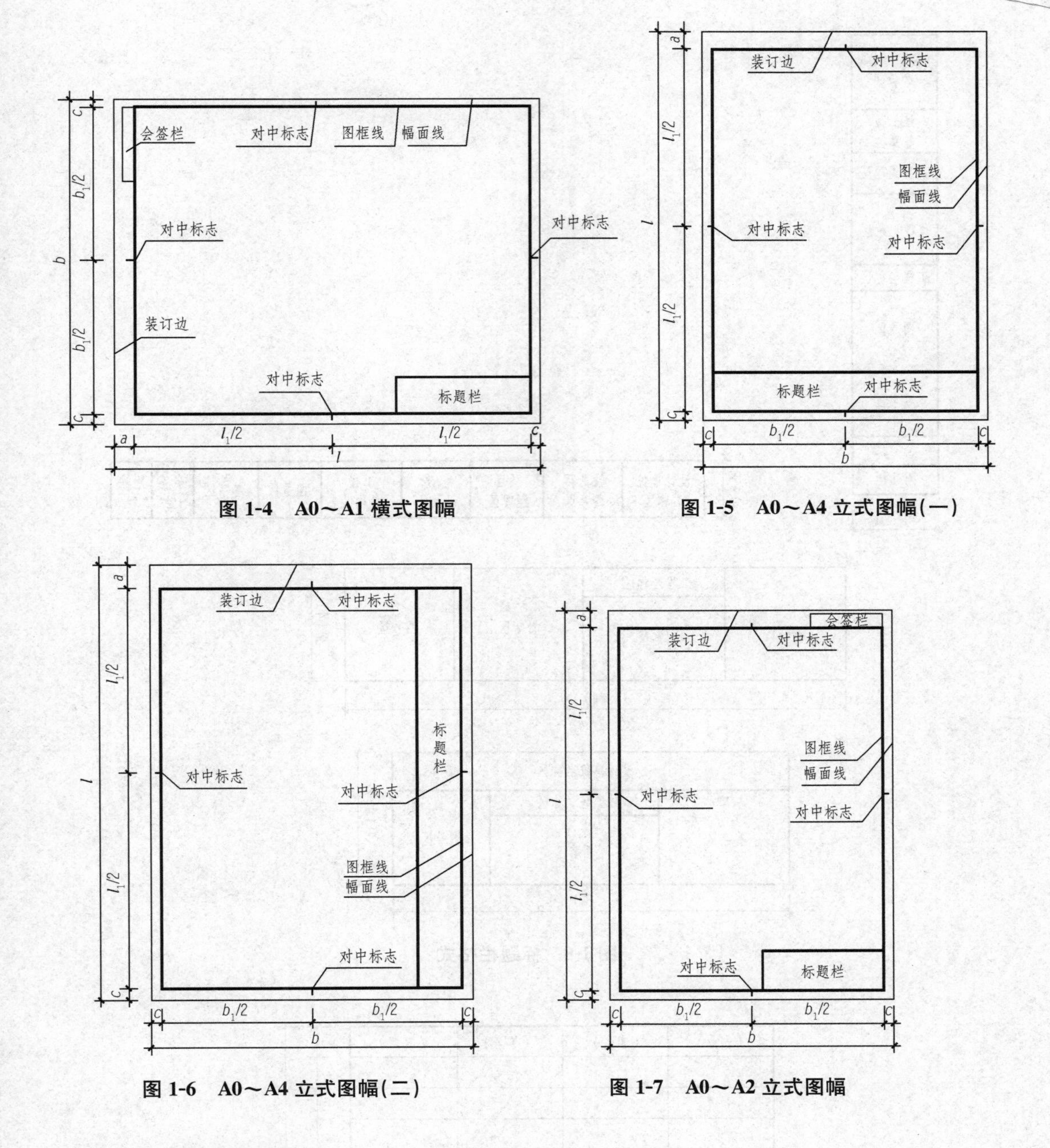

图 1-4　A0～A1 横式图幅

图 1-5　A0～A4 立式图幅(一)

图 1-6　A0～A4 立式图幅(二)

图 1-7　A0～A2 立式图幅

三、标题栏格式

每张图纸都必须具有一个标题栏，用来填写工程项目名称、图纸名称、图纸编号、设计单位、设计人员名称、制图人员名称、比例等内容，《房屋建筑制图统一标准》(GB/T 50001—2017)对图纸标题栏的尺寸、格式和内容都有规定。图 1-8 所示为标题栏的格式，图 1-9 所示为会签栏的格式，图 1-10 所示为标题栏示例。

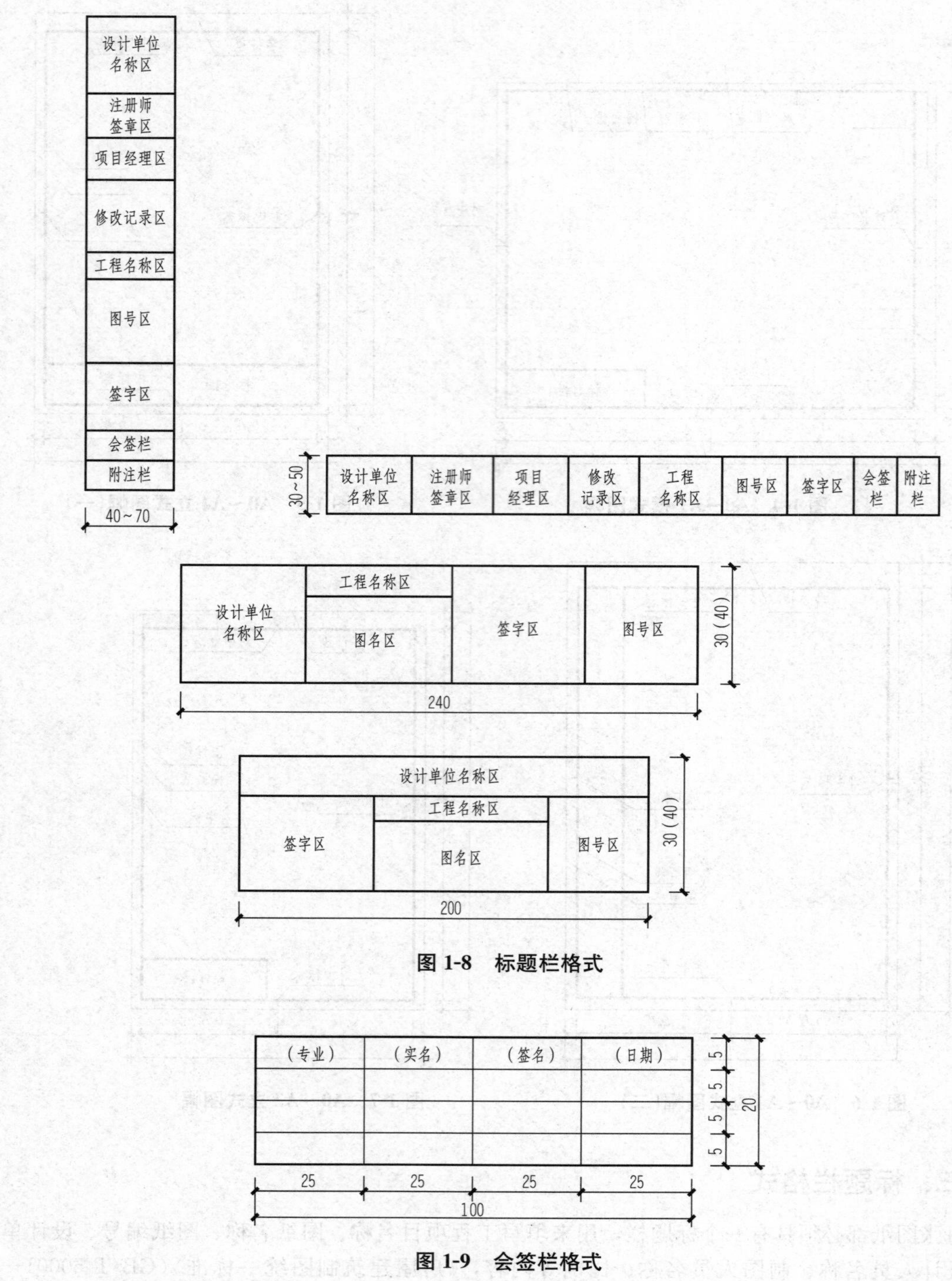

图 1-8　标题栏格式

（专业）	（实名）	（签名）	（日期）

图 1-9　会签栏格式

设计单位出图专用章（未盖章无效）							
	△						
	△0						
	版次	说明	设计	校核	审核	审定	日期
	LOGO	××××建筑设计工程有限公司		屋面排水示意图			
	建设单位	××××生物科技有限公司					
	项目名称	××××综合循环利用项目		1715-02TJ-7a			
	主项名称	办公楼		专业	建筑	设计阶段	施工图
	资质等级	甲级	证书编号	A1210*****	比例	1∶100	第7张/共19张

图 1-10　标题栏示例

第二节　图线

一、图线的形式及应用

为使图样层次清晰、主次分明，《房屋建筑制图统一标准》(GB/T 50001—2017)、《建筑制图标准》(GB/T 50104—2010)规定了建筑工程图样中常用的图线名称、形式、宽度及其应用。

微课：图线

图线的基本宽度 b，宜从 1.4 mm、1.0 mm、0.7 mm、0.5 mm 线宽系列中选取。每个图样，应根据复杂程度与比例大小，先选定基本线宽 b，再选用表 1-3 中相应的线宽组。

表 1-3　线宽组　　mm

线宽比	线宽组			
b	1.4	1.0	0.7	0.5
$0.7b$	1.0	0.7	0.5	0.35
$0.5b$	0.7	0.5	0.35	0.25
$0.25b$	0.35	0.25	0.18	0.13

注：1. 需要缩微的图纸，不宜采用 0.18 mm 及更细的线宽。
2. 同一张图纸内，各不同线宽中的细线，可统一采用较细线宽组的细线。

建筑专业、室内设计专业制图采用的各种图线，应符合表 1-4 中的规定。

表 1-4　建筑制图中的图线规定　　mm

名称		线型	线宽	用途
实线	粗		b	1. 平、剖面图中被剖切的主要建筑构造(包括构配件)的轮廓线 2. 建筑立面图或室内立面图的外轮廓线 3. 建筑构造详图中被剖切的主要部分的轮廓线 4. 建筑构配件详图中的外轮廓线 5. 平、立、剖面图的剖切符号
	中粗		$0.7b$	1. 平、剖面图中被剖切的次要建筑构造(包括构配件)的轮廓线 2. 建筑平、立、剖面图中建筑构配件的轮廓线 3. 建筑构造详图及建筑构配件详图中的一般轮廓线
	中		$0.5b$	小于 $0.7b$ 的图形线，尺寸线，尺寸界线，索引符号，标高符号、详图材料做法引出线，粉刷线，保温层线，地面、墙面的高差分界线等
	细		$0.25b$	图例填充线、家具线、纹样线等
虚线	中粗		$0.7b$	1. 建筑构造详图及建筑构配件不可见的轮廓线 2. 平面图中的起重机(吊车)轮廓线 3. 拟建、扩建建筑物的轮廓线
	中		$0.5b$	投影线、小于 $0.5b$ 的不可见轮廓线
	细		$0.25b$	图例填充线、家具线
单点长画线	粗		b	起重机(吊车)轨道线
	细		$0.25b$	中心线、对称线、定位轴线
折断线	细		$0.25b$	部分省略表示时的断开界线
波浪线	细		$0.25b$	部分省略表示时的断开界线，曲线形构件断开界线，构造层次的断开界线

注：地平线的线宽可用 $1.4b$。

图线应用示例如图 1-11～图 1-13 所示。

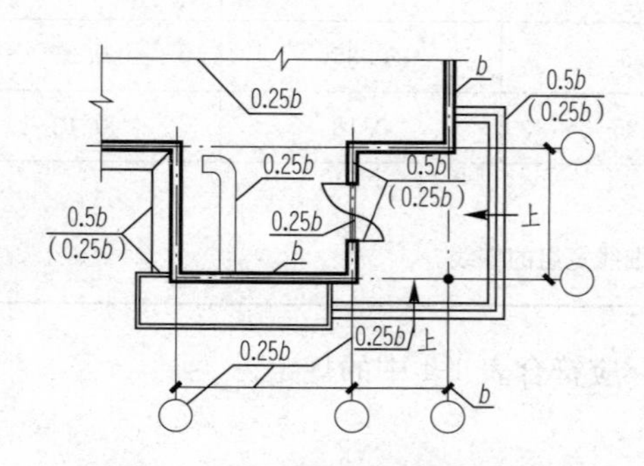

图 1-11　平面图图线宽度选用示例

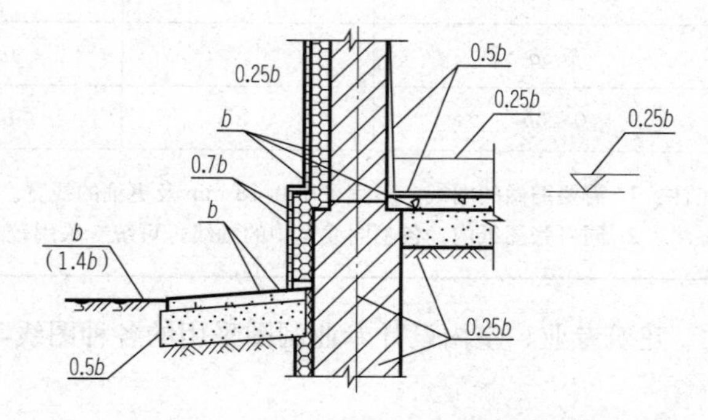

图 1-12　墙身剖面图图线宽度选用示例

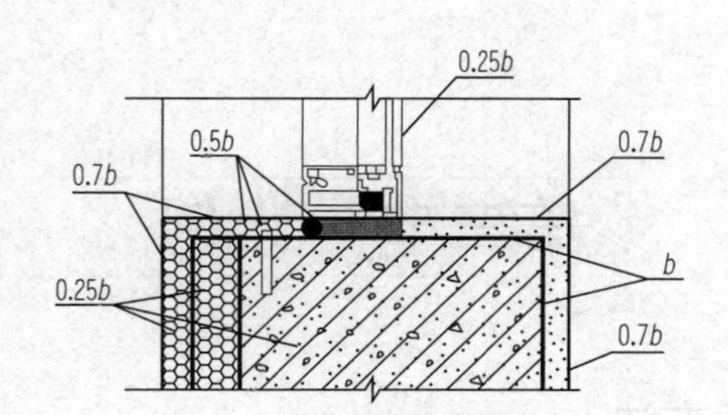

图 1-13　详图图线宽度选用示例

图纸的图框和标题栏线宽度见表 1-5。

表 1-5　图框和标题栏线的宽度　mm

幅面代号	图框线	标题栏外框线	标题栏分格线
A0、A1	b	$0.5b$	$0.25b$
A2、A3、A4	b	$0.7b$	$0.35b$

二、图线的画法

绘制图线时，应注意以下几点：

(1)同一张图纸内，相同比例的各图样应选用相同的线宽组。

(2)相互平行的图例线，其净间隙或线中间隙不宜小于 0.2 mm。

(3)在虚线中，单点长画线或双点长画线的线段长度和间隔，宜各自相等。

(4)在较小的图形上绘制单点长画线和双点长画线有困难时，可用实线代替。

(5)单点长画线或双点长画线的两端，不应采用点。点画线与点画线交接或点画线与其他图线交接时，应采用线段交接。

(6)虚线与虚线交接或虚线与其他图线交接时，应采用线段交接。虚线为视线的延长线时，不得与实线相接。

(7)图线不得与文字、数字或符号重叠、混淆，当不可避免时，应首先保证文字的清晰。

图线的画法如图 1-14 所示。

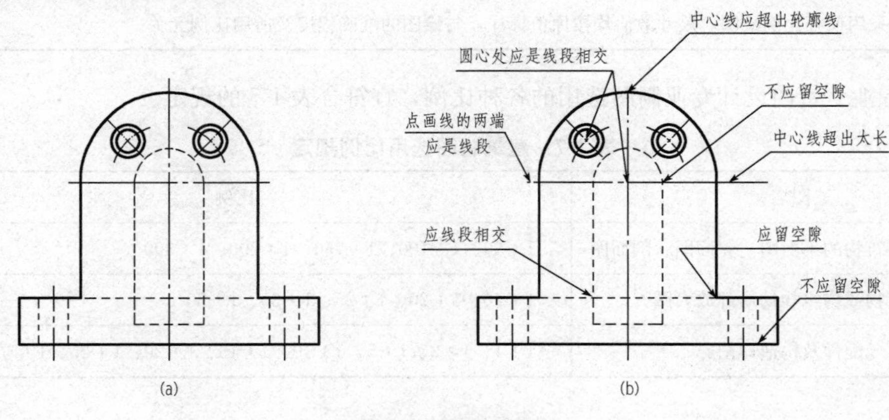

图 1-14　图线的画法

(a)正确；(b)错误

第三节　比例

一、比例符号表示方法

图样的比例是图形与实物相对应的线性尺寸之比(线性尺寸是指能用直线表达的尺寸，如直线的长度、圆的直径等)。

比例符号为“：”，比例应以阿拉伯数字表示，分为原值比例(如1：1)、放大比例(比值大于1的比例，如2：1)、缩小比例(比值小于1的比例，如1：2)三种。

比例宜注写在图名的右侧，字的基准线应取平；比例的字高宜比图名的字高小一号或二号，如图1-15所示。

平面图 1:100　　⑥ 1:20

图1-15　比例的注写

微课：字体、比例及符号

二、比例的选用

绘图所用的比例应根据图样的用途与所绘图形的复杂程度适当地选取，常用比例与可用比例见表1-6。

表1-6　绘图常用比例与可用比例

常用比例	1：1、1：2、1：5、1：10、1：20、1：30、1：50、1：100、1：150、1：200、1：500、1：1 000、1：2 000
可用比例	1：3、1：4、1：6、1：15、1：25、1：40、1：60、1：80、1：250、1：300、1：400、1：600、1：5 000、1：10 000、1：20 000、1：50 000、1：100 000、1：200 000
注：无论采用何种比例绘图，尺寸数值均按原值标注，与绘图的准确程度及所用比例无关。	

建筑专业、室内设计专业制图选用的各种比例，宜符合表1-7的规定。

表1-7　建筑制图选用比例规定

图名	比例
建筑物或构筑物的平面图、立面图、剖面图	1：50、1：100、1：150、1：200、1：300
建筑物或构筑物的局部放大图	1：10、1：20、1：25、1：30、1：50
配件及构造详图	1：1、1：2、1：5、1：10、1：15、1：20、1：25、1：30、1：50

第四节 字体

一、字高

字体的号数即字体的高度(用 h 表示)，依据《房屋建筑制图统一标准》(GB/T 50001—2017)，应按照表 1-8 的规定选用。字高大于 10 mm 的文字宜采用 True type 字体，如需使用更大的字体，其字体高度应按 $\sqrt{2}$ 的倍数递增。

表 1-8 字体的高度

mm

字体种类	中文矢量字体	True type 字体及非中文矢量字体
字高	3.5、5、7、10、14、20	3、4、6、8、10、14、20

二、汉字

图样及说明中的汉字，宜优先采用 True type 字体中的宋体字型，采用矢量字体时应为长仿宋体字型。同一图纸字体种类不应超过两种。矢量字体的宽高比宜为 0.7，长仿宋体字的高宽关系见表 1-9，打印线宽宜为 0.25～0.35 mm，True type 字体宽高比宜为 1。大标题、图册封面、地形图等的汉字，也可书写成其他字体，但应易于辨认，其宽高比宜为 1。

表 1-9 长仿宋体字的高宽关系

mm

字高	20	14	10	7	5	3.5
字宽	14	10	7	5	3.5	2.5

三、字母与数字

字母及数字，当需写成斜体字时，其斜度应是从字的底线逆时针向上倾斜 75°。斜体字的高度和宽度应与相应的直体字相等。

字母与数字的高度，不应小于 2.5 mm。

数值的注写，应采用正体阿拉伯数字。各种计量单位凡前面有量值的，均应采用国家颁布的单位符号注写。单位符号应采用正体字母。

字母与数字的书写规则见表 1-10。

表 1-10 字母与数字的书写规则

书写格式	字体	窄字体
大写字母高度	h	h
小写字母高度(上下均无延伸)	7/10h	10/14h
小写字母伸出的头部或尾部	3/10h	4/14h
笔画宽度	1/10h	1/14h

续表

书写格式	字体	窄字体
字母间距	$2/10h$	$2/14h$
上下行基准线的最小间距	$15/10h$	$21/14h$
词间距	$6/10h$	$6/14h$

第五节　尺寸标注

建筑形体的形状由图形来表达，而大小则必须由尺寸来确定。标注尺寸时，应严格遵守国家有关标准尺寸标注的规定，做到正确、完整、清晰、合理。

一、尺寸标注的基本原则

无论采用何种比例绘图，尺寸标注的数值均按原值标注，与图形所用的比例大小及绘图的准确程度无关。

微课：尺寸标注

二、尺寸的组成

图样上的尺寸由尺寸界线、尺寸线、尺寸起止符号和尺寸数字组成，如图 1-16 所示。

(1)尺寸界线：表示尺寸的度量范围，用细实线绘制。其一端应离开图样轮廓线不小于 2 mm，另一端宜超出尺寸线 2～3 mm。必要时，图样的轮廓线可用作尺寸界线，如图 1-17 所示。

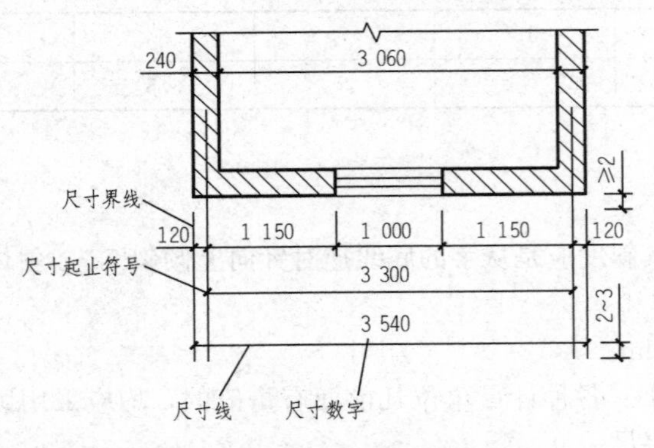

图 1-16　尺寸的组成与标注示例

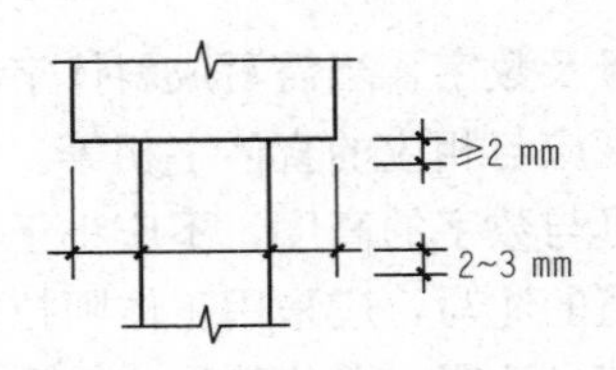

图 1-17　尺寸界线

(2)尺寸线：表示尺寸的度量方向和长度，用细实线绘制。尺寸线应与被标注图形的轮廓线平行，且不宜超出尺寸界线。尺寸线不能用其他图线代替或与其他图线重合。

(3)尺寸起止符号：表示尺寸的起止点，位于尺寸线与尺寸界线相交处，用中粗斜短线绘制(倾斜方向与尺寸界线成顺时针 45°)，长度宜为 2～3 mm(一般与尺寸界线超出尺寸线长度相等)；半径、直径、角度与弧长的尺寸起止符号宜用箭头表示，尺寸起止符号的画法如图 1-18 所示。

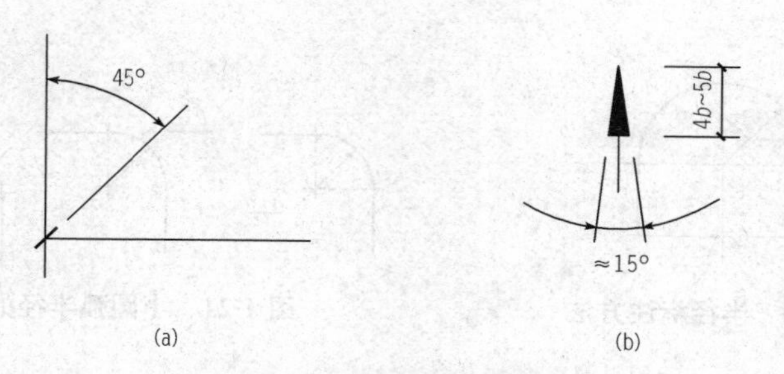

图 1-18　尺寸起止符号画法示例

(a)中粗斜短线式尺寸起止符号；(b)箭头式尺寸起止符号

(4)尺寸数字：表示尺寸的实际大小，一般用阿拉伯数字写在尺寸线中间位置的上方处或尺寸线的中断处。尺寸数字必须是物体的实际大小，与绘图所用的比例及绘图的精确度无关。建筑工程图上标注的尺寸，除标高和总平面图以“m”为单位外，其他一律以“mm”为单位，图上的尺寸数字不再注写单位，如图 1-19 所示。

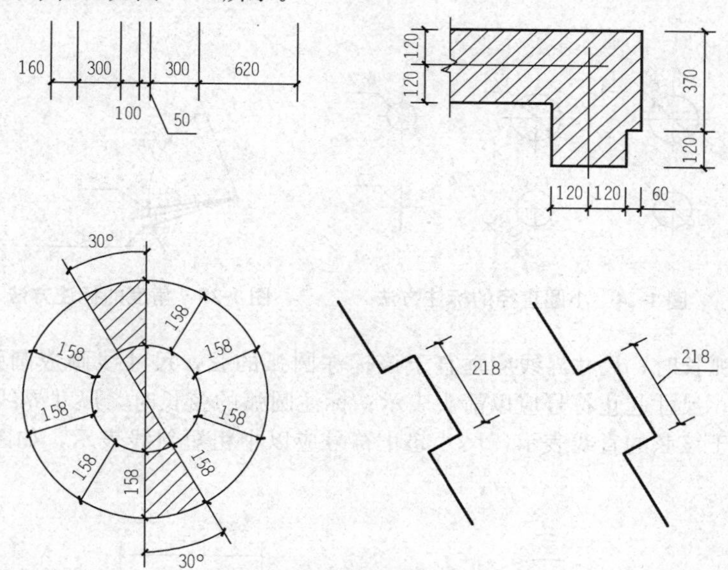

图 1-19　尺寸数字的注写形式

三、常用的尺寸标注方法

尺寸的组成与标注示例

1. 半径、直径、角度、弧长尺寸的标注

标注半径、直径、角度尺寸时，尺寸起止符号一般用箭头表示。

圆或大于半圆的圆弧应标注直径。标注直径尺寸时，尺寸数字前应加符号“ϕ”；标注半径尺寸时，尺寸数字前应加符号“*R*”，如图 1-20～图 1-24 所示。

标注圆球的直径尺寸时，尺寸数字前应加符号“*S*ϕ”；标注圆球的半径尺寸时，尺寸数字前应加符号“*SR*”。

标注角度时，角度的尺寸界线应沿径向引出，尺寸线画成圆弧线，圆心是角的顶点，尺寸数字应沿尺寸线方向书写，如图 1-25 所示。

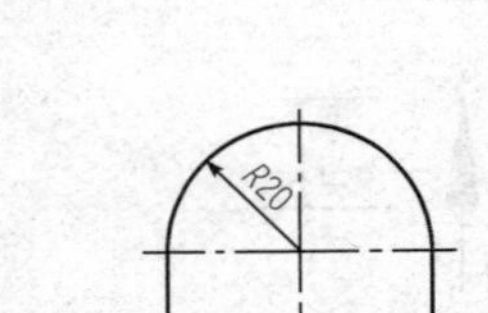

图 1-20　半径标注方法

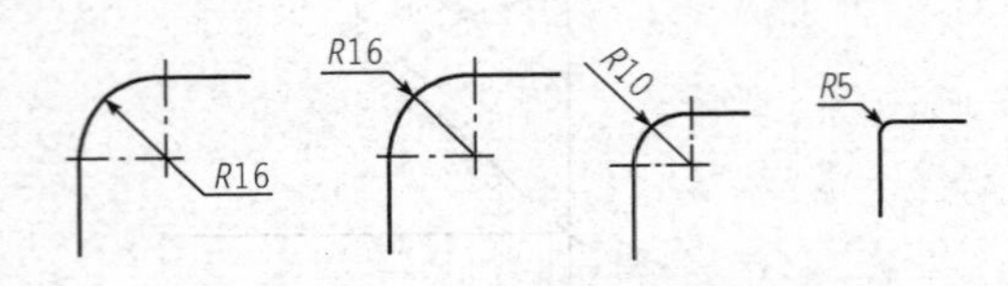

图 1-21　小圆弧半径的标注方法

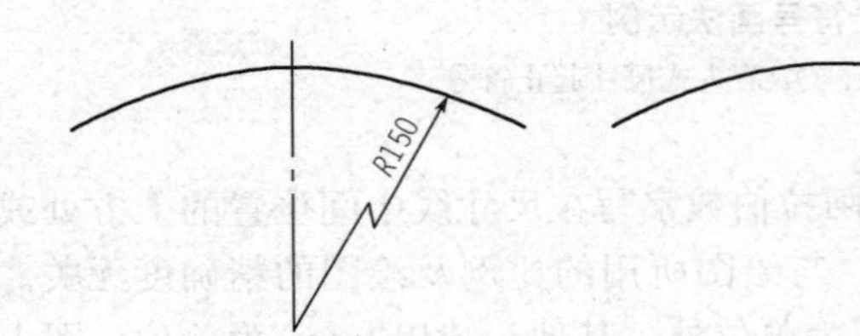

图 1-22　大圆弧半径的标注方法

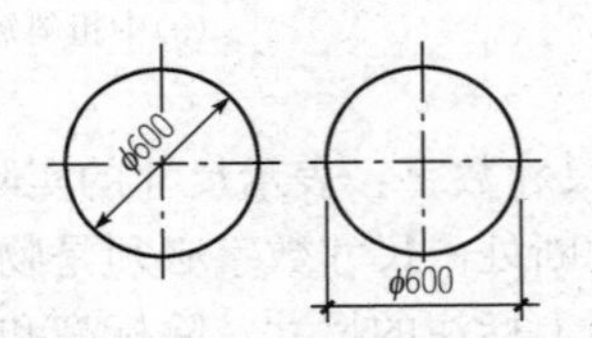

图 1-23　圆直径的标注方法

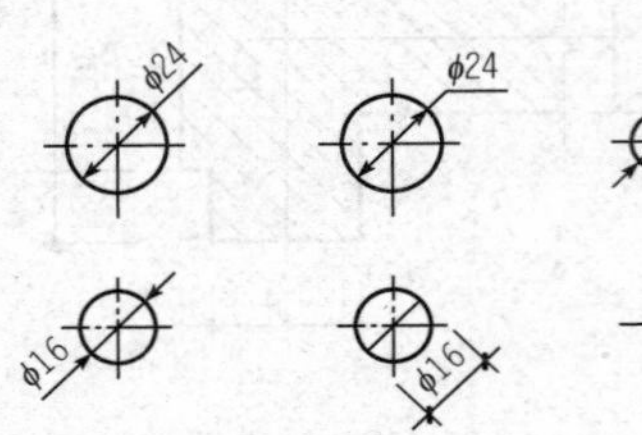

图 1-24　小圆直径的标注方法

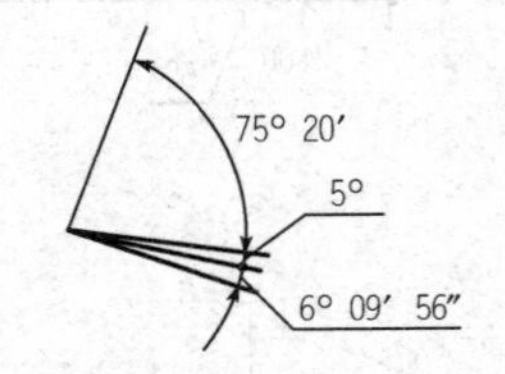

图 1-25　角度的标注方法

标注圆弧的弧长时，尺寸界线应垂直于该标注圆弧的弦，尺寸线画成圆弧线，圆心是被标注圆弧的圆心，尺寸起止符号应以箭头表示；标注圆弧的弦长时，尺寸界线应垂直于该弦，尺寸线应以平行于该弦的直线表示，尺寸起止符号应以中粗短斜线表示，如图 1-26 和图 1-27 所示。

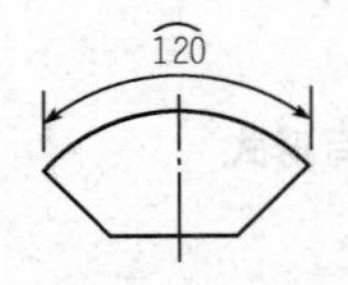

图 1-26　弧长的标注方法

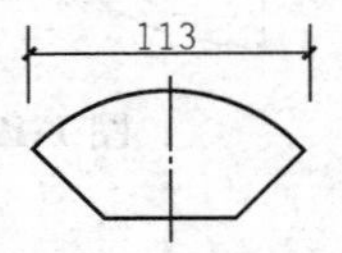

图 1-27　弦长的标注方法

2. 坡度的标注

坡度用以表示斜坡的斜度，常采用百分数、比数的形式标注。标注坡度时，应加注坡度符号"←"或"←"[图 1-28(a)、(b)]，箭头指向下坡方向[图 1-28(c)、(d)]。例如，坡度 2% 表示水平距离每 100 m，垂直方向下降 2 m；坡度 1∶2 表示垂直方向每下降 1 个单位，水平距离为 2 个单位；坡度也可以用直角三角形表示，如图 1-28(e)、(f)所示。

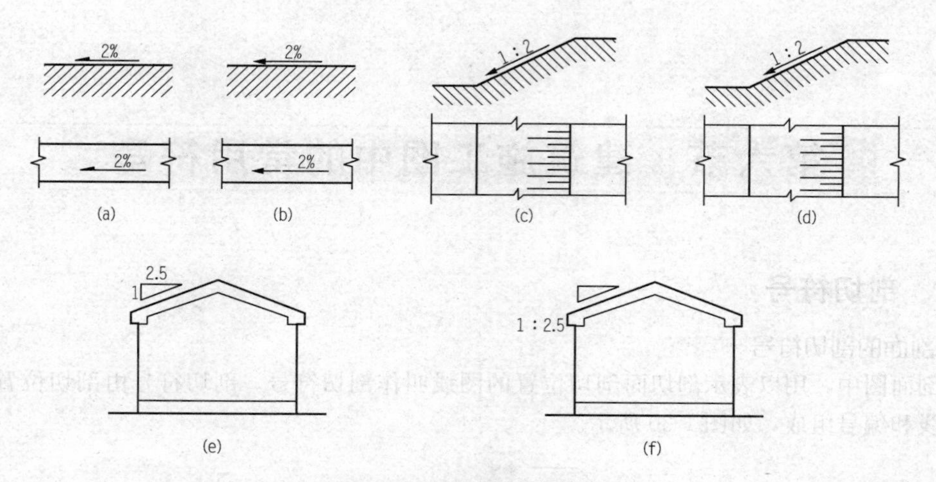

图 1-28　坡度的标注方法

(a)、(b)百分数标注法；(c)、(d)比数标注法；(e)、(f)直角三角形表示法

3. 标高的标注

标高表示建筑物某一部位相对于基准面(标高零点)的竖向高度，是竖向定位的依据。标高按基准面的不同，可分为绝对标高和相对标高。

绝对标高是以国家或地区统一规定的基准面作为零点的标高。我国规定以山东省青岛市的黄海平均海水面作为标高的零点，在实际施工中，用绝对标高不方便，一般习惯使用相对标高。相对标高的基准面可以根据工程需要自由选定，一般以建筑物一层室内主要地面作为相对标高的零点(±0.000)，比零点高的标高为“+”，比零点低的标高为“−”。

标高符号应以等腰直角三角形表示。总平面图室外地坪标高符号，用涂黑的三角形表示。标高数字以“m”为单位，注写到小数点后第三位，总平面图中可注写到小数点后第二位，零点标高注写成±0.000；正数标高不注“+”号，负数标高应注“−”号，如图 1-29 所示。

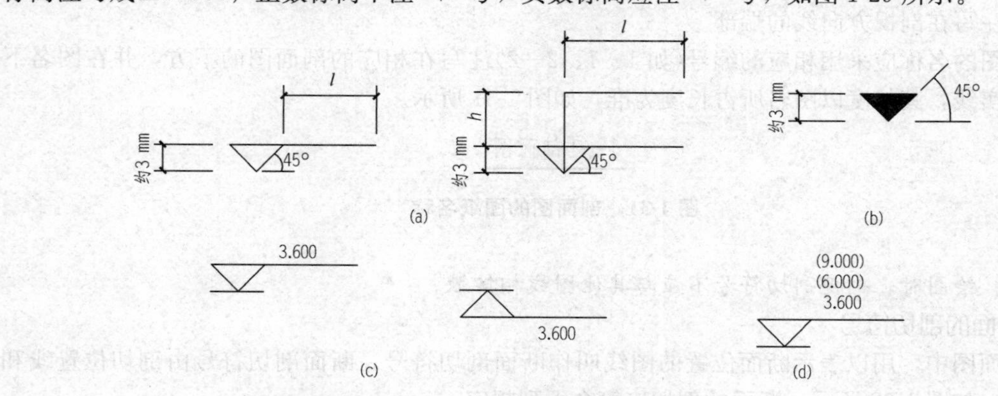

图 1-29　标高符号

(a)标高符号的画法；(b)用于总平面图室外地坪标高；

(c)用于建筑不同指向的建筑立面或剖面图；(d)用于多层平面共用同一图样时标注

第六节　建筑施工图中的常用符号

一、剖切符号

1. 剖面的剖切符号

在剖面图中，用以表示剖切面剖切位置的图线叫作剖切符号。剖切符号由剖切位置线、剖视方向线和编号组成，如图 1-30 所示。

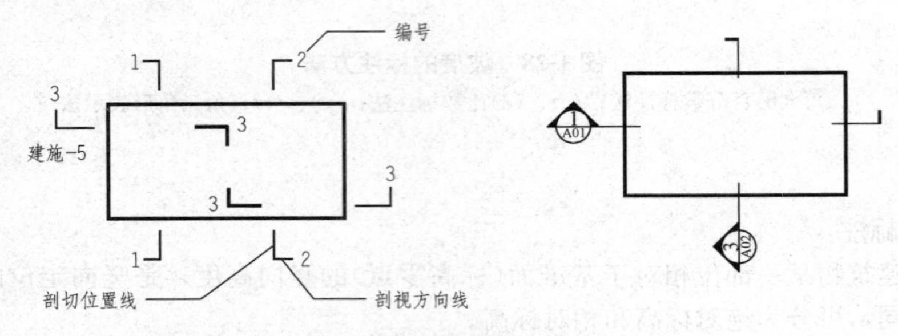

图 1-30　剖面的剖切符号

(1)剖切位置线。剖切位置线表示剖切平面的位置，应以粗实线绘制，剖切位置线的长度宜为 6～10 mm。

(2)剖视方向线。剖视方向线表示投影方向，应垂直于剖切位置线，以粗实线绘制，长度应短于剖切位置线，宜为 4～6 mm。剖视方向线所在位置方向表示该剖面的剖视方向。

(3)编号。剖视剖切符号的编号应采用阿拉伯数字，按剖切顺序由左至右、由下向上连续编排，并应注写在剖视方向线的端部。

剖面图的名称应采用相应的编号(如 1—1、2—2)注写在相应的剖面图的下方，并在图名下画一条粗实线，其长度以图名所占长度为准，如图 1-31 所示。

1—1剖面图

图 1-31　剖面图的图纸名称

注意：绘图时，剖视剖切符号不应与其他图线相接触。

2. 断面的剖切符号

在断面图中，用以表示断面位置的图线叫作断面剖切符号。断面剖切符号由剖切位置线和编号组成，如图 1-32 所示。断面的剖切应符合下列规定：

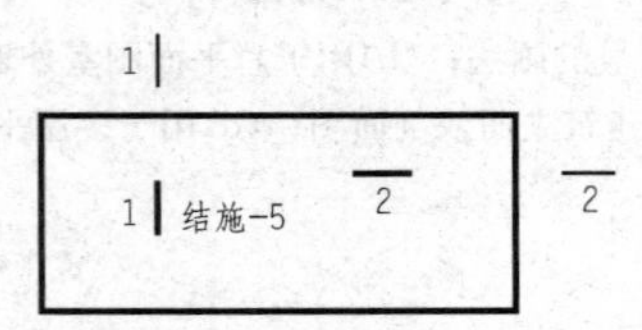

图 1-32　断面的剖切符号

(1)断面的剖切位置线应以粗实线绘制，剖切位置线的长度宜为 6～10 mm。

(2)断面剖切符号的编号应采用阿拉伯数字，按连续顺序编排，并应注写在剖切位置线的一侧；编号所在的一侧为该断面的剖视方向。

图 1-33 所示为剖面图与断面图的区别。

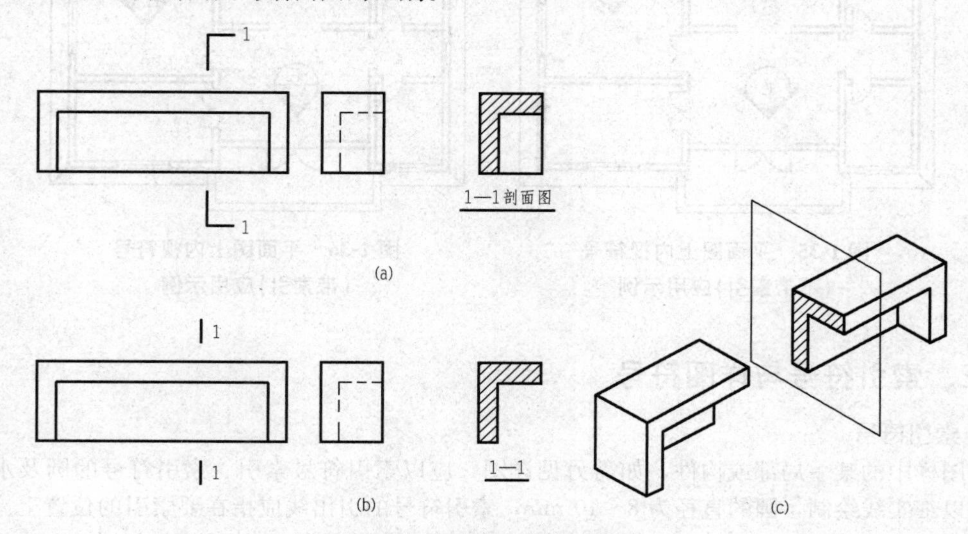

图 1-33　剖面图与断面图的区别

(a)剖面图；(b)断面图；(c)剖切

二、内视符号

室内立面图的内视符号注明在平面图上，用于表示室内立面在平面图上的位置、方向及立面编号。

内视符号中的圆圈应用细实线绘制，可根据图面比例选择直径 8～12 mm 的圆，立面编号宜用拉丁字母或阿拉伯数字，如图 1-34～图 1-36 所示。

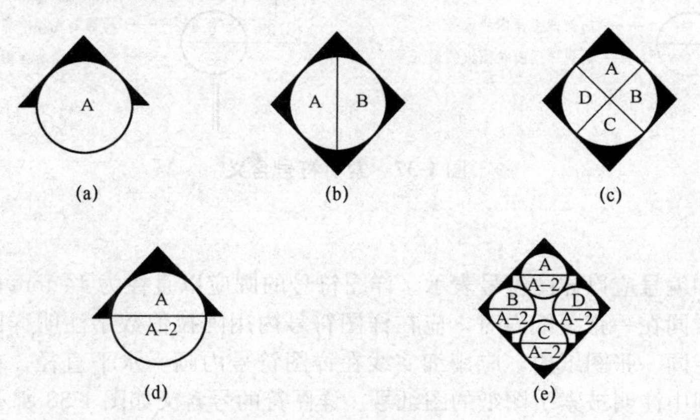

图 1-34　内视符号

(a)单面内视符号；(b)双面内视符号；(c)四面内视符号；

(d)带索引的单面内视符号；(e)带索引的四面内视符号

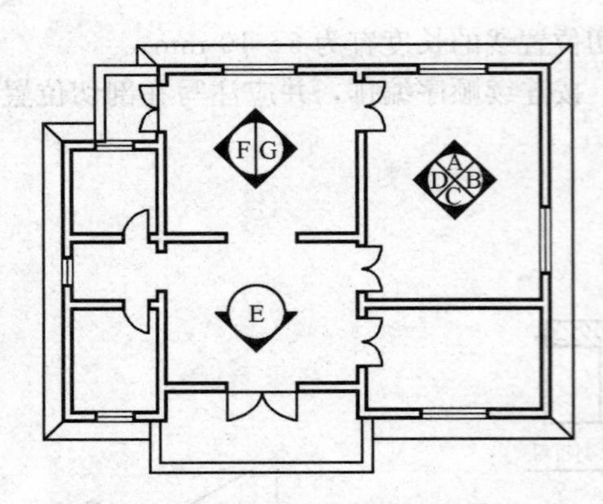

图 1-35　平面图上内视符号（不带索引）应用示例

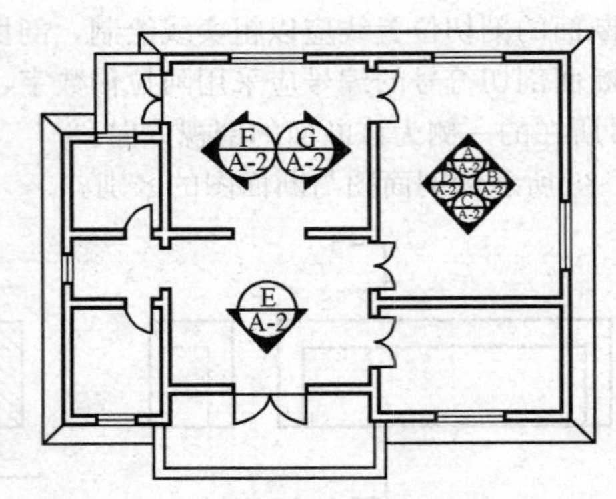

图 1-36　平面图上内视符号（带索引）应用示例

三、索引符号与详图符号

1. 索引符号

对图样中的某一局部或构件，如需另见详图，应以索引符号索引。索引符号的圆及水平直径均应以细实线绘制，圆的直径为 8～10 mm，索引符号的引出线应指在要索引的位置上。当引出的是剖视详图时，用粗实线表示剖切位置，引出线所在的一侧应为剖视方向。圆内编号的含义如图 1-37 所示。

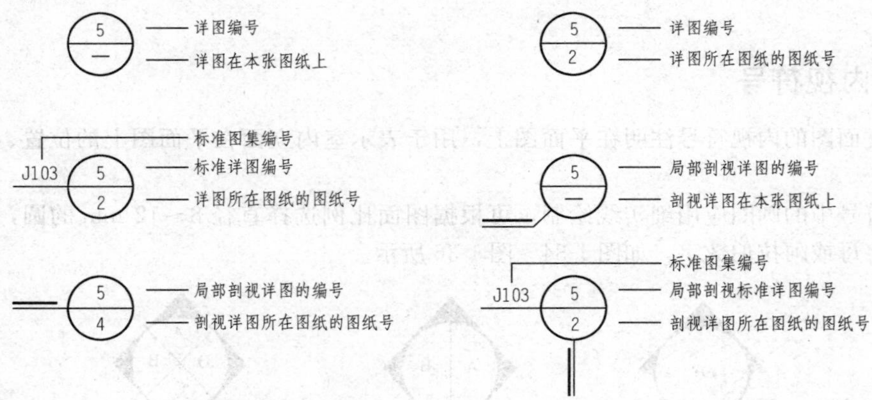

图 1-37　索引符号含义

2. 详图符号

详图的名称和编号应以详图符号表示。详图符号的圆应以直径为 14 mm 的粗实线绘制。详图与被索引的图样同在一张图纸内时，应在详图符号内用阿拉伯数字注明详图的编号；详图与被索引的图样不在同一张图纸内，应用细实线在详图符号内画一水平直径，在上半圆中注明详图编号，在下半圆中注明被索引图纸的图纸号。详图符的号含义如图 1-38 所示。

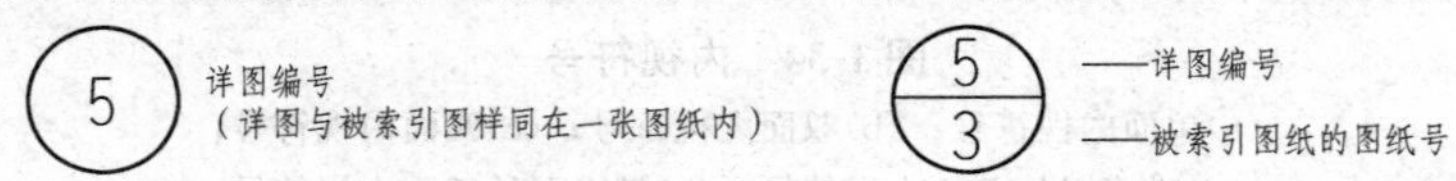

图 1-38　详图符号的含义

四、指北针与风向频率玫瑰图

1. 指北针

指北针符号圆的直径宜为 24 mm，用细实线绘制，指针尾部的宽度宜为3 mm，指针头部应注“北”或“N”字。需用较大直径绘制指北针时，指针尾部宽度宜为直径的 1/8，如图 1-39 所示。

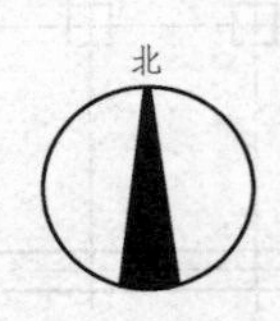

图 1-39　指北针

微课：符号

2. 风向频率玫瑰图

在总平面图中，为了合理规划建筑，还需画出表示风向和风向频率的风向频率玫瑰图，简称风玫瑰图。风玫瑰图是根据当地多年统计的各个方向吹风次数的百分数，按一定比例绘制的。如图 1-40 所示，风的吹向是从外吹向中心，实线表示全年风向频率，虚线表示 6、7、8 三个月统计的夏季风向频率。

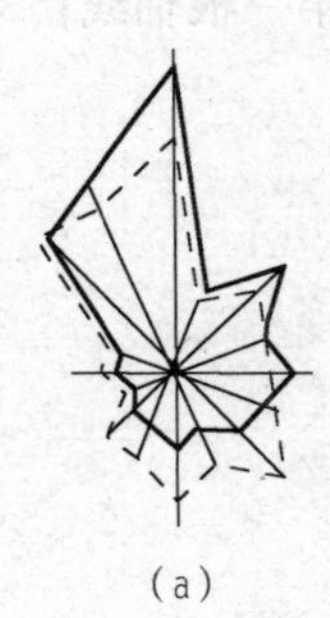

(a)

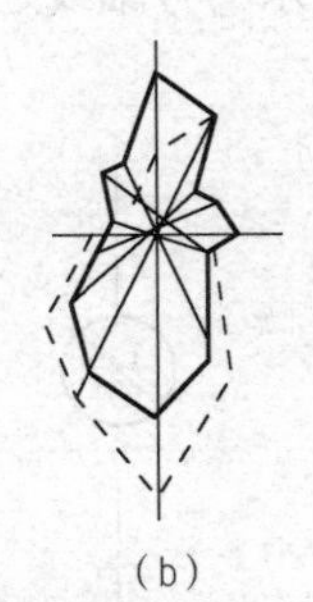

(b)

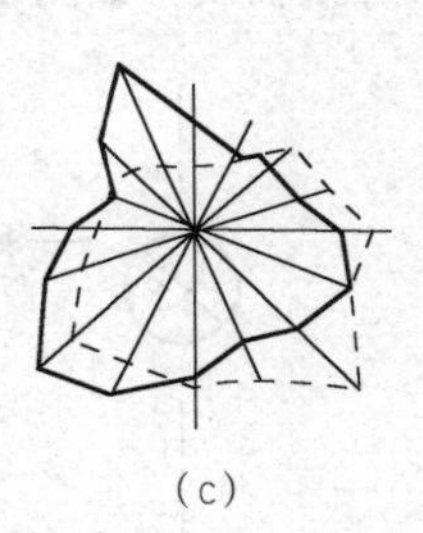

(c)

图 1-40　风向频率玫瑰图

(a)重庆风向频率玫瑰图；(b)沈阳风向频率玫瑰图；(c)天津风向频率玫瑰图

第七节　定位轴线

一、定位轴线的作用

建筑施工图中的定位轴线是建筑物承重构件系统定位、放线的重要依据，凡是承重墙、柱等主要承重构件应标注并架构纵、横轴线来确定其位置，对于非承重的隔墙及次要局部承重构件，可附加定位轴线确定其位置。

二、定位轴线的表示方法

定位轴线应以细点画线绘制并加以编号，编号应注写在轴线端部的圆内，圆应用细实线绘制，直径宜为 8～10 mm。定位轴线圆的圆心，应在定位轴线的延长线上或延长线的折线上。横向编号应用阿拉伯数字，从左至右顺序编写；竖向编号应用大写英文字母，从下至上顺序编写（I、O、Z 不得用作轴线编号，以免与数字 1、0、2 混淆），如图 1-41 所示。

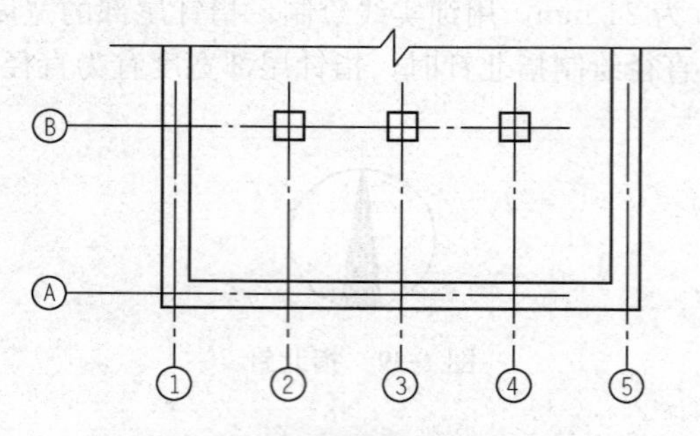

图 1-41　定位轴线的编号顺序

在标注非承重的分隔墙或次要的承重构件时，可用两根轴线之间的附加定位轴线。附加定位轴线的编号，应以分数的形式表示。分母表示前一轴线编号，分子表示附加轴线编号，编号宜用阿拉伯数字按顺序编写。例如，1/2 表示②号轴线之后附加的第一根轴线；3/C 表示Ⓒ号轴线之后附加的第三根轴线，如图 1-42 所示。

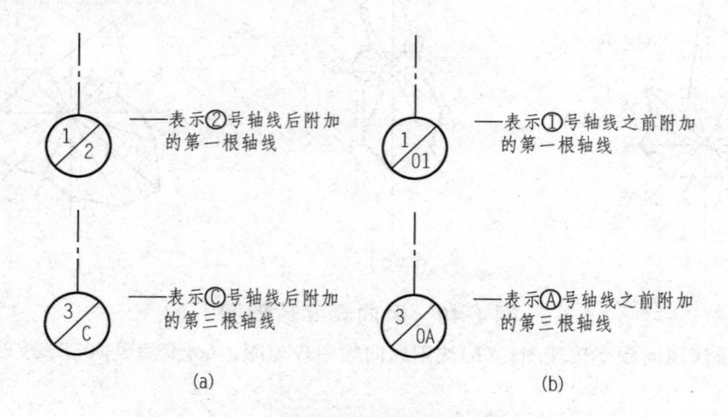

图 1-42　附加定位轴线及其编号

(a)在定位轴线之后的附加轴线；(b)在定位轴线之前的附加轴线

当一个详图适用于几根轴线时，应同时注明各有关轴线的编号，如图 1-43 所示。

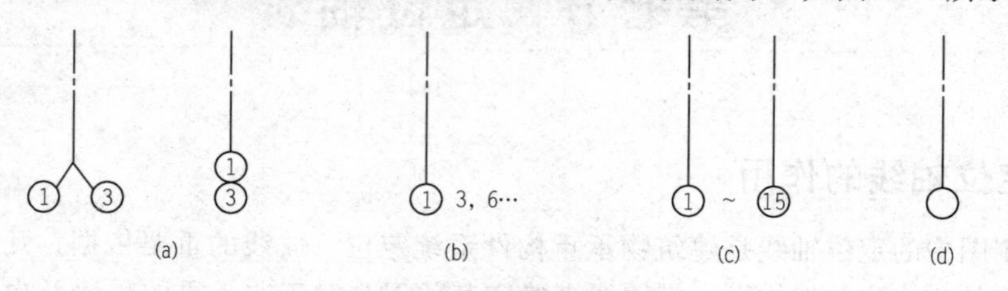

图 1-43　详图的轴线编号

(a)用于 2 根轴线；(b)用于 3 根或 3 根以上轴线；

(c)用于 3 根以上连续轴线；(d)用于通用详图

第八节　图例

一、图例的作用与要求

图例是建筑工程图纸上各种图样、符号所代表的内容的说明，要读懂建筑工程图纸，必须认识图例。

《房屋建筑制图统一标准》(GB/T 50001—2017)中规定：使用图例时，应根据图样大小而定，并应符合下列规定：

(1)图例线应间隔均匀、疏密适度，做到图例正确、表示清楚。

(2)不同品种的同类材料使用同一图例时，应在图上附加必要的说明。

(3)两个相同的图例相接时，图例线宜错开或使倾斜方向相反(图 1-44)。

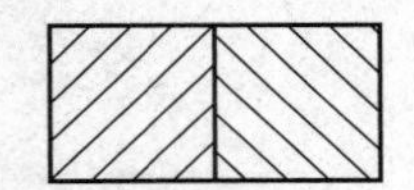

图 1-44　相同图例相接时的画法

(4)两个相邻的填黑或灰的图例间应留有空隙，其净宽度不得小于 0.5 mm(图 1-45)。

图 1-45　相邻涂黑图例的画法

(5)下列情况可不绘制图例，但应增加文字说明：

1)一张图纸内的图样只采用一种图例时；

2)图形较小无法绘制表达建筑材料图例时。

(6)需画出的建筑材料图例面积过大时，可在断面轮廓线内，沿轮廓线做局部表示(图 1-46)

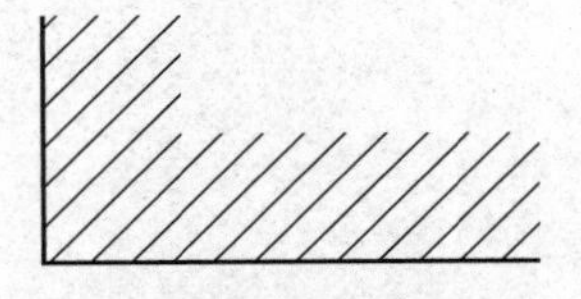

图 1-46　局部表示图例

(7)当选用《房屋建筑制图统一标准》(GB/T 50001—2017)中未包括的建筑材料时，可自编图例。但不得与《房屋建筑制图统一标准》(GB/T 50001—2017)所列的图例重复。绘制时，应在适当位置画出该材料图例，并加以说明。

二、建筑工程制图常用图例

建筑工程制图中常用的构造及配件图例、水平及垂直运输装置图例、材料图例及常用家具与设施图例参照《建筑制图标准》(GB/T 50104—2010)、《房屋建筑制图统一标准》(GB/T 50001—2017)、《房屋建筑室内装饰装修制图标准》(JGJ/T 244—2011)等标准、规范的规定绘制。

第二章　投影

第一节　投影基本知识

一、投影的概念

在日常生活中，人们看到太阳光或灯光照射物体时，在地面或墙壁上出现物体的影子，这就是投影现象。我们把太阳光或灯光称为投影中心，把光线称为投射线(或投影线)，地面或墙壁称为投影面，影子称为物体在投影面上的投影，这种得到投影的方法，称为投影法，如图 2-1 所示。

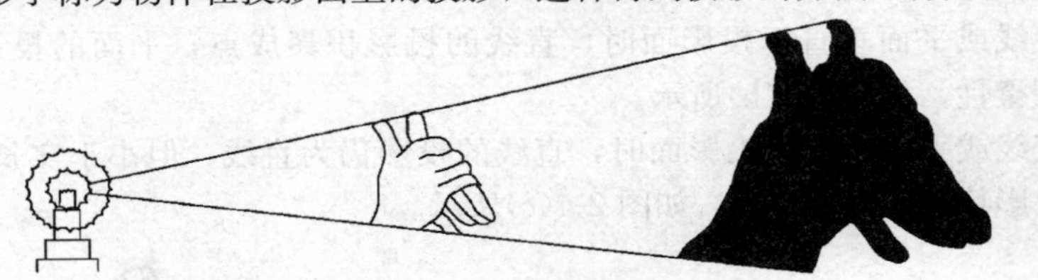

图 2-1　投影的概念

微课：投影

二、投影法的种类

从照射光线(投影线)的形式可以看出，光线的发出形式有两种：一种是平行光线；另一种是不平行光线，前者称为平行投影，后者称为中心投影。

1. 中心投影法

投影时投影线汇交于投影中心的投影法称为中心投影法，如图 2-2 所示。

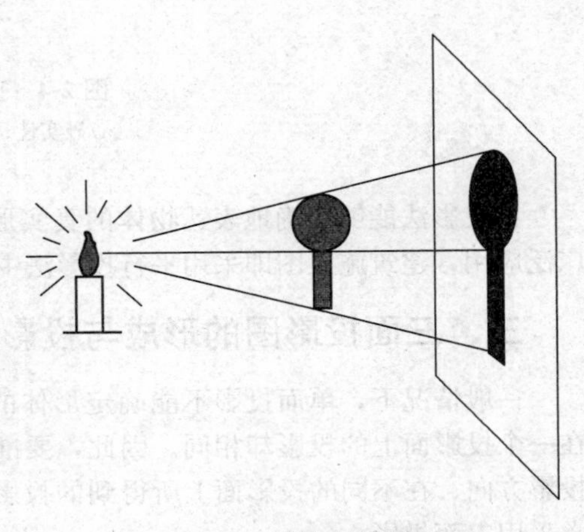

图 2-2　中心投影法

中心投影法的优缺点如下：

(1)优点：具有高度的立体感和真实感，在建筑工程外形设计中常用中心投影法绘制形体的透视图。

(2)缺点：中心投影法形成的影子(图形)会随着光源的方向和距离而变化，光源距形体越近，形体投影越大，否则越小，故中心投影法不能真实地反映物体的形状和大小，作图复杂，且度量性较差，在工程图样中很少采用。

2. 平行投影法

投影时投影线都相互平行的投影法称为平行投影法，如图 2-3 所示。

根据投影线与投影面是否垂直，平行投影法又可以分为斜投影法和正投影法两种。

(1)斜投影法：投影线与投影面相倾斜的平行投影法，如图 2-3(a)所示

(2)正投影法：投影线与投影面相垂直的平行投影法，如图 2-3(b)所示。

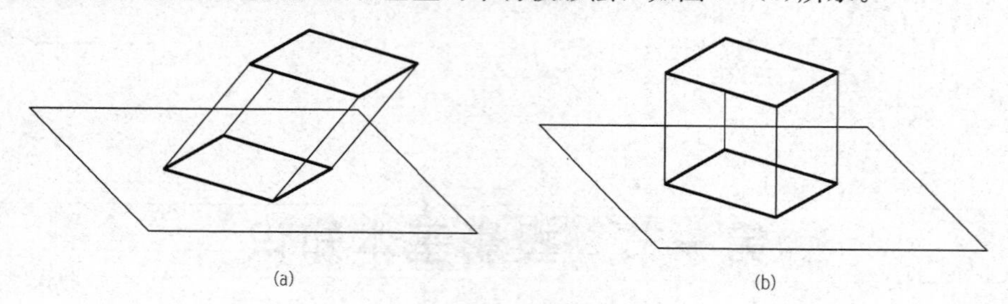

图 2-3　平行投影法

(a)斜投影法；(b)正投影法

正投影法具有如下基本特性：

1)显实性。当直线或平面平行于投影面时，直线的投影反映实长，平面的投影反映实形，这种投影特性称为显实性，如图 2-4(a)所示。

2)积聚性。当直线或平面垂直于投影面时，直线的投影积聚成点，平面的投影积聚成线，这种投影特性称为积聚性，如图 2-4(b)所示。

3)类似性。当直线或平面倾斜于投影面时，直线的投影仍为直线，但小于实长，平面的投影仍为平面，这种投影特性称为类似性，如图 2-4(c)所示。

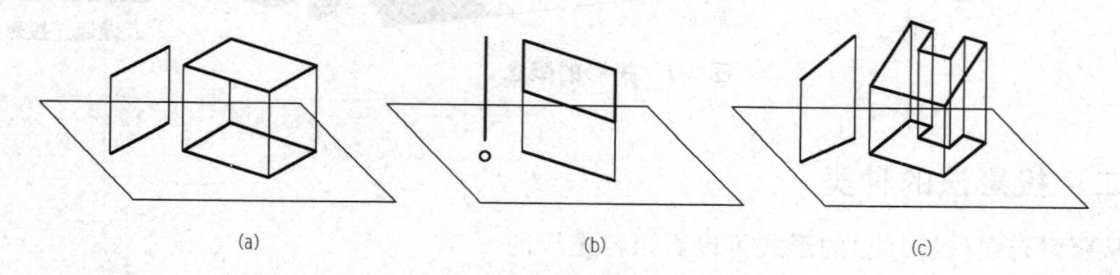

图 2-4　正投影法的基本特性

(a)显实性；(b)积聚性；(c)类似性

正投影法能够准确地表达物体的真实形状和大小，且作图简单，易度量，在工程图样上被广泛应用，建筑施工图即采用平行投影法中的正投影法绘制。

三、三面投影图的形成与投影规律

一般情况下，单面投影不能确定形体的形状。如图 2-5 所示，三个不同形状的形体，它们在一个投影面上的投影却相同。因此，要准确地反映形体的完整形状和大小，必须增加由不同投影方向、在不同的投影面上所得到的投影互相补充，才能确定形体的空间形状和大小，故通常采用三面投影。

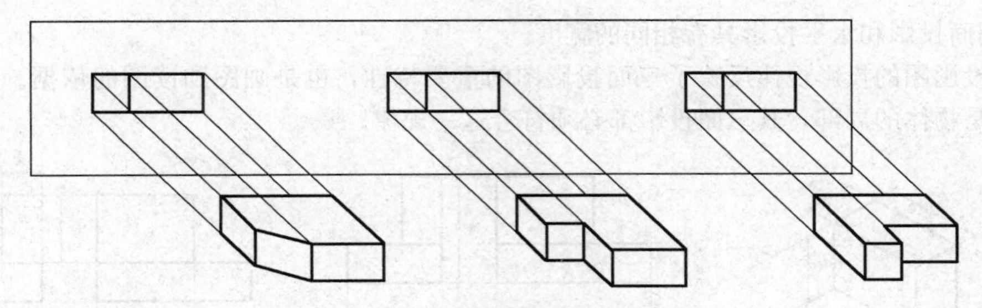

图 2-5　不同形状的物体投影相同

1. 三面投影图的形成

(1)三投影面体系。三个互相垂直的平面所组成的投影面体系中，将形体分别向三个投影面做投影，这三个互相垂直的投影面就组成了三投影面体系，如图 2-6 所示。

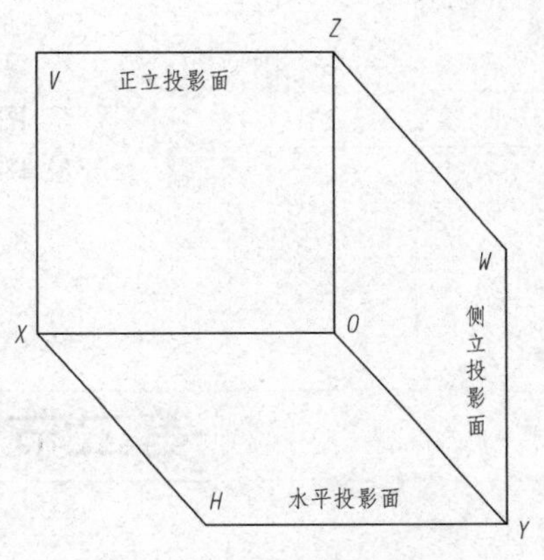

图 2-6　三投影面体系

三个投影面分别为正立投影面(简称正面，用 V 表示)、水平投影面(简称水平面，用 H 表示)、侧立投影面(简称侧面，用 W 表示)。三个投影面的交线称为投影轴，即 OX 轴、OY 轴、OZ 轴。三个投影轴的交点 O，称为原点。

(2)三面投影的形成。将形体放在三投影面体系中，按正投影法向各投影面投射，即可分别得到正面投影、水平投影和侧面投影，如图 2-7(a)所示。

为了画图方便，需要将三个投影面在一个平面(纸面)上表示出来，其规定是：正立投影面(V 面)不动，水平投影面(H 面)绕 OX 轴向下旋转 90°，侧立投影面(W 面)绕 OZ 轴向右旋转 90°，这样就得到在同一平面上的三面投影，如图 2-7(b)、(c)所示。

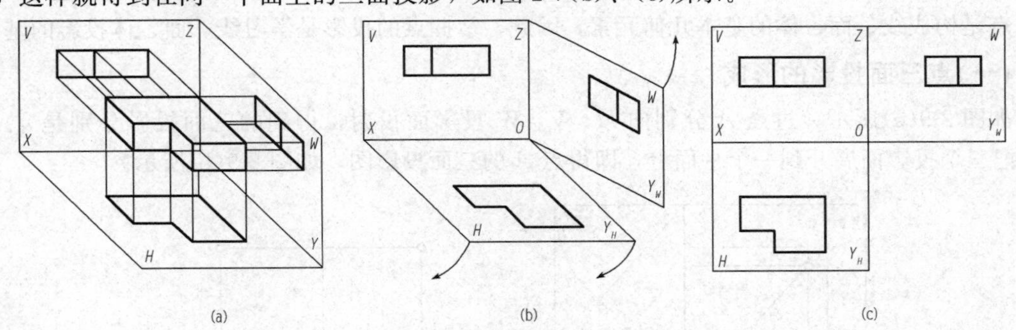

图 2-7　三面投影的形成与展开

(a)直观图；(b)三面投影图的展开；(c)展开后的三面投影

2. 三面投影图的投影规律

分析三面投影图的形成过程，可以归纳出三面投影图的基本规律，即“长对正，高平齐，宽相等”，如图 2-8 所示。

认识三面投影图

(1)正面投影和侧面投影具有相同的高度。

(2)水平投影和正面投影具有相同的长度。

(3)侧面投影和水平投影具有相同的宽度。

三面投影图的投影规律反映了三面投影图的重要特性，也是画图和读图的依据。无论是整个物体还是物体的局部，其三面投影都必须符合这一规律。

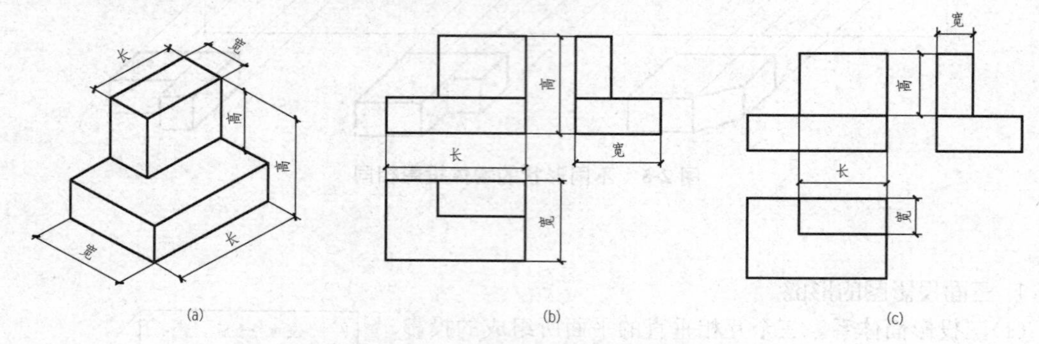

图 2-8　三面投影图的基本规律

(a)直观图；(b)总体“三等”；(c)局部“三等”

第二节　点、线、面的投影

任何物体都是由点、线、面等几何元素构成的，只有学习和掌握了几何元素的投影规律和特征，才能透彻理解工程图样所表示物体的具体结构形状。

一、点的投影

点是构成线、面、体的基本几何元素，因此，掌握点的投影是学习线、面、体投影的基础。

(一)点三面投影的形成

如图 2-9(a)所示，过点 A 分别向 H、V、W 投影面投射，得到的三面投影分别是 a、a'、a''。把三个投影面展开到一个平面上，即得点 A 的三面投影图，如图 2-9(b)所示。

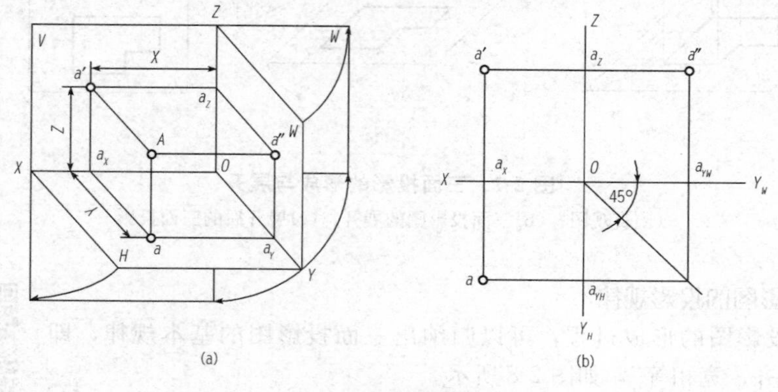

图 2-9　点的三面投影

(a)直观图；(b)投影图

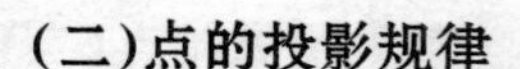

(二)点的投影规律

(1)点的 V 面投影和 H 面投影的连线垂直 OX 轴，即 $a'a \perp OX$；

(2)点的 V 面投影和 W 面投影的连线垂直 OZ 轴，即 $a'a'' \perp OZ$；

(3)点的 H 面投影 a 到 OX 轴的距离等于 W 面投影 a'' 到 OZ 轴的距离，即 $aa_X = a''a_Z$。

根据上述投影规律，若已知点的任何两个投影，就可求出它的第三个投影。

【例 2-1】 已知点 A 的正面投影 a' 和侧面投影 a''(图 2-10)，求作其水平投影 a。

解：作图：

(1)过 a' 作 $a'a_X \perp OX$，并延长；

(2)量取 $aa_X = a''a_Z$，求得 a；也可利用 45°线作图，如图 2-10(b)所示。

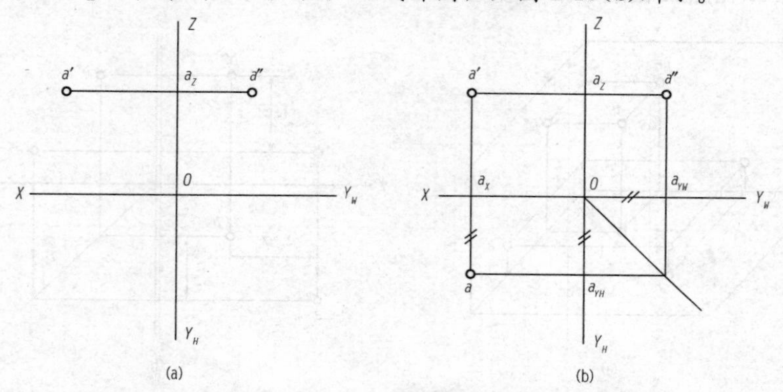

图 2-10 已知点的两个投影求第三个投影

(a)已知条件；(b)作图方法

(三)特殊位置点的投影

1. 投影面上的点

点的某一个坐标为零，其一面投影与投影面重合，另外两面投影分别在投影轴上。例如，在 V 面上的点 A，如图 2-11(a)所示。

2. 投影轴上的点

点的两个坐标为零，其两面投影与投影面重合，另一面投影在原点上。例如，在 OZ 轴上的点 A，如图 2-11(b)所示。

3. 与原点重合的点

点的三个坐标均为零，三面投影都与原点重合，如图 2-11(c)所示。

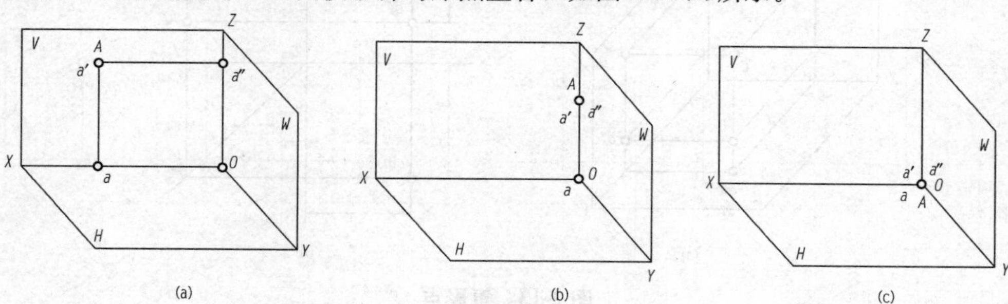

图 2-11 特殊位置点的投影

(a)投影面上的点；(b)投影轴上的点；(c)与原点重合的点

(四)两点的相对位置及可见性

1. 两点的相对位置

(1)X坐标判断两点的左、右关系，X坐标值大的在左、小的在右；

(2)Y坐标判断两点的前、后关系，Y坐标值大的在前、小的在后；

(3)Z坐标判断两点的上、下关系，Z坐标值大的在上、小的在下。

如图 2-12 所示，若已知空间两点的投影，即点A的三个投影a、a'、a''和点B的三个投影b、b'、b''，用A、B两点同面投影坐标差就可判别A、B两点的相对位置。由于$X_A>X_B$，表示点B在点A的右方；$Z_B>Z_A$，表示点B在点A的上方；$Y_A>Y_B$，表示点B在点A的后方。总体来说，就是点B在点A的右、后、上方。

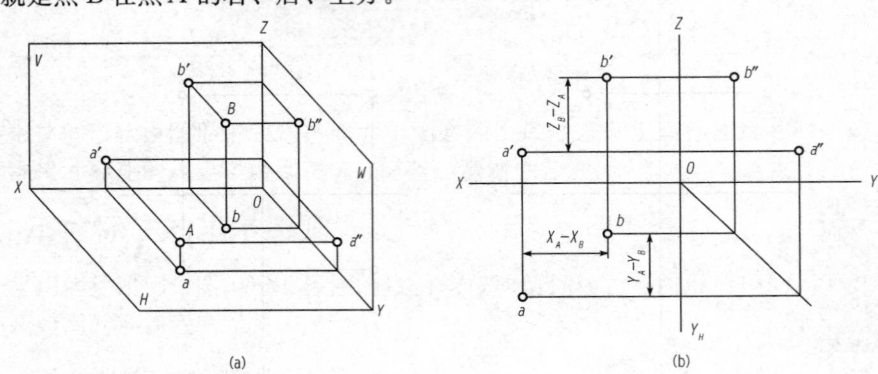

图 2-12　两点的相对位置

(a)直观图；(b)投影图

2. 重影点及可见性

当空间两点的某两个坐标相同，并在同一投射线上时，则这两点在该投影面上的投影重合。这种投影在某一投影面上重合的两个点，称为该投影面的重影点。

当两点的投影重合时，就需要判断其可见性。判断重影点的可见性时，需要看重影点的另一投影面上的投影，坐标值大的点投影可见，反之则不可见，对不可见点的投影加括号表示，如(a')。

如图 2-13 所示，C、D两点位于垂直H面的投射线上，c、d重影为一点，则C、D两点为对H面的重影点，Z坐标值大者为可见，图中$Z_C>Z_D$，故c为可见，d为不可见，用$c(d)$表示。

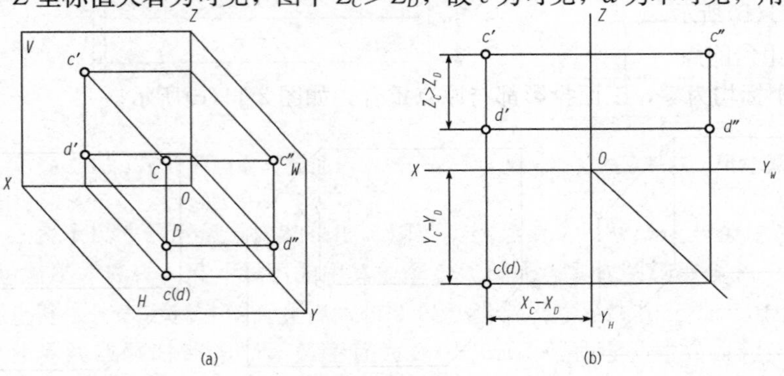

图 2-13　重影点

(a)直观图；(b)投影图

二、直线的投影

直线的投影一般仍是直线，特殊情况下投影为一点。直线投影的实质，就是线段两个端点的同面投影的连线。

(一)各种位置直线的投影

根据直线相对于投影面的位置不同，直线可分为投影面平行线、投影面垂直线和一般位置直线。投影面平行线和投影面垂直线又称为特殊位置直线。

1. 投影面平行线

平行于一个投影面，倾斜于另外两个投影面的直线，称为投影面平行线。投影面平行线有三种位置，见表 2-1。

(1)水平线——平行于 H 面的直线；

(2)正平线——平行于 V 面的直线；

(3)侧平线——平行于 W 面的直线。

在三投影面体系中，投影面平行线只平行于某一个投影面，与另外两个投影面倾斜。这类直线的投影具有反映直线实长和对投影面倾角的特点，没有积聚性。

表 2-1 投影面平行线

名称	直观图	投影图	投影特性
水平线	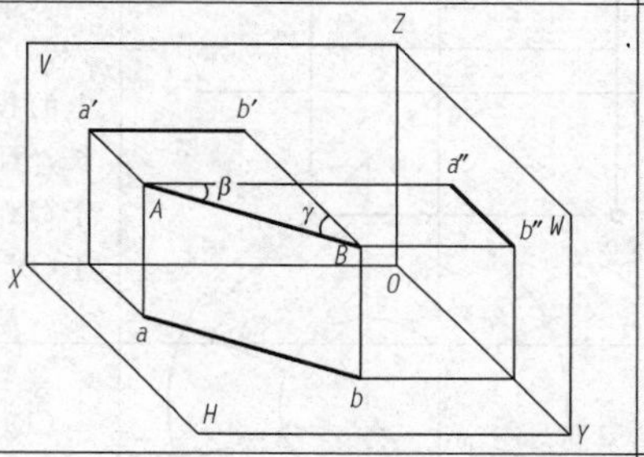	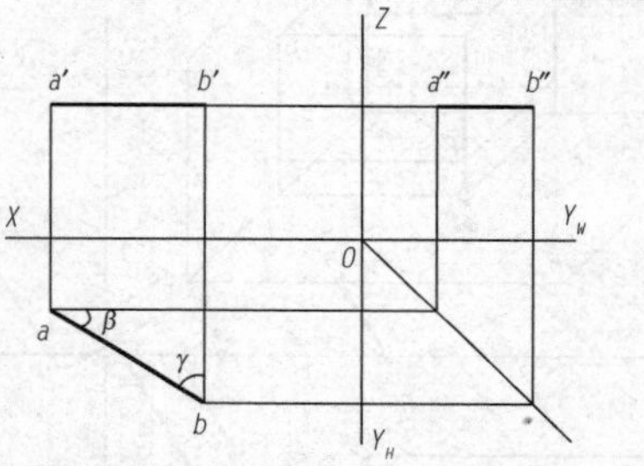	(1)在 H 面上的投影反映实长，即 $ab=AB$。(2)在 V、W 面上的投影平行于投影轴，即 $a'b'//OX$，$a''b''//OY$
正平线	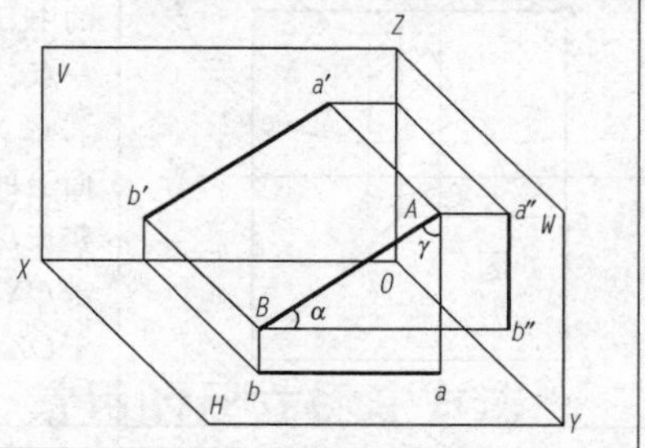	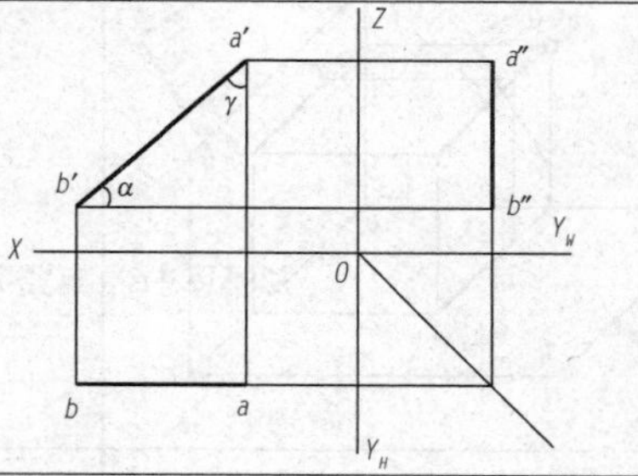	(1)在 V 面上的投影反映实长，即 $a'b'=AB$。(2)在 H、W 面上的投影平行于投影轴，即 $ab//OX$，$a''b''//OZ$
侧平线	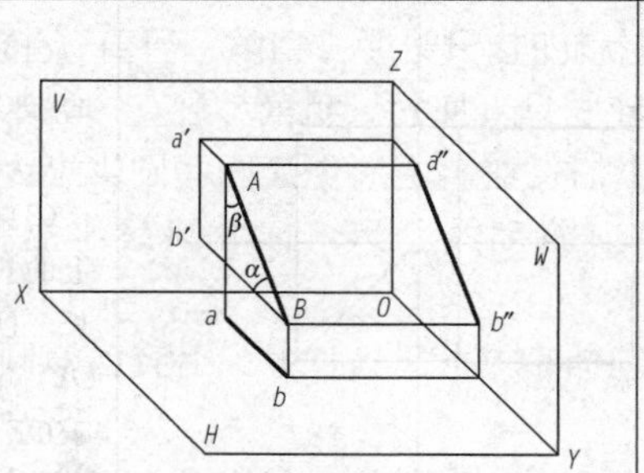	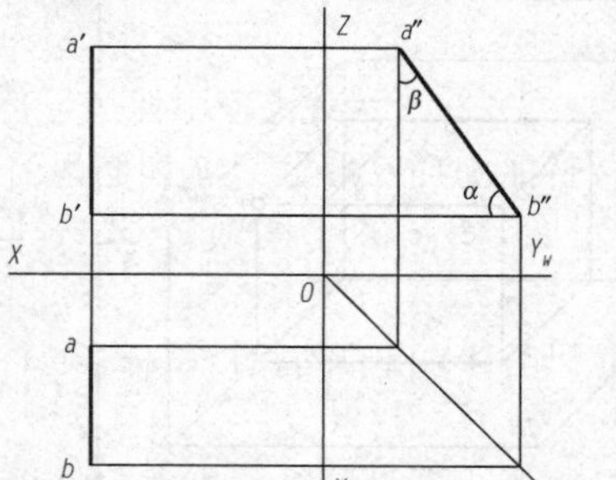	(1)在 W 面上的投影反映实长，即 $a''b''=AB$。(2)在 H、V 面上的投影平行于投影轴，即 $ab//OY$，$a''b''//OZ$

投影面平行线的投影特性如下：

(1)投影面平行线在所平行的投影面上的投影反映直线的实长，此投影与该投影面所包含的投影轴的夹角反映直线对其他两个投影面的倾角；

(2)投影面平行线的另外两面投影分别平行于该直线平行的投影面所包含的两个投影轴。

2. 投影面垂直线

垂直于一个投影面，平行于另外两个投影面的直线，称为投影面垂直线。投影面垂直线有三种位置，见表 2-2。

(1)铅垂线——垂直于 H 面的直线；

(2)正垂线——垂直于 V 面的直线；

(3)侧垂线——垂直于 W 面的直线。

在三投影面体系中，投影面垂直线垂直于某个投影面，它必然同时平行于其他两投影面，所以，这类直线的投影具有反映直线实长和积聚性的特点。

表 2-2 投影面垂直线

名称	直观图	投影图	投影特性
铅垂线	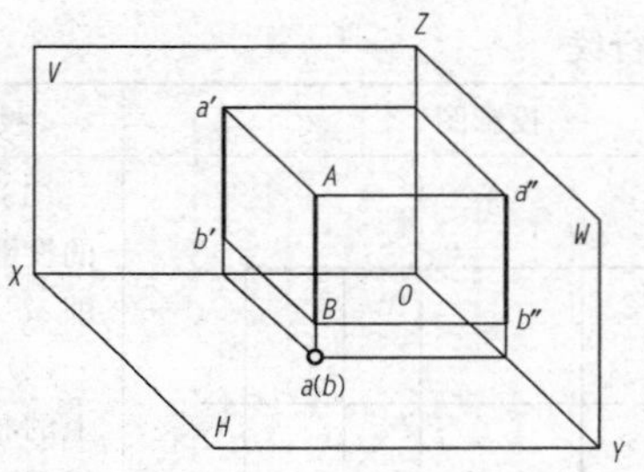 Z V a′ A a″ b′ W X B O b″ a(b) H Y	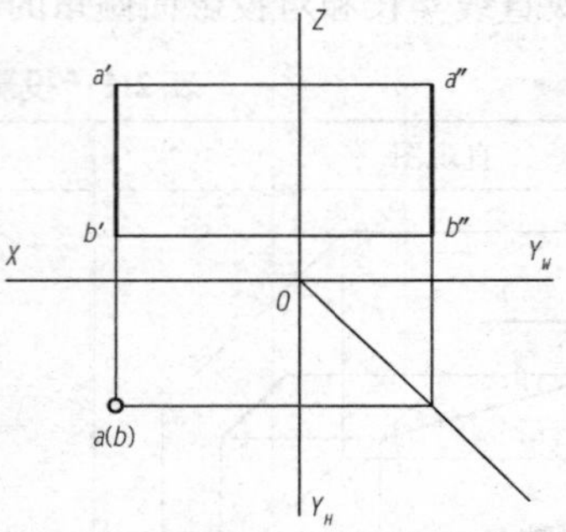 Z a′ a″ b′ b″ X Y_W O a(b) Y_H	(1)在 H 面上的投影积聚为一点。 (2)在 V、W 面上的投影等于实长，且 $a'b'$ 垂直于 OX，$a''b''$ 垂直于 OY
正垂线	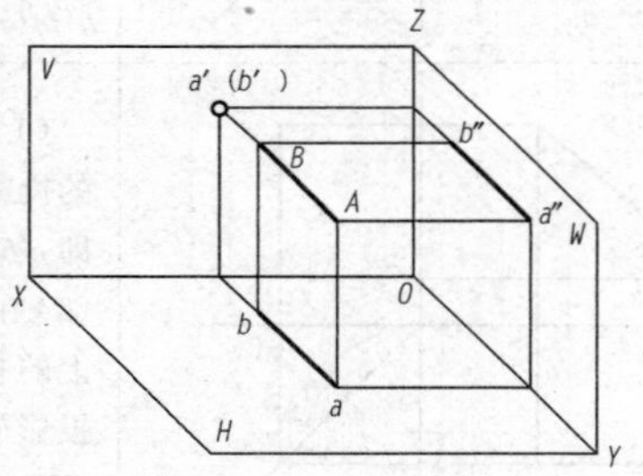 Z V a′ (b′) B b″ A a″ W X O b a H Y	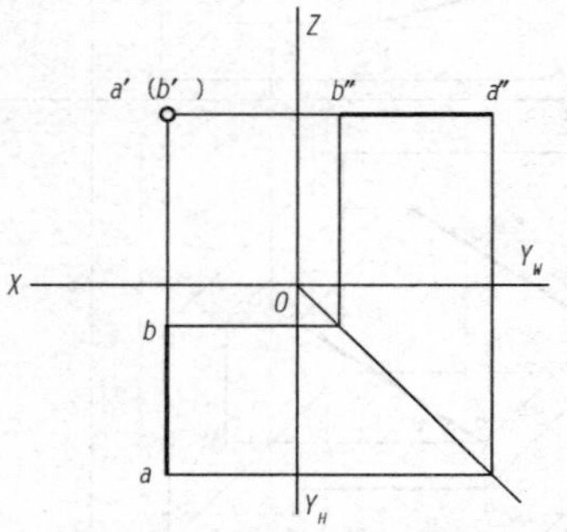 Z a′ (b′) b″ a″ Y_W X O b a Y_H	(1)在 V 面上的投影积聚为一点。 (2)在 H、W 面上的投影等于实长，且 ab 垂直于 OX，$a''b''$ 垂直于 OZ
侧垂线	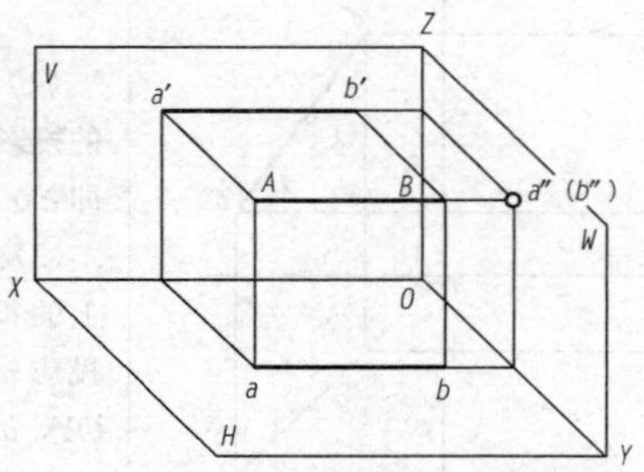 Z V a′ b′ A B a″ (b″) W X O a b H Y	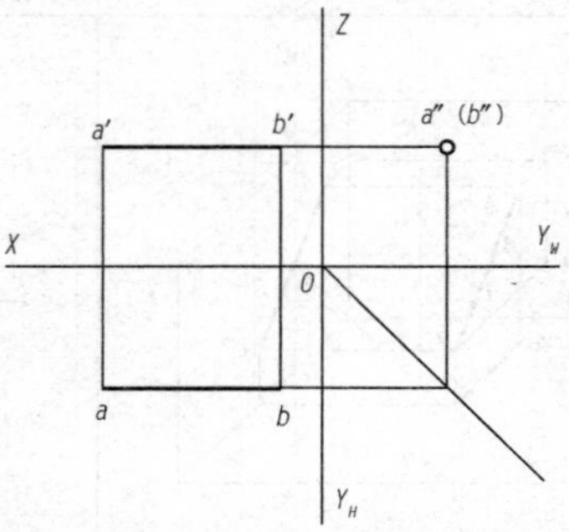 Z a′ b′ a″ (b″) X Y_W O a b Y_H	(1)在 W 面上的投影积聚为一点。 (2)在 H、V 面上的投影等于实长，且 ab 垂直于 OY，$a'b'$ 垂直于 OZ

投影面垂直线的投影特性如下：

(1)投影面垂直线在所垂直的投影面上的投影积聚为一点；

(2)投影面垂直线的另外两面投影分别垂直于该直线垂直的投影面所包含的两个投影轴，且均反映此直线的实长。

3. 一般位置直线

对三个投影面都倾斜的直线，称为一般位置直线，如图 2-14 所示。

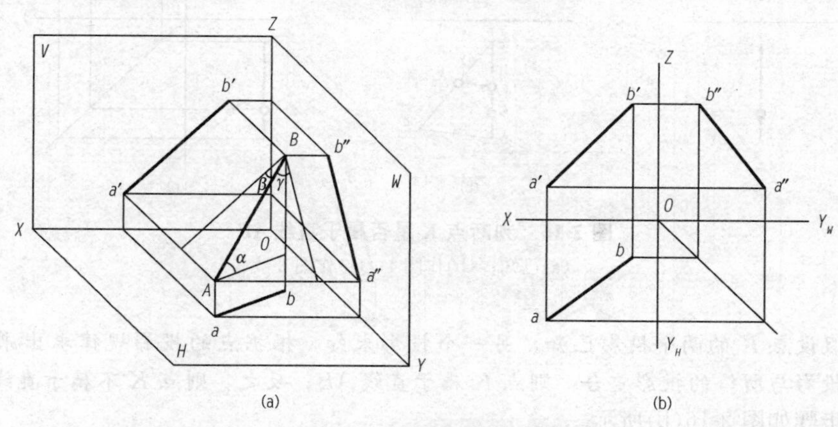

图 2-14　一般位置直线的投影

(a)直观图；(b)投影图

一般位置直线的投影特性为：三个投影都倾斜于投影轴，既不反映直线的实长，也不反映对投影面的倾角。

(二)直线上点的投影

如果点在直线上，则点的各投影必在该直线的同面投影上，且符合点的投影规律，并将直线的各个投影分割成和空间相同的比例。

如图 2-15 所示，直线 AB 上有一点 C，则 C 点的三面投影 c、c'、c'' 必定分别在该直线 AB 的同面投影 ab、$a'b'$、$a''b''$ 上，且 $AC:CB=a'c':c'b'=ac:cb=a''c'':c''b''$。

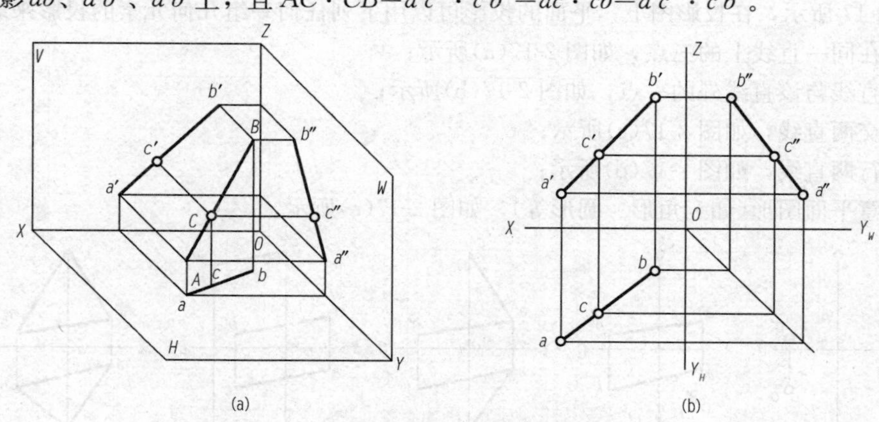

图 2-15　直线上点的投影

(a)直观图；(b)投影图

【例 2-2】 如图 2-16(a)所示，已知侧平线 AB 及点 K 的水平投影 k 和正面投影 k'，判断点 K 是否属于直线 AB。

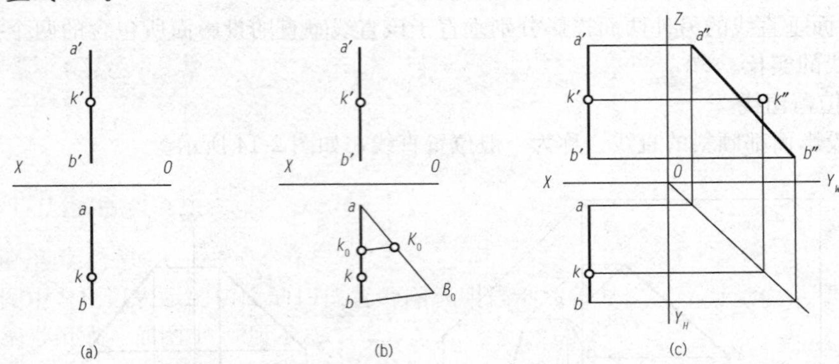

图 2-16　判断点 K 是否属于直线 AB

(a)已知；(b)作图 1；(c)作图 2

分析：假设点 K 的两个投影已知，另一个投影未知，根据点的投影规律求出未知的投影。如果求出的投影与所给的投影重合，则点 K 属于直线 AB；反之，则点 K 不属于直线 AB。

作图：步骤如图 2-16(b)所示。

(1)过点 a 画任一斜线 aB_0，且截取 $aK_0=a'k'$，$K_0B_0=k'b'$；

(2)连接 B_0b，过点 K_0 作 $K_0k_0 \parallel B_0b$，且交 ab 于 k_0，从图中可以看出，k_0 与 k 不重合。

结论：点 K 不属于直线 AB。

另一种作法，如图 2-16(c)所示。

先作出侧面投影 $a''b''$，再根据点的投影规律由 k、k' 求出 k''。从图中可以看出，k'' 不属于 $a''b''$，所以得出结论：点 K 不属于直线 AB。

三、平面的投影

(一)平面的几何元素表示法

如图 2-17 所示，在投影图上，平面的投影可以用下列任何一组几何元素的投影来表示。

(1)不在同一直线上的三点，如图 2-17(a)所示；

(2)一直线与该直线外的一点，如图 2-17(b)所示；

(3)相交两直线，如图 2-17(c)所示；

(4)平行两直线，如图 2-17(d)所示；

(5)任意平面图形(如三角形、圆形等)，如图 2-17(e)所示。

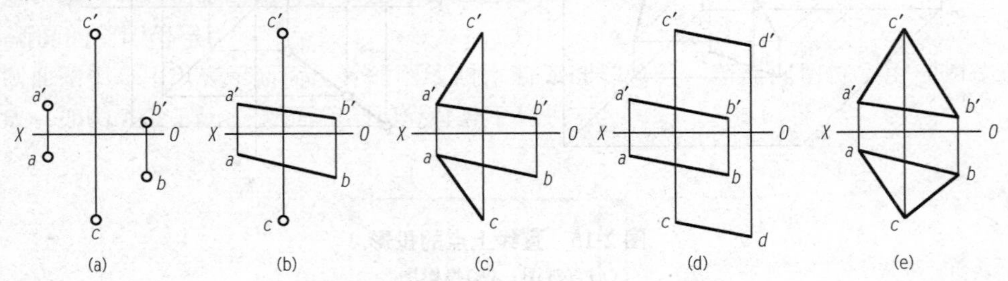

图 2-17　用几何元素表示平面

(a)不在同一条直线上的三点；(b)直线与线外一点；(c)相交两直线；(d)平行两直线；(e)任意平面图形

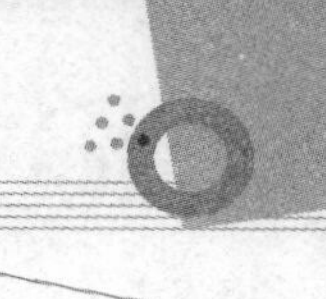

(二)各种位置平面的投影

根据平面相对于投影面的位置不同，可分为投影面平行面、投影面垂直面和一般位置平面。投影面平行面、投影面垂直面又称为特殊位置平面。

1. 投影面平行面

与一个投影面平行，而与另外两个投影面垂直的平面，称为投影面平行面。投影面平行面有三种位置，见表 2-3。

(1)水平面——平行于 H 面，垂直于 V、W 面的平面；

(2)正平面——平行于 V 面，垂直于 H、W 面的平面；

(3)侧平面——平行于 W 面，垂直于 V、H 面的平面。

在三投影面体系中，投影面平行面平行于某一个投影面，与另外两个投影面垂直。这类平面的一面投影具有反映平面图形实形的特点，另外两面投影具有积聚性。

表 2-3　投影面平行面

名称	直观图	投影图	投影特性
水平面			(1)在 H 面上的投影反映实形。 (2)在 V、W 面上的投影积聚成线，且 $p'//OX$，$p''//OY$
正平面			(1)在 V 面上的投影反映实形。 (2)在 H、W 面上的投影积聚成线，且 $p//OX$，$p''//OZ$
侧平面			(1)在 W 面上的投影反映实形。 (2)在 H、V 面上的投影积聚成线，且 $p//OY$，$p'//OZ$

投影面平行面的投影特性如下：

(1)在所平行的投影面上的投影反映实形；

(2)在另外两个投影面上的投影积聚为一直线，且分别平行于投影面平行面所包含的两个投影轴。

2. 投影面垂直面

与一个投影面垂直，而与另外两个投影面倾斜的平面，称为投影面垂直面。投影面垂直面有三种位置，见表 2-4。

(1)铅垂面——垂直于 H 面，倾斜于 V、W 面的平面；

(2)正垂面——垂直于 V 面，倾斜于 H、W 面的平面；

(3)侧垂面——垂直于 W 面，倾斜于 V、H 面的平面。

在三投影面体系中，投影面垂直面只垂直于某一个投影面，与另外两个投影面倾斜。这类平面的投影具有积聚性的特点，能反映对投影面的倾角，但不反映平面图形的实形。

表 2-4 投影面垂直面

名称	直观图	投影图	投影特性
铅垂面	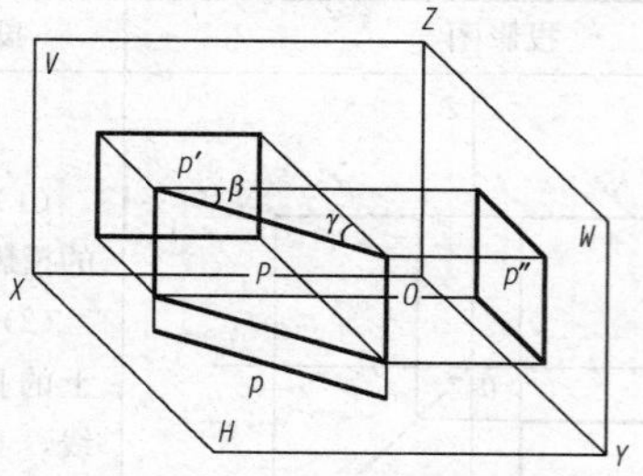	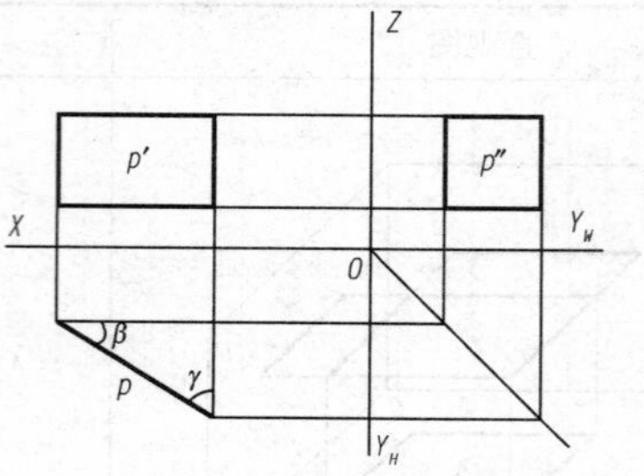	(1)在 H 面上的投影积聚为一倾斜直线。 (2)在 V、W 面上的投影均为小于实形的类似形
正垂面	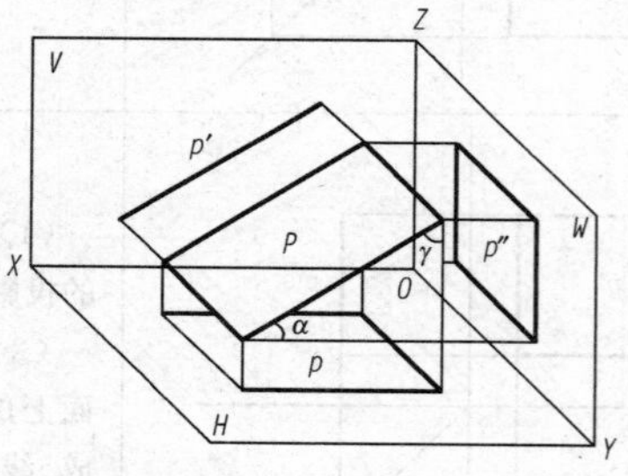	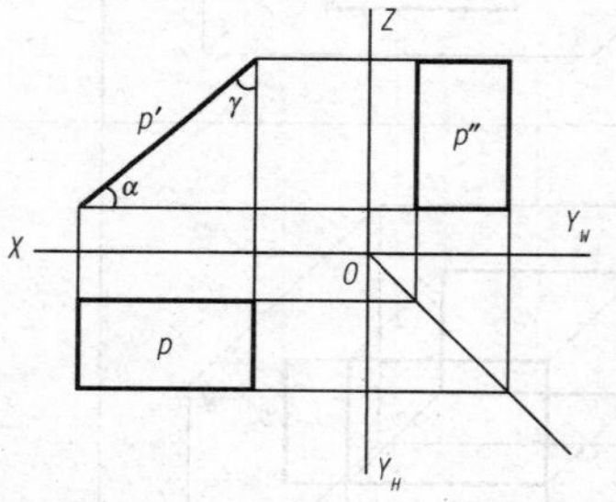	(1)在 V 面上的投影积聚为一倾斜直线。 (2)在 H、W 面上的投影均为小于实形的类似形
侧垂面	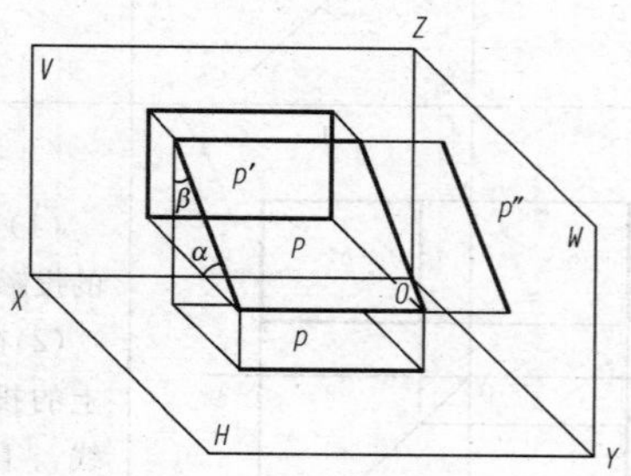	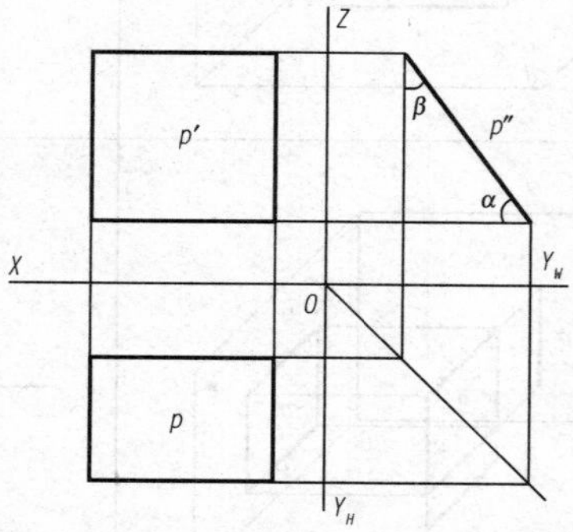	(1)在 W 面上的投影积聚为一倾斜直线。 (2)在 H、V 面上的投影均为小于实形的类似形

投影面垂直面的投影特性如下：

(1)在所垂直的投影面上的投影积聚为一条直线，该直线与投影轴的夹角反映平面对另外两个投影面的倾角；

(2)另外两面投影均为小于实形的类似形。

3. 一般位置平面

一般位置平面是指对三个投影面既不垂直又不平行的平面，如图 2-18(a)所示。平面与投影面的夹角称为平面对投影面的倾角，平面对 H、V 和 W 面的倾角分别用 α、β 和 γ 表示。由于一般位置平面对 H、V 和 W 面既不垂直也不平行，所以，它的三面投影既不反映平面图形的实形，也没有积聚性，均为类似形，如图 2-18(b)所示。

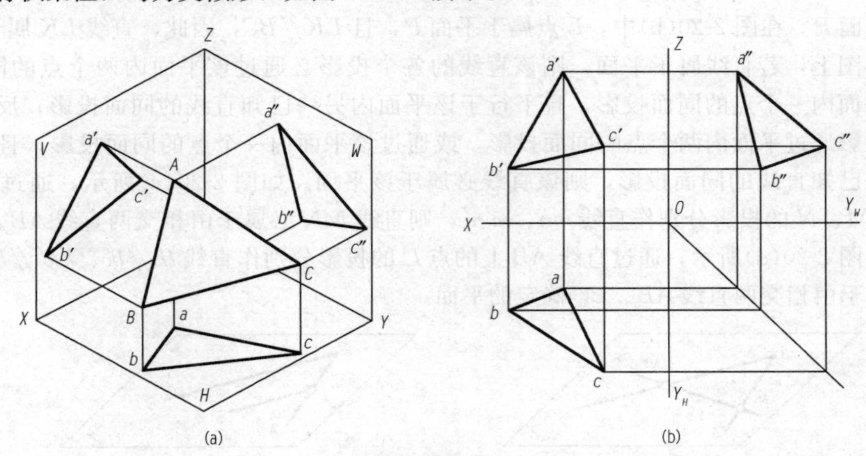

图 2-18 一般位置平面的投影

(a)直观图；(b)投影图

(三)平面上的点和直线

1. 平面上的点

点在平面上的几何条件是：若点在平面内的任一直线上，则此点一定在该平面上。

如图 2-19(a)所示，平面 P 由相交两直线 AB、BC 确定，M、N 两点分别属于直线 AB、BC，故点 M、N 属于平面 P。

在投影图上，若点属于平面，则该点的各个投影必属于该平面内的一条直线的同面投影；反之，若点的各个投影属于平面内一条直线的同面投影，则该点必属于该平面。如图 2-19(b)所示，在直线 AB、BC 的投影上分别作 m、m'、n、n'，则空间点 M、N 必属于由相交两直线 AB、BC 确定的平面。

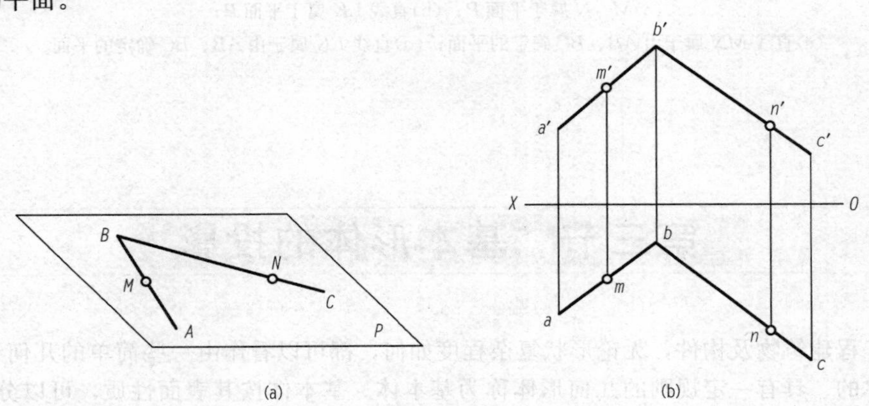

图 2-19 平面上的点

(a)M、N 属于平面 P；(b)M、N 属于由 AB、BC 确定的平面

2. 平面上的直线

直线在平面上的几何条件如下：

(1)通过平面上的两点；

(2)通过平面上一点且平行于平面上的一条直线。

如图 2-20(a)所示，平面 P 由相交两直线 AB、BC 确定，M、N 两点属于平面 P，故直线 MN 属于平面 P。在图 2-20(b)中，L 点属于平面 P，且 $LK /\!/ BC$，因此，直线 LK 属于平面 P。

在投影图上，若直线属于平面，则该直线的各个投影必通过该平面内两个点的同面投影，或通过该平面内一个点的同面投影，且平行于该平面内另一已知直线的同面投影；反之，若直线的各个投影通过平面内两个点的同面投影，或通过该平面内一个点的同面投影，且平行于该平面内另一已知直线的同面投影，则该直线必属于该平面。如图 2-20(c)所示，通过直线 AB、BC 上的点 M、N 的投影分别作直线 mn、$m'n'$，则直线 MN 必属于由相交两直线 AB、BC 确定的平面。如图 2-20(d)所示，通过直线 AB 上的点 L 的投影分别作直线 $lk /\!/ bc$、$l'k' /\!/ b'c'$，则直线 LK 必属于由相交两直线 AB、BC 确定的平面。

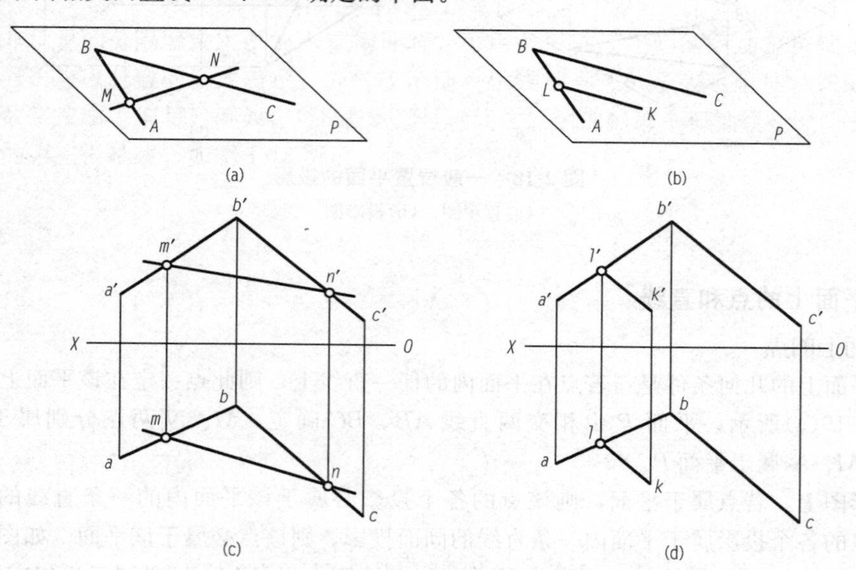

图 2-20　平面上的直线

(a)M、N 属于平面 P；(b)直线 LK 属于平面 P；

(c)直线 MN 属于由 AB、BC 确定的平面；(d)直线 LK 属于由 AB、BC 确定的平面

第三节　基本形体的投影

任何工程建筑物及构件，无论形状复杂程度如何，都可以看作由一些简单的几何形体组成。这些最简单的、具有一定规则的几何形体称为基本体。基本体按其表面性质，可以分为平面体和曲面体两类。

(1)平面体。平面体是指表面全部由平面所围成的立体，如棱柱和棱锥等。

(2)曲面体。曲面体是指表面全部由曲面或曲面和平面所围成的立体，如圆柱、圆锥、圆球等(图 2-21)。

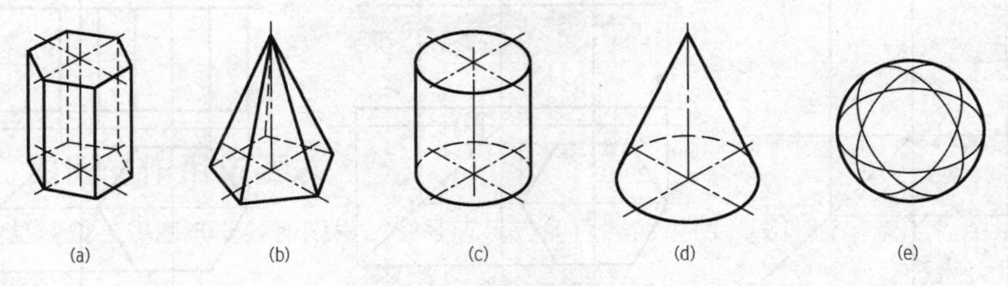

图 2-21　常见的基本体

(a)棱柱；(b)棱锥；(c)圆柱；(d)圆锥；(e)圆球

一、平面体的投影

(一)棱柱

1. 棱柱的投影分析

图 2-22 所示为一正六棱柱，顶面和底面是相互平行的正六边形，六个棱面均为矩形，且与顶面和底面垂直。为作图方便，选择正六棱柱的顶面和底面平行于水平面，并使前、后两个棱面与正面平行。

顶面和底面的水平投影重合，并反映实形——正六边形，六边形的正面和侧面投影分别积聚成一条直线；六个棱面的水平投影分别积聚成六边形的六条边；由于前、后两个棱面平行于正面，所以正面投影反映实形，水平投影和侧面投影积聚成两条直线；其余棱面不平行于正面和侧面，所以，它们的正面和侧面投影仍为矩形，但小于原形。

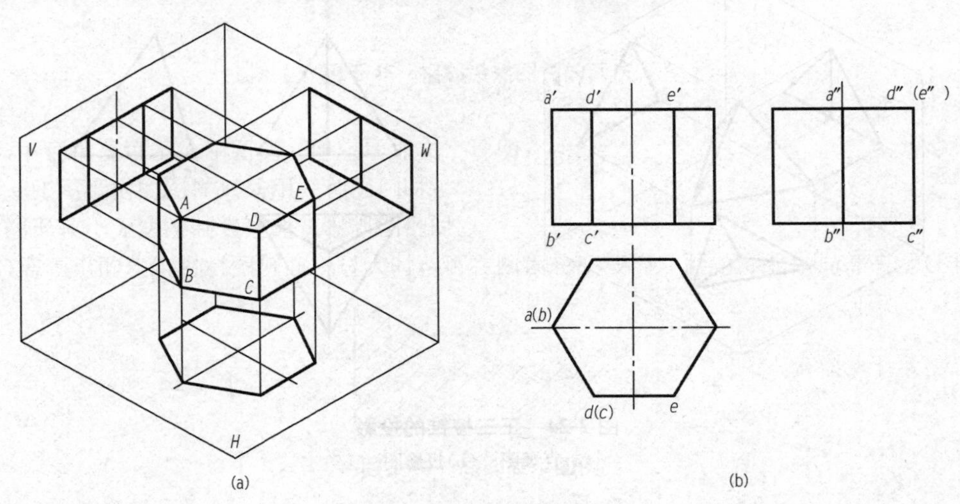

图 2-22　正六棱柱的投影

(a)直观图；(b)投影图

2. 正六棱柱三面投影作图步骤

正六棱柱三面投影的作图步骤(图 2-23)如下：

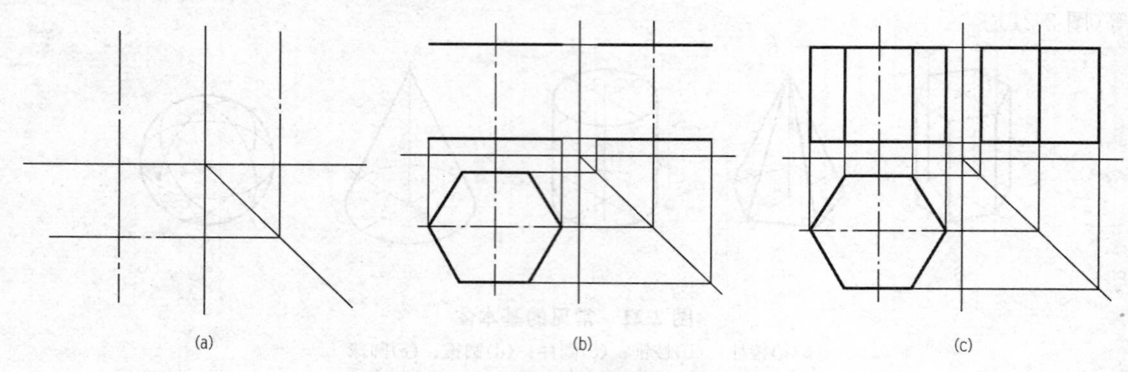

图 2-23　正六棱柱三面投影的作图步骤

(1)画出正面投影和侧面投影的对称线、水平投影的对称中心线；

(2)画出顶面、底面的三面投影；

(3)画出六个棱面的三面投影。

注意： 可见棱线画粗实线，不可见棱线画虚线。当它们重影时，画可见棱线。

(二)棱锥

1. 棱锥的投影分析

图 2-24 所示为一正三棱锥，由底面和三个棱面组成。棱锥底面平行于水平面，其水平投影反映实形，正面和侧面投影积聚成一条直线；后面一个棱面垂直于侧面，它的侧面投影积聚成一条直线；其余两个棱面与三个投影面均倾斜，所以，三个投影既没有积聚性也不反映实形。

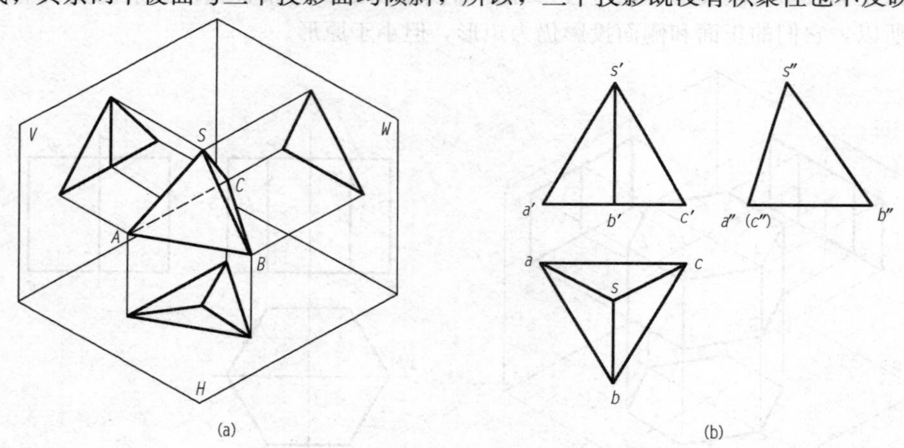

图 2-24　正三棱锥的投影

(a)直观图；(b)投影图

2. 正三棱锥三面投影作图步骤

画正三棱锥的投影时，画出底面三角形的三面投影和三条棱线的三面投影即可。作图步骤(图 2-25)如下：

(1)从反映底面三角形实形的水平投影画起，画出三角形的三面投影；

(2)画出三棱锥锥顶的三面投影；

(3)画出三条棱线的三面投影，判别可见性。

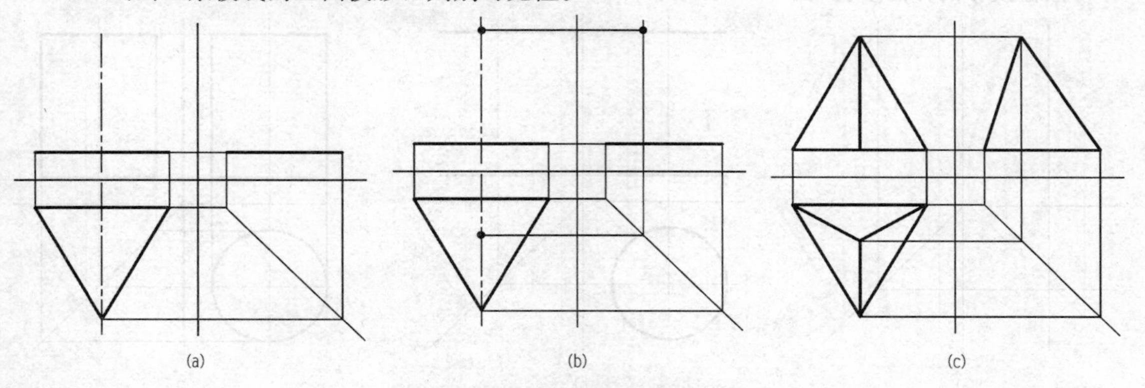

图 2-25　正三棱锥投影的作图步骤

二、曲面体的投影

(一)圆柱

圆柱表面由圆柱面和两底面所围成。圆柱面可看作一条直母线 AA_1 围绕与它平行的轴线 OO_1 回转而成。圆柱面上任意一条平行于轴线的直线，称为圆柱素线，如图 2-26 所示。

图 2-26　圆柱的形成

1. 圆柱的投影分析

如图 2-27 所示，当圆柱轴线垂直于水平面时，圆柱上、下底面的水平投影反映实形，正面和侧面投影积聚成一条直线。圆柱面的水平投影积聚为一圆周，与两底面的水平投影重合。在正投影中，前、后两个半圆柱的投影重合为一矩形，矩形的两条竖线分别是圆柱面最左、最右素线的投影，也是圆柱面前、后分界的轮廓线。在侧面投影中，左、右两个半圆柱面的投影重合为一矩形，矩形的两条竖线分别是圆柱面最前、最后素线的投影，也是圆柱面左、右分界的轮廓线。

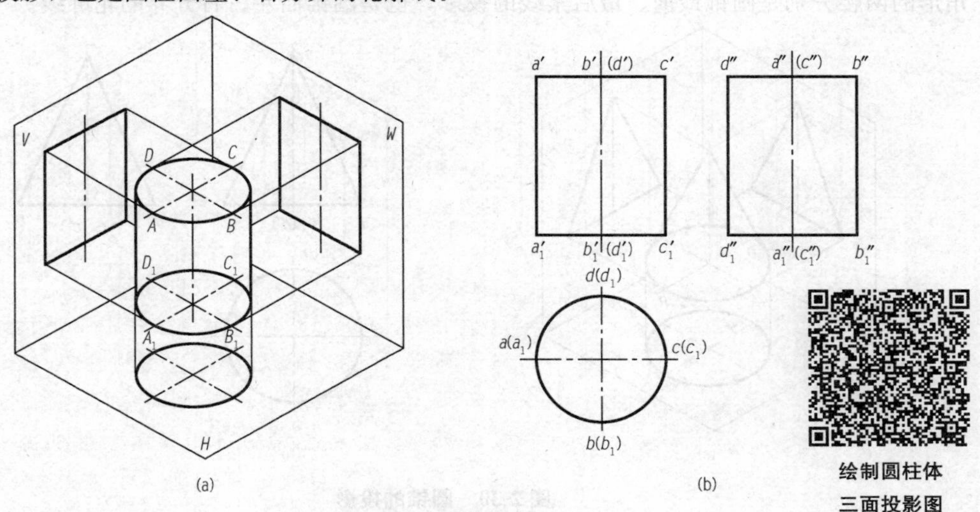

绘制圆柱体三面投影图

图 2-27　圆柱的投影

(a)直观图；(b)投影图

2. 圆柱投影作图步骤

圆柱投影的作图步骤(图 2-28)如下：

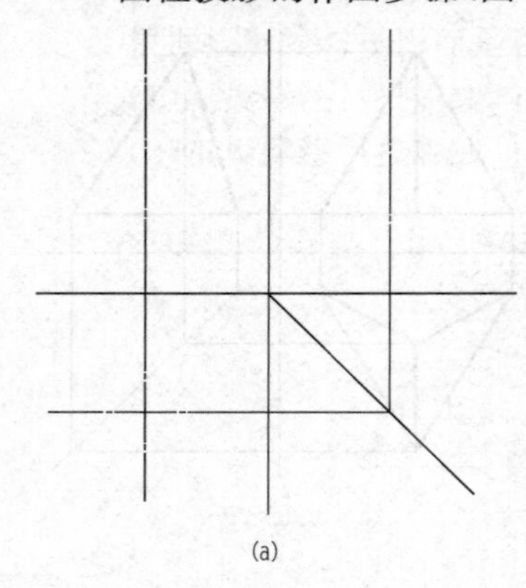
(a)

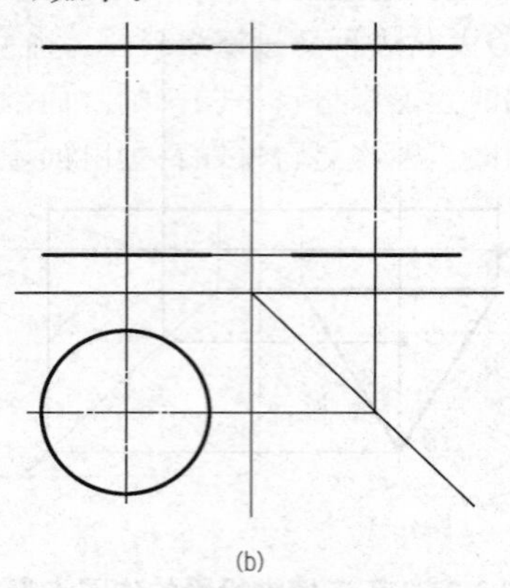
(b)

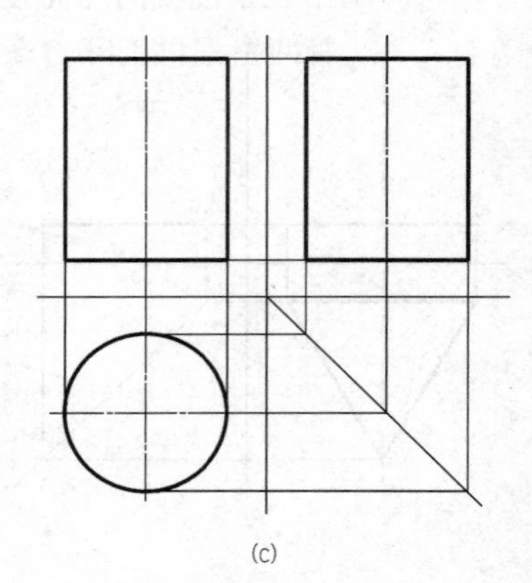
(c)

图 2-28　圆柱投影的作图步骤

(1)用细点画线画出轴线的正面投影、水平投影和侧面投影；

(2)画出圆柱水平投影的圆，以及两个底面的其他两投影；

(3)画出各投影轮廓线。

(二)圆锥

如图 2-29 所示，以直线 AB 为母线，绕与它相交的轴线 OO_1 回转一周所形成的面称为圆锥面。圆锥面和锥底平面围成圆锥体，简称圆锥。

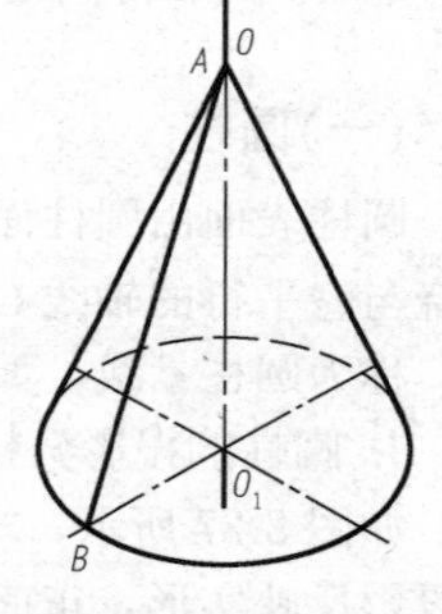

图 2-29　圆锥的形成

1. 圆锥的投影分析

图 2-30 所示为一正圆锥，锥底面平行于水平面，水平投影反映实形，正面和侧面投影积聚成一条直线。圆锥面的三个投影都没有积聚性，其水平投影与底面的水平投影重合，全部可见。正面投影由前、后两个半圆锥的投影重合为一等腰三角形，三角形的两腰分别是圆锥面最左、最右素线的投影，也是圆锥面前、后分界的轮廓线。侧面投影由左、右两个半圆锥面的投影重合为一等腰三角形，三角形的两腰分别是圆锥最前、最后素线的投影，也是圆锥面左、右分界的轮廓线。

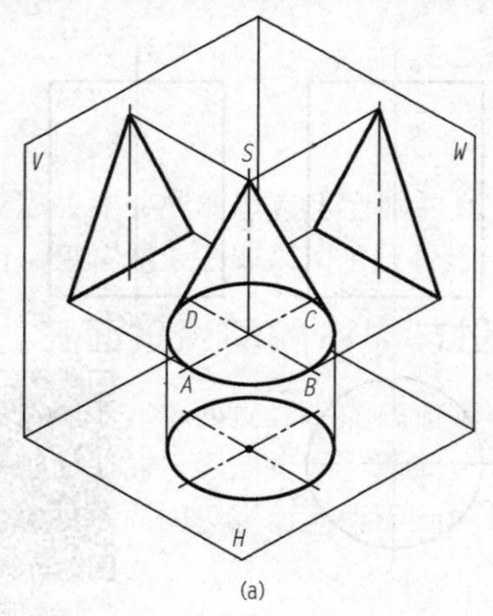

(a)

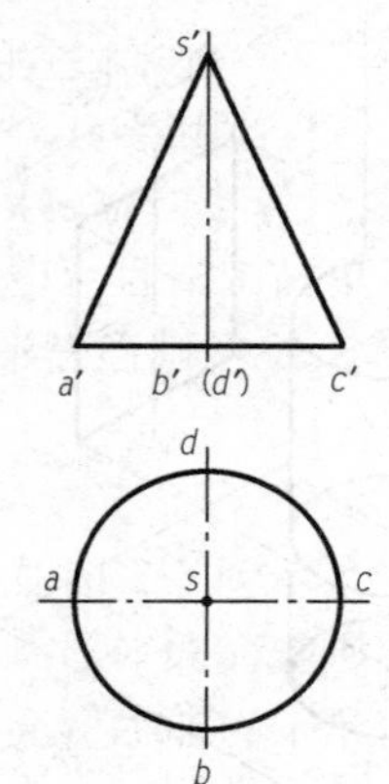

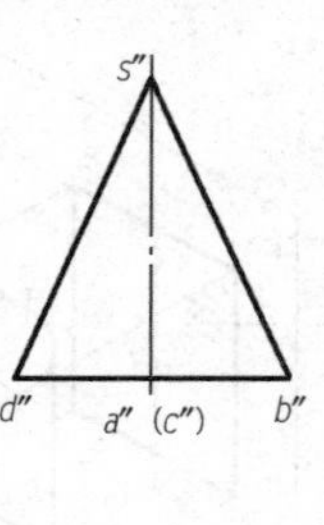

(b)

图 2-30　圆锥的投影

(a)直观图；(b)投影图

2. 圆锥投影作图步骤

圆锥投影的作图步骤(图 2-31)如下：

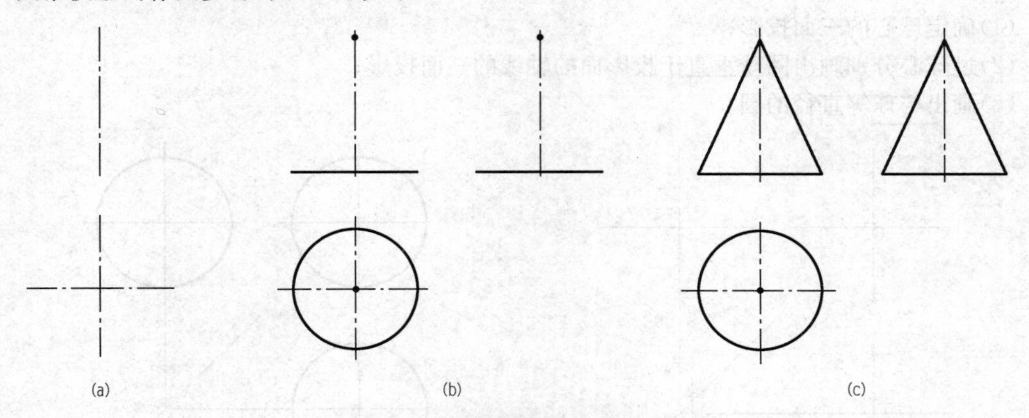

图 2-31　圆锥投影的作图步骤

(1)用细点画线画出轴线的正面投影和侧面投影，并画出圆锥水平投影的对称中心线；

(2)画出锥底面的三面投影，以及锥顶点的投影；

(3)画出各投影轮廓线。

(三)圆球

圆球的表面是球面，圆球面可看作一条圆母线绕通过其圆心的轴线回转而成。

1. 圆球的投影分析

图 2-32(a)所示为圆球的直观图，图 2-32(b)所示为圆球的投影。圆球在三个投影面上的投影都是直径相等的圆，但这三个圆分别表示三个不同方向的圆球面轮廓素线的投影。正面投影的圆是平行于 V 面的圆素线 A(它是前面可见半球与后面不可见半球的分界线)的投影；侧面投影的圆是平行于 W 面的圆素线 C 的投影；水平投影的圆是平行于 H 面的圆素线 B 的投影。这三条圆素线的其他两面投影，都与相应圆的中心线重合，不应画出。

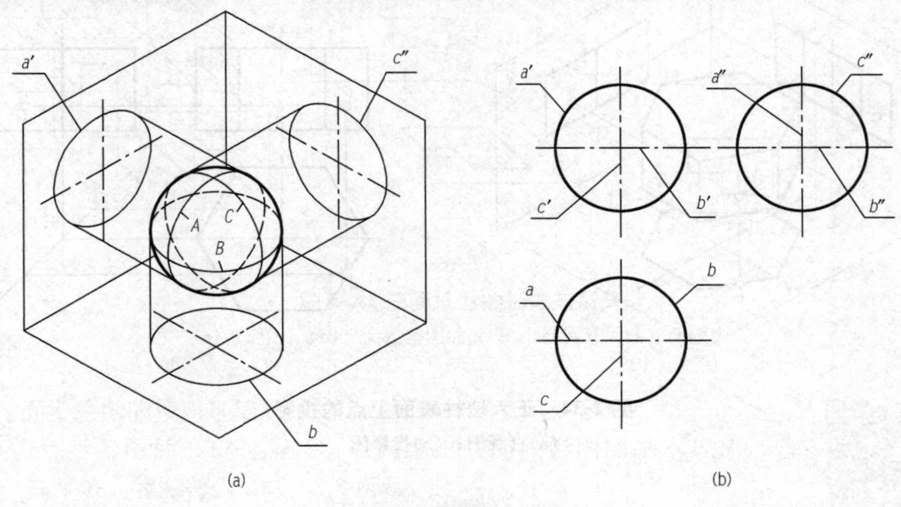

图 2-32　圆球的投影

(a)直观图；(b)投影图

2. 圆球投影作图步骤

圆球投影的作图步骤(图 2-33)如下：

(1)确定球心的三面投影；

(2)过球心分别画出圆球垂直于投影面的轴线的三面投影；

(3)画出与球等直径的圆。

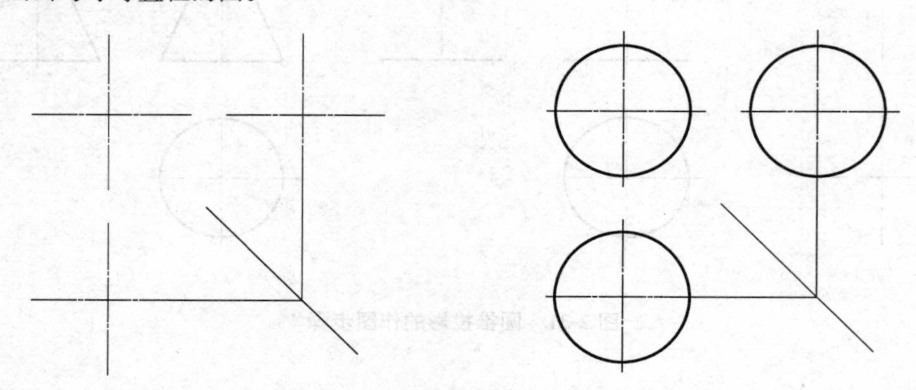

图 2-33　圆球投影的作图步骤

三、立体表面上点的投影

确定立体表面上点的投影，是绘制组合体投影的基础。点位于立体表面的位置不同，求其投影的方法也不同。

(一)平面体上的点

1. 棱柱体表面上取点

如图 2-34 所示，已知正六棱柱表面上 M 点的正面投影 m'，求其水平投影 m 和侧面投影 m''。

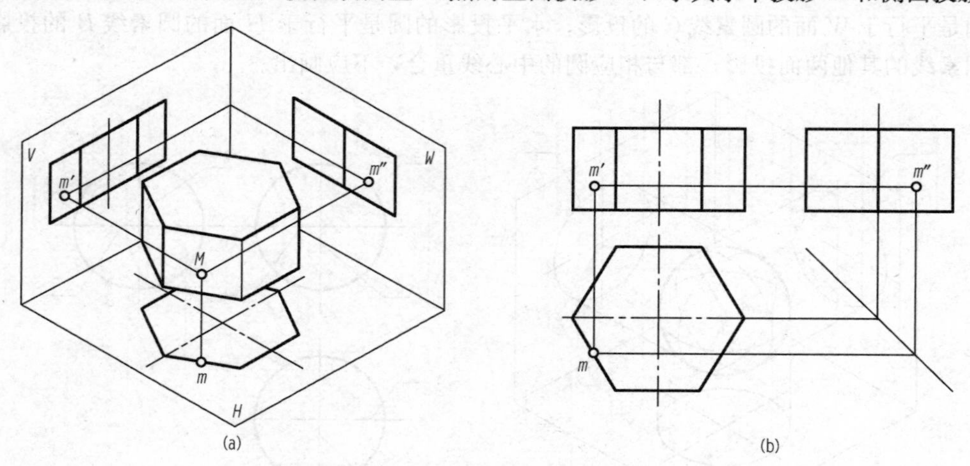

图 2-34　正六棱柱表面上点的投影

(a)直观图；(b)投影图

分析：由于 m' 可见，所以 M 点在立体的左前棱面上。棱面为铅垂面，其水平投影具有积聚性，M 点的水平投影 m 必在其水平投影上。所以，由 m' 按投影规律可得 m，再由 m' 和 m 可求得 m''。

2. 棱锥体表面上取点

如图 2-35 所示，已知正三棱锥表面上点 M 的正面投影 m' 和点 N 的水平投影 n，求作 M、N 两点的其余投影。

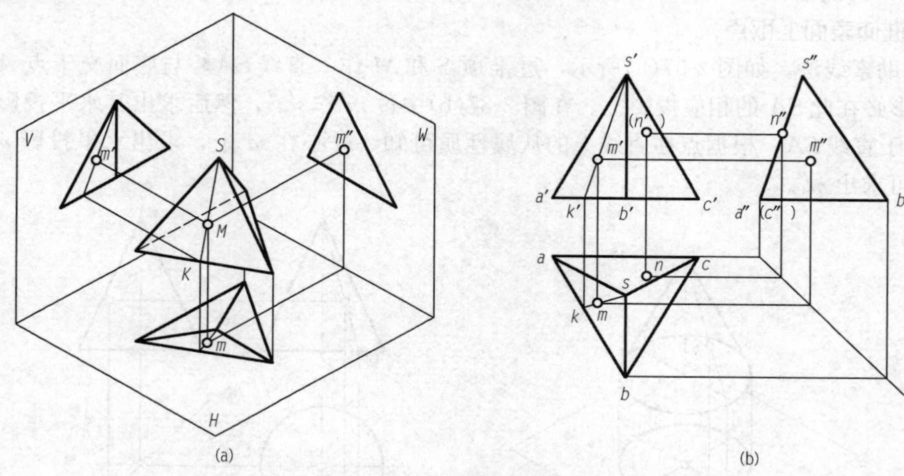

图 2-35　正三棱锥表面上点的投影

(a)直观图；(b)投影图

分析： 因为 m' 可见，因此点 M 必定在 $\triangle SAB$ 上。$\triangle SAB$ 是一般位置平面，采用辅助线法，过点 M 及锥顶点 S 作一条直线 SK，与底边 AB 交于点 K。图 2-35 中过 m' 作 $s'k'$，再作出其水平投影 sk。由于点 M 属于直线 SK，根据点在直线上的从属性质可知，m 必在 sk 上，求出水平投影 m，再根据 m、m' 可求出 m''。

因为点 N 不可见，故点 N 必定在棱面 $\triangle SAC$ 上。棱面 $\triangle SAC$ 为侧垂面，它的侧面投影积聚为直线段 $s''a''(c'')$，因此 n'' 必在 $s''a''(c'')$ 上，由 n、n'' 即可求出 n'。

(二)曲面体上的点

1. 圆柱体表面上取点

如图 2-36 所示，已知圆柱表面上 M 点的正面投影 m'，求 M 点的其他投影。

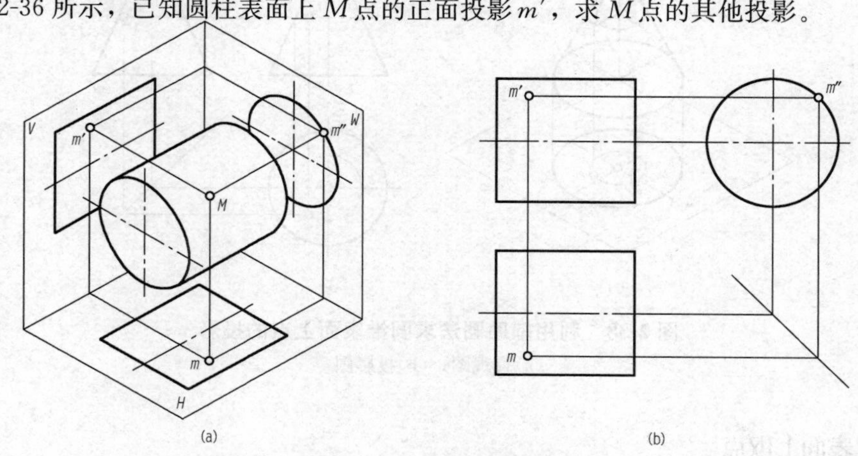

图 2-36　圆柱表面上点的投影

(a)直观图；(b)投影图

分析：根据圆柱侧面投影的积聚性作出 m''，由于 m' 可见，确定 M 点在圆柱面上的位置上、前圆柱面上，m'' 必在侧面投影圆的前半圆周上。再按投影关系作出 m，由于 M 点在上半圆柱面上，所以 m 可见。

2. 圆锥体表面上取点

(1)辅助素线法。如图 2-37(a)所示，过锥顶 S 和 M 作一直线 SA，与底面交于点 A，点 M 的各个投影必在此 SA 的相应投影上。在图 2-37(b)中过 m' 作 $s'a'$，然后求出其水平投影 sa。由于点 M 属于直线 SA，根据点在直线上的从属性质可知，m 必在 sa 上，求出水平投影 m，再根据 m、m' 可求出 m''。

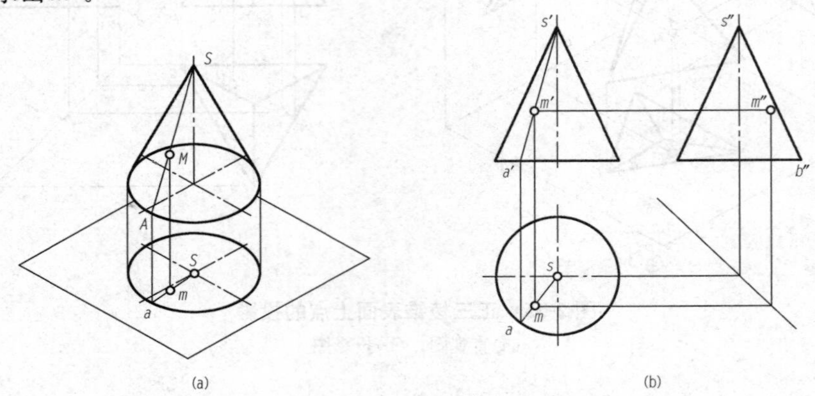

图 2-37　利用辅助素线法求圆锥表面上点的投影

(a)直观图；(b)投影图

(2)辅助圆法。如图 2-38(a)所示，过圆锥面上点 M 作一垂直于圆锥轴线的辅助圆，点 M 的各个投影必在此辅助圆的相应投影上。在图 2-38(b)中过 m' 作水平线 $a'b'$，此为辅助圆的正面投影积聚线。辅助圆的水平投影为一直径等于 $a'b'$ 的圆，圆心为 s，由 m' 向下引垂线与此圆相交，且根据点 M 的可见性，即可求出 m。然后再由 m' 和 m 可求出 m''。

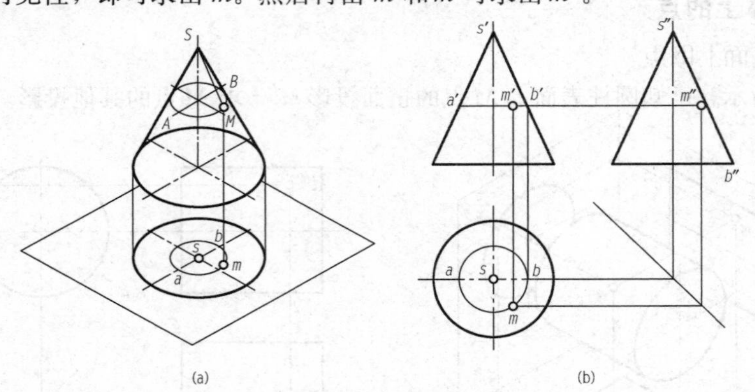

图 2-38　利用辅助圆法求圆锥表面上点的投影

(a)直观图；(b)投影图

3. 圆球表面上取点

圆球表面上取点的方法称为辅助圆法。圆球面的投影没有积聚性，求作其表面上点的投影需采用辅助圆法，即过该点在球面上作一个平行于任一投影面的辅助圆。

如图 2-39(a)所示，已知球面上点 M 的水平投影，求作其余两个投影。过点 M 作一平行于正面的辅助圆，它的水平投影为过 m 的直线 ab，正面投影为直径等于 ab 长度的圆。自 m 向上引垂线，在正面投影上与辅助圆相交于两点。又由于 m 可见，故点 M 必在上半个圆周上，据此可确定位置偏上的点即 m'，再由 m、m' 可求出 m''，如图 2-39(b)所示。

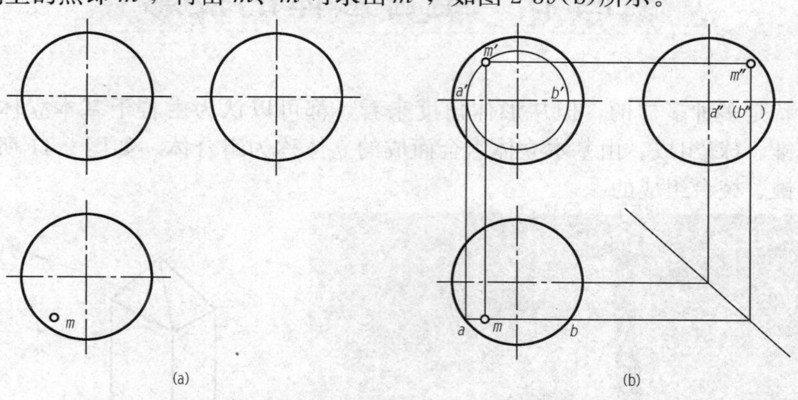

图 2-39　圆球表面上点的投影

(a)已知条件；(b)作图方法

四、基本立体尺寸标注

基本立体一般只需注出长、宽、高三个方向的尺寸。

标注平面立体(如棱柱、棱锥)的尺寸时，应注出底面(或上、下底面)的形状和高度尺寸，如图 2-40(a)、(b)、(c)、(d)所示。

标注圆柱和圆锥(台)的尺寸时，需要注出底圆的直径尺寸和高度尺寸。一般把这些尺寸注在非圆投影图中，且在直径尺寸数字前加注符号“ϕ”，如图 2-40(e)、(f)、(g)所示。

球体的尺寸应在 ϕ 或 R 前加注字母“S”，如图 2-40(h)所示。

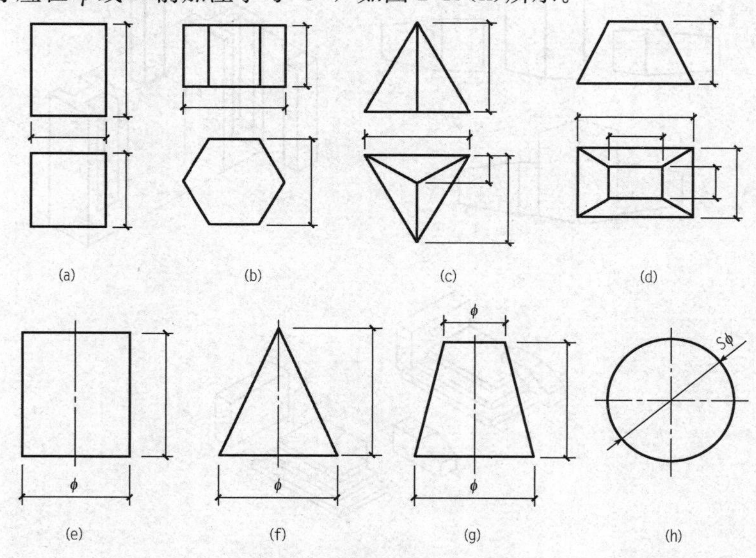

图 2-40　基本立体尺寸标注

(a)、(b)棱柱；(c)、(d)棱锥；(e)圆柱；(f)圆锥；(g)圆台；(h)球

第四节 组合形体的投影

物体的形状是多种多样的，但从形体角度来看，都可以认为由若干基本立体(如棱柱、棱锥、圆柱、圆锥、球)组成。由基本立体组合而成的立体称为组合体。如图 2-41 所示的纪念碑，是由棱柱、棱锥、棱台组成的。

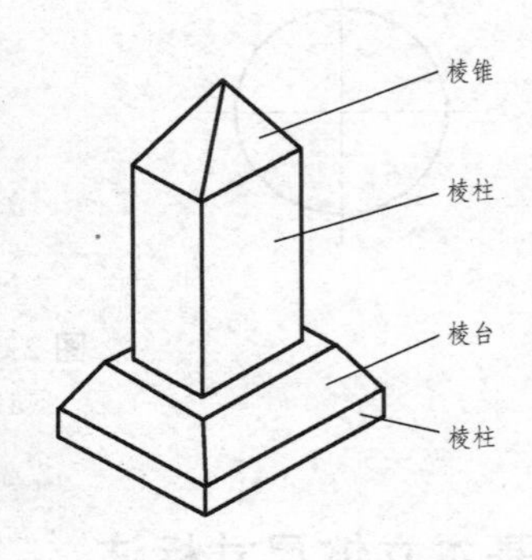

图 2-41 组合体

一、组合体的组合方式

(1)组合体按其构成的方式分为叠加式、切割式、组合式三种，如图 2-42 所示。

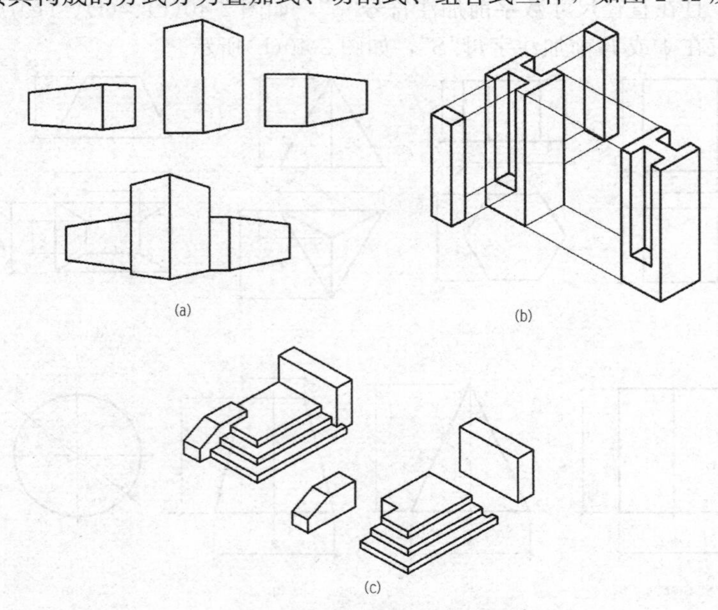

图 2-42 组合体的组合方式

(a)叠加式；(b)切割式；(c)组合式

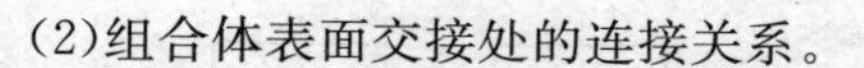

(2)组合体表面交接处的连接关系。

1)平齐。当两基本体表面平齐时，结合处应无分界线，如图 2-43 所示。

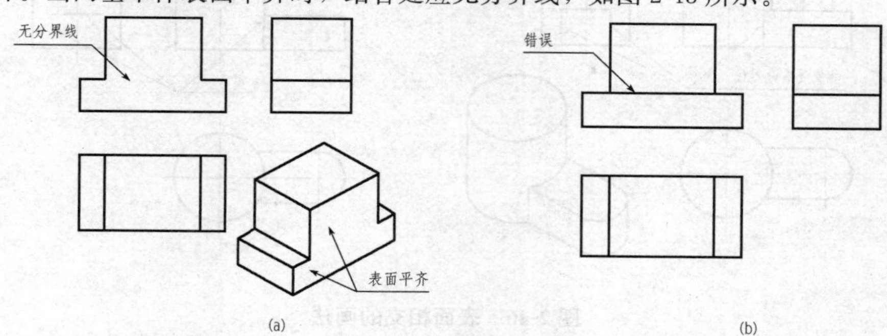

图 2-43　表面平齐的画法

(a)正确画法；(b)错误画法

2)不平齐。当两基本体表面不平齐时，结合处应画出分界线，如图 2-44 所示。

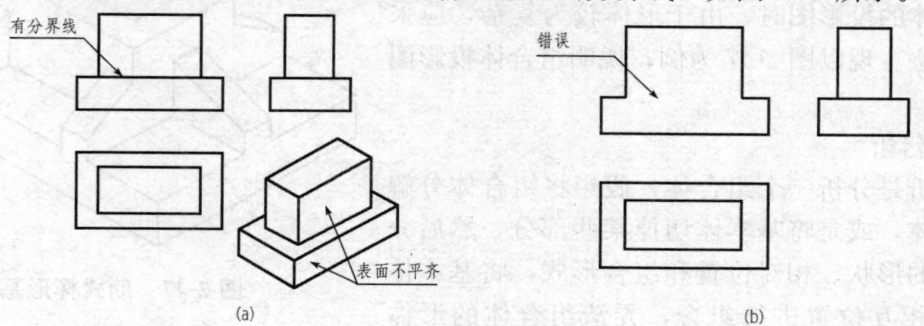

图 2-44　表面不平齐的画法

(a)正确画法；(b)错误画法

3)相切。当两基本体表面相切时，在相切处应无分界线，如图 2-45 所示。

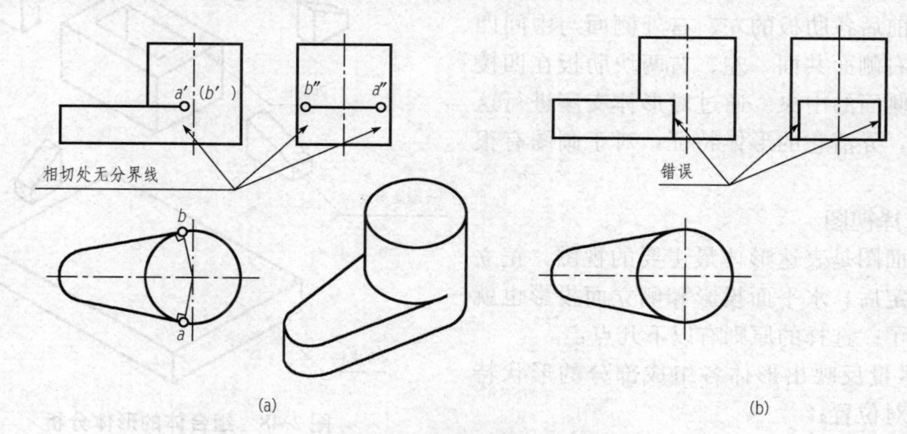

图 2-45　表面相切的画法

(a)正确画法；(b)错误画法

4)相交。当两基本体表面相交时，在相交处应画出分界线，如图 2-46 所示。

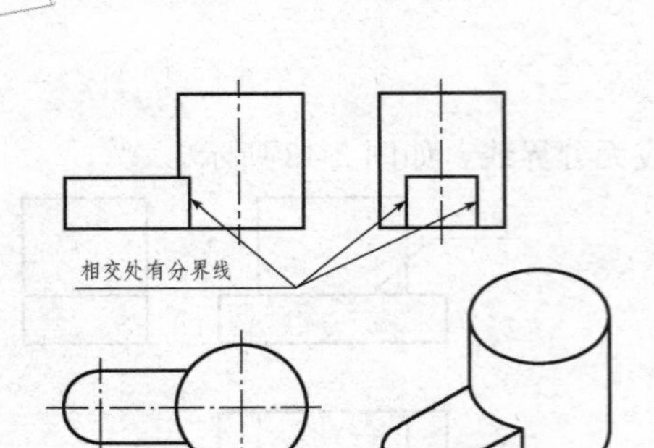

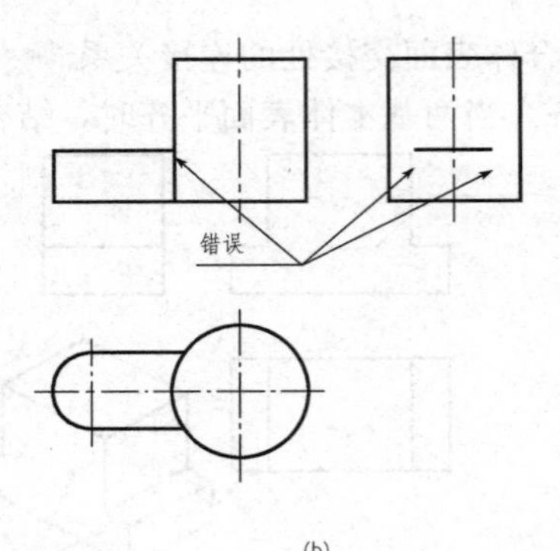

图 2-46　表面相交的画法

(a)正确画法；(b)错误画法

二、组合体的画法

画组合体的投影图时，由于形体较为复杂，应采用形体分析法。现以图 2-47 为例，说明组合体投影图的画法步骤。

1. 形体分析

形体分析是分析一个组合体，假想将组合体分解为若干基本体，或是将基本体切掉某些部分，然后分析各基本体的形状、相对位置和组合形式，将基本体的投影按其相互位置进行组合，弄清组合体的形体特征。

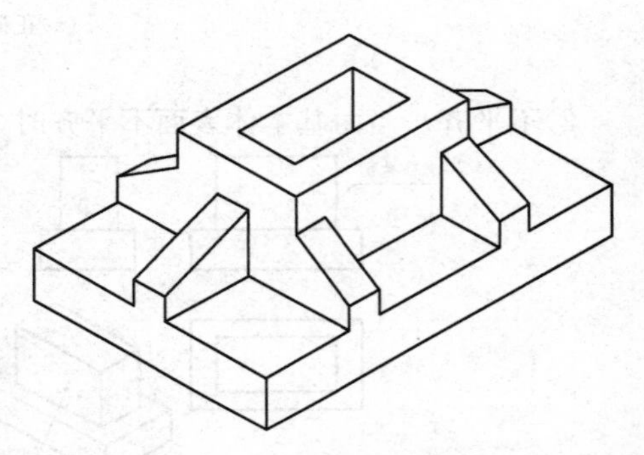

图 2-47　肋式杯形基础

图 2-47 所示的形体可以看作由四棱柱底板、中间四棱柱(挖去中间一楔形块)和六块梯形肋板叠加组成，如图 2-48 所示。四棱柱在底板中央，前后各肋板的左、右外侧面与中间四棱柱左、右侧面共面，左、右两块肋板在四棱柱左、右侧面的中央。通过对形体支座进行这样的分析，弄清它的形体特征，对于画图有很大帮助。

2. 选择视图

正立面图是表达形体最主要的视图，正立面投影选定后，水平面投影和侧立面投影也就随之确定了。选择的原则有以下几点：

(1)尽量反映出形体各组成部分的形状特征及其相对位置；

(2)尽量减少图中的虚线；

(3)尽量合理利用图幅。

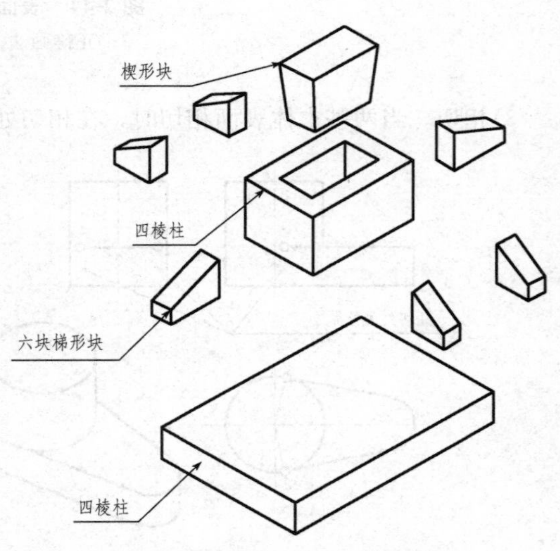

图 2-48　组合体的形体分析

根据基础在房屋中的位置，形体应平放，使 H 面平行于底板平面；V 面平行于形体的正面，还应使正立面能充分反映建筑形体的形状特征，如图 2-49 所示。

3. 确定比例和图幅

根据形体的复杂程度和尺寸大小，按照标准的规定选择适当的比例与图幅。选择的图幅要留有足够的空间以便于标注尺寸和画标题栏等。

4. 布置投影图位置

根据已确定的各投影图的尺寸，将各投影图均匀地布置在图幅内。各投影图之间应留有尺寸标注所需的空间位置。

5. 绘制底稿

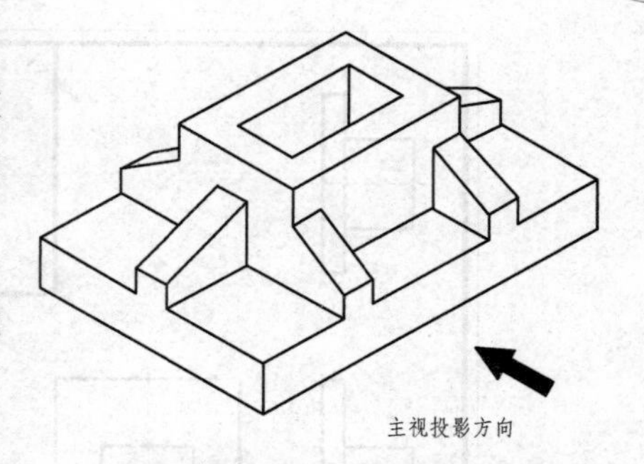

图 2-49　主视投影方向选择

画图顺序按照形体分析，先画主要形体，后画细节；先画可见的图线，后画不可见的图线，将各投影面配合起来画；要正确绘制各形体之间的相对位置；要注意各形体之间表面的连接关系。

布置投影图，画出对称中心的三面投影，如图 2-50(a)所示；画出底板的三面投影，如图 2-50(b)所示；画出中间部分四棱柱的三面投影，如图 2-50(c)所示；画出四周部分六块梯形肋板的三面投影，如图 2-50(d)所示；左边肋板的左侧面与底板的左侧面，前左肋板的左侧面与中间四棱柱的左侧面，都处在同一个平面上，它们之间都不应画交线，如图 2-50(e)所示；画楔形杯口的三面投影，在正立面和侧立面的投影中杯口是看不见的，应画成虚线，如图 2-50(f)所示。

三、组合体的尺寸标注

投影图只能用来表达组合体的形状和各部分的相互关系，而组合体的大小和其中各构成部分的相对位置，还应在组合体各投影画好后标注尺寸才能明确。

1. 尺寸标注的基本要求

(1)正确：标注尺寸要准确无误，且符合制图标准的规定。

(2)完整：尺寸要完整，注写齐全，不能有遗漏。

(3)清晰：尺寸布置要清晰，便于读图。

(4)合理：标注要合理。

2. 尺寸标注的步骤

以图 2-51 所示的肋式杯形基础为例说明组合体尺寸标注的步骤：

(1)标注定形尺寸。确定组合体中各基本形体的形状和大小的尺寸，如图 2-51(a)所示。

(2)标注定位尺寸。确定组合体中各基本形体之间相对位置的尺寸，如图 2-51(b)所示。

(3)标注总体尺寸。确定组合体外形总长、总宽、总高的尺寸，如图 2-51(c)所示。

(4)尺寸配置。检查尺寸标注有无重复、遗漏，并进行修改和调整，最后结果如图 2-51(d)所示。

3. 尺寸标注应注意的问题

(1)应将多数尺寸标注在投影图外，与两投影图有关的尺寸，应尽量布置在两投影图之间。

(2)尺寸应布置在反映形状特征最明显的投影图上。

(3)同轴回转体的直径尺寸，最好标注在非圆的投影图上。

(4)尺寸线与尺寸线不能相交，相互平行的尺寸应使“大尺寸在外，小尺寸在里”。

(5)尽量不在虚线上标注尺寸。

(6)同一形体的尺寸尽量集中标注。

(7)同一图幅内尺寸数字大小应一致。

(8)每一方向细部尺寸的总和应等于该方向的总尺寸。

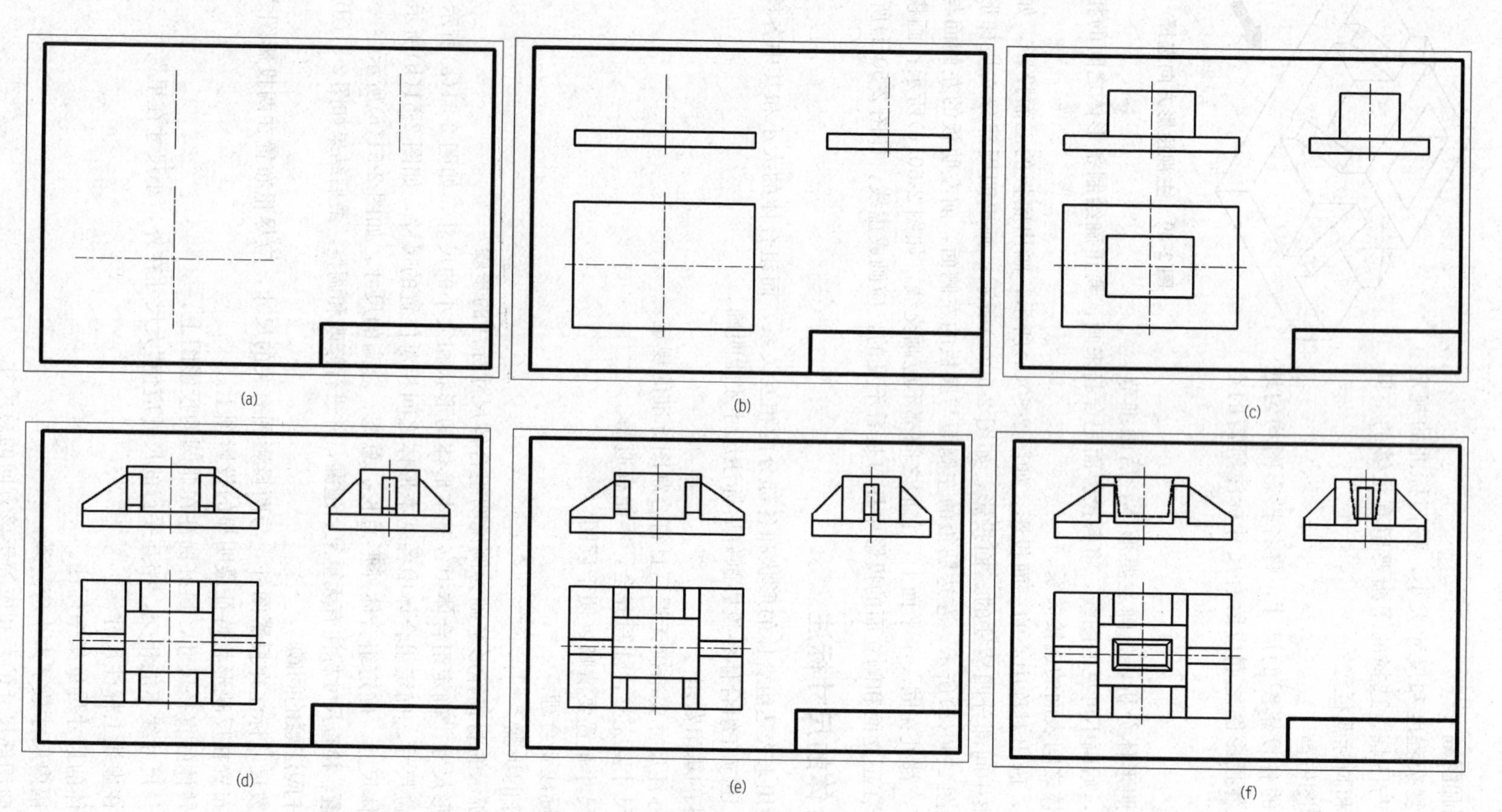

图2-50　肋式杯形基础的作图步骤

（a）定出画图基准线；（b）画出底板；（c）画出中间四棱柱；（d）画出梯形肋板；（e）同一平面位置不画线；（f）画出楔形杯口

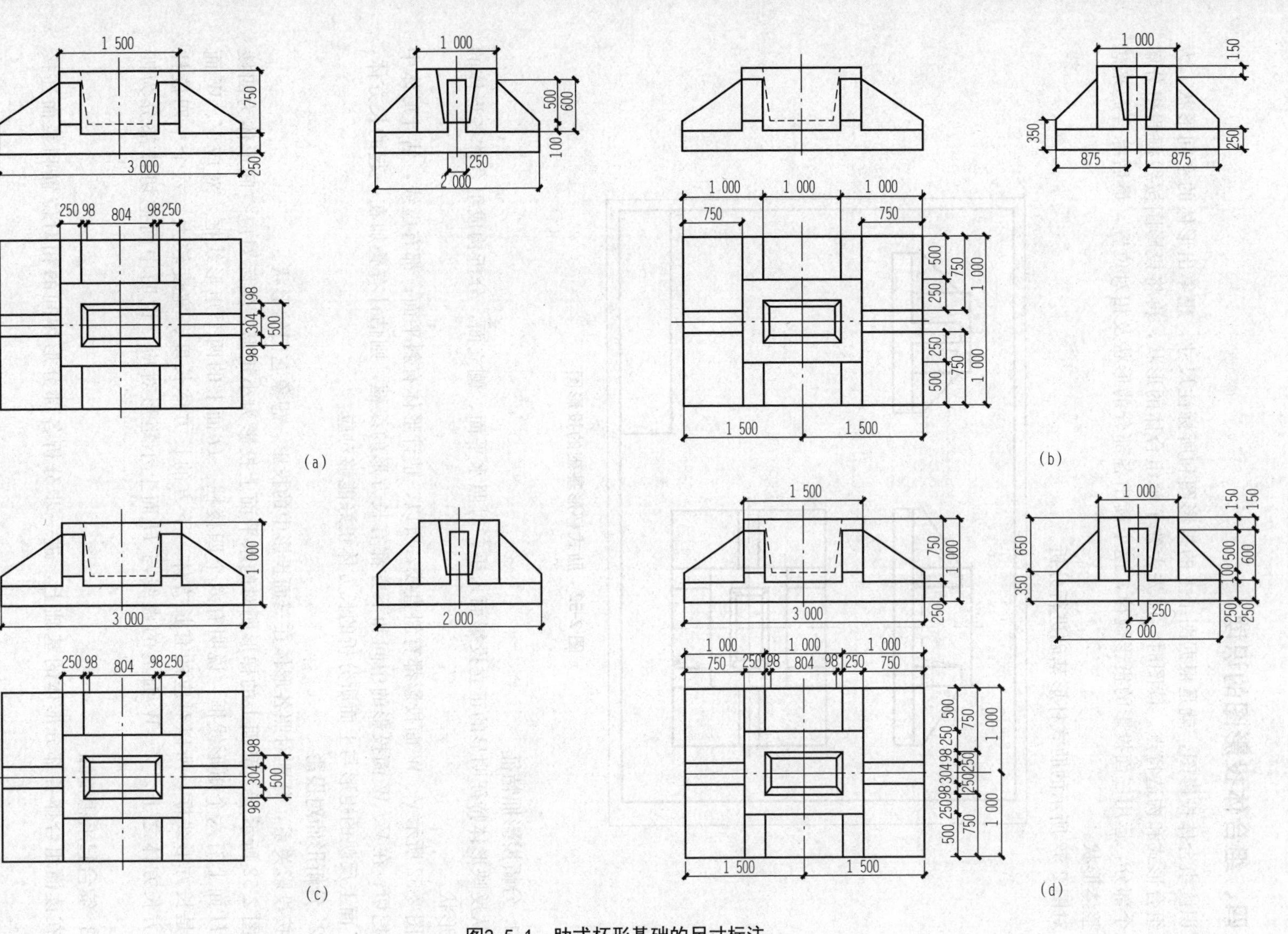

图2-5-1　肋式杯形基础的尺寸标注

(a) 定形尺寸；(b) 定位尺寸；(c) 总体尺寸；(d) 最后结果

四、组合体投影图的识读

识读组合体投影图，就是根据图纸上的投影图和所标注尺寸，想象出形体的空间形状、大小、组合形式和构造特点。读图时，应先大致了解组合体的形状，再将投影图按线框假想分解成几个部分，运用三面投影的投影规律，逐个读出各部分的形状及相对位置，最后综合起来想象出整体形状。

对图 2-52 所示的肋式杯形基础进行分析。

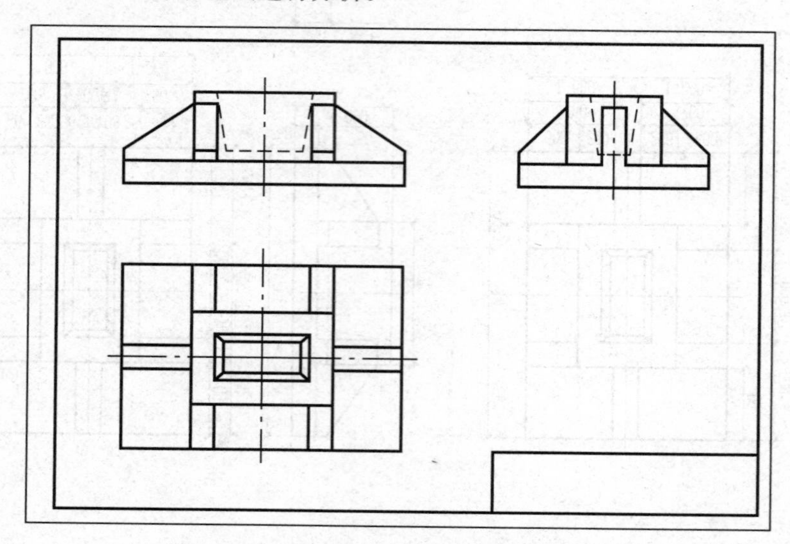

图 2-52　肋式杯形基础的投影图

1. 分析投影抓特征

从反映形体特征明显的正立投影面入手，对照水平面、侧立面，分析构成组合体各形体的结构形状。

图 2-52 所示 *V*、*W* 面投影都有斜直线，所以，估计形体有斜平面；都有虚线，估计形体中间有挖切；在 *V*、*W* 面投影的中间和下方都有长方形的线框，则估计有叠加在一起的长方体，而 *H* 面上反映的矩形与上面所分析的长方体正好能够对应。

2. 分析形体对投影

按投影关系，分别对照各形体在三面投影中的投影，想象它们的形状。

图 2-52 所示 *V*、*W* 面上的梯形所对的水平面上投影为小矩形，实际对应空间形体为四棱柱，*H* 面上有六个矩形线框，说明有六个四棱柱。*H* 面上的两个矩形线框，对应 *V*、*W* 面上也是长方形线框，所以对应的有长方体，下方的长方体长度、宽度较大，六个小四棱柱在下方长方体之上。*V*、*W* 面上的虚线与 *H* 面上小矩形对应，说明中间挖切掉部分为四棱台。

3. 综合起来想整体

在读懂组合体各部分形体的基础上，进一步分析各部分形体间的相对位置和表面连接关系。

由以上分析，可以得出该形体是由底面长方体、中间的空心长方体和六个小四棱柱组合而成，通过综合想象，构思出组合体的整体结构形状。

第五节　建筑物的形体表达

建筑形体的形状和结构是多种多样的，要想把它们表达得既完整、清晰，又便于绘制和识读，只用前面介绍的三面投影图难以满足要求。本节将介绍国家标准规定的剖面图、断面图的画法，以及如何应用这些方法表达各种形体的结构形状。

一、六面投影图

房屋建筑形体的形状多样，有些复杂形体的形状仅用三面投影难以表达清楚，因此，就需要四五个甚至更多的视图才能完整表达其形状结构。如图 2-53(a)所示，可由不同的方向投射，从而得到图 2-53(b)所示的六面投影图。六个基本视图之间仍然符合“长对正，高平齐，宽相等”的关系。

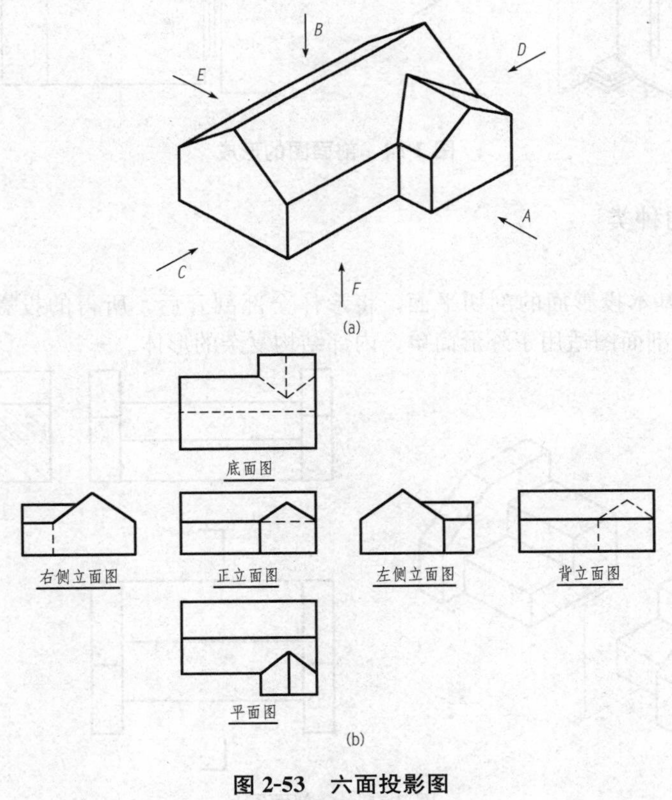

图 2-53　六面投影图

(a)直观图；(b)六面投影图

二、剖面图

在用投影图表达工程图样时，将可见的轮廓线绘制成实线，将不可见的轮廓线绘制成虚线。

因此，内部结构形状复杂的形体，投影图中就会出现较多虚线，这样会影响图面清晰，不便于看图和标注尺寸。为了减少视图中的虚线，使图面清晰，工程上可以采用剖切的方法来表达形体的内部结构和形状。

绘制剖面图

(一)剖面图的形成

假想用一个平面(剖切面)在形体的适当部位将其剖开，移去观察者与剖切面之间的部分，将剩余部分投射到投影面上，所得的图形称为剖面图，简称剖面。剖面图的形成如图 2-54 所示。

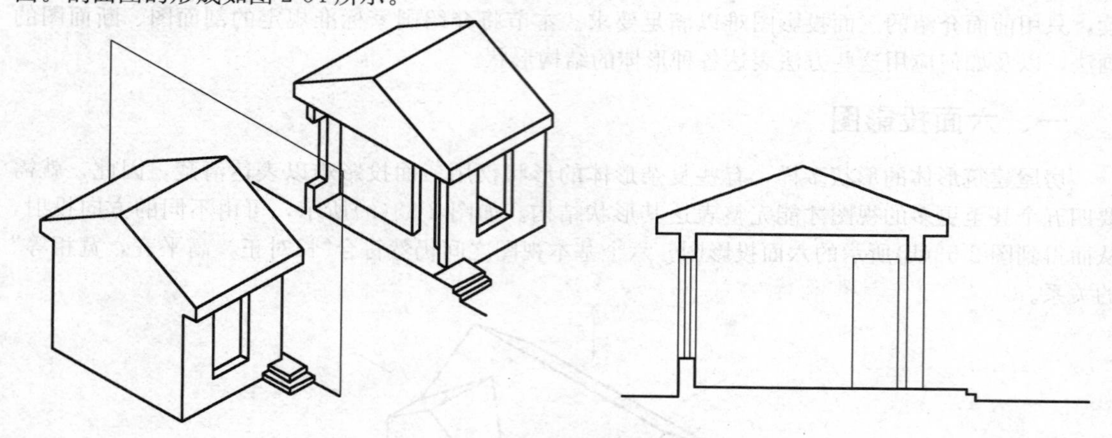

图 2-54　剖面图的形成

(二)剖面图的种类

1. 全剖面图

用一个平行于基本投影面的剖切平面，将形体全部剖开后，所得的投影图称为全剖面图，如图 2-55 所示。全剖面图适用于外形简单、内部结构复杂的形体。

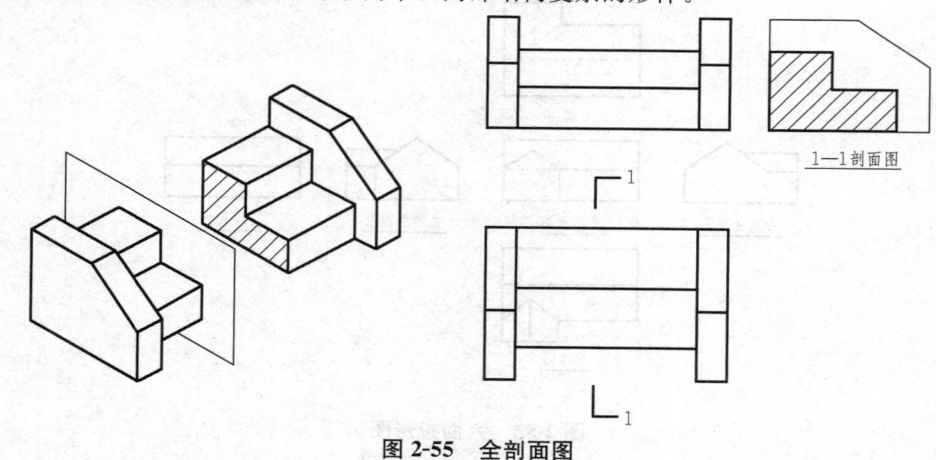

图 2-55　全剖面图

2. 半剖面图

当形体具有对称平面时，可以对称中心线为界，一半画成剖面图，另一半画成外观视图，这样组合而成的图形称为半剖面图，如图 2-56 所示。半剖面图适用于内外结构都需要表达的对称图形。

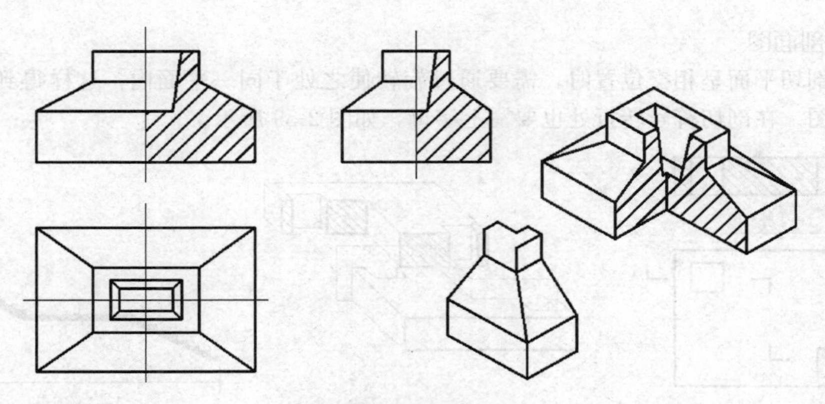

图 2-56　半剖面图

在半剖面图中，规定以形体的对称中心线作为剖面图与外形视图的分界线。当对称中心线为铅垂线时，习惯上将剖面图画在中心线右侧；当对称中心线为水平线时，习惯上将剖面图画在中心线下方。

3. 局部剖面图

将形体局部地剖开后投影所得的图形称为局部剖面图，如图 2-57 所示。局部剖面图适用于内外结构都需要表达，且又不具备对称条件或仅局部需要剖切的形体。

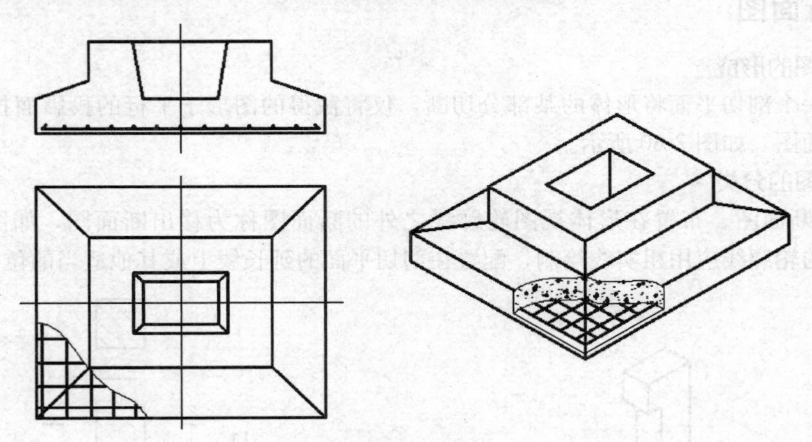

图 2-57　局部剖面图

在局部剖面图中，剖切平面的位置与范围应根据需要而定，剖面图部分与原投影图部分之间的分界线用波浪线表示。波浪线应画在形体的实体部分，不能超出轮廓线，不允许用轮廓线来代替，也不允许和图样上的其他图线重合。

4. 阶梯剖面图

由两个或两个以上互相平行的剖切面将形体剖切后投影得到的剖面图称为阶梯剖面图，如图 2-58 所示。当形体内部用一个剖切面无法全部剖切到时，可采用阶梯剖。阶梯剖必须标注剖切位置线、投射方向线和剖切编号。

由于剖切是假想的，在作阶梯剖时不应画出两剖切面转折处的交线，并且要避免剖切面在图形轮廓线上的转折。

5. 旋转剖面图

当两个剖切平面呈相交位置时，需要通过旋转使之处于同一平面内，这样得到的剖面图称为旋转剖面图。在剖切符号转折处也要写上字母，如图 2-59 所示。

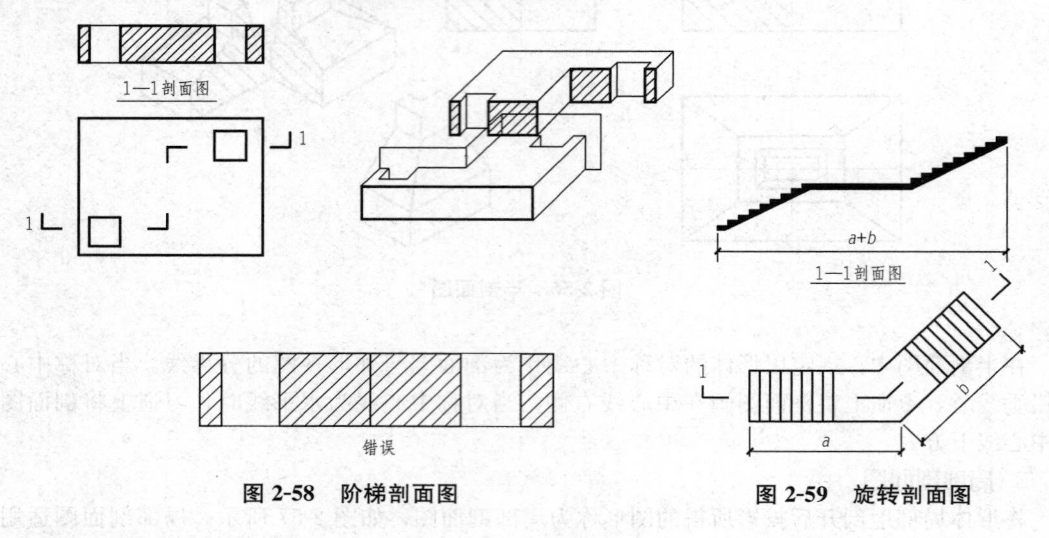

图 2-58　阶梯剖面图　　图 2-59　旋转剖面图

三、断面图

1. 断面图的形成

假想用一个剖切平面将形体的某部分切断，仅将截得的图形于平行的投影面投射，所得的图形称为断面图，如图 2-60 所示。

2. 断面图的分类

(1)移出断面图。布置在形体视图轮廓线之外的断面图称为移出断面图，如图 2-61 所示。移出断面图的轮廓线应用粗实线绘制，配置在剖切平面的延长线上或其他适当的位置。

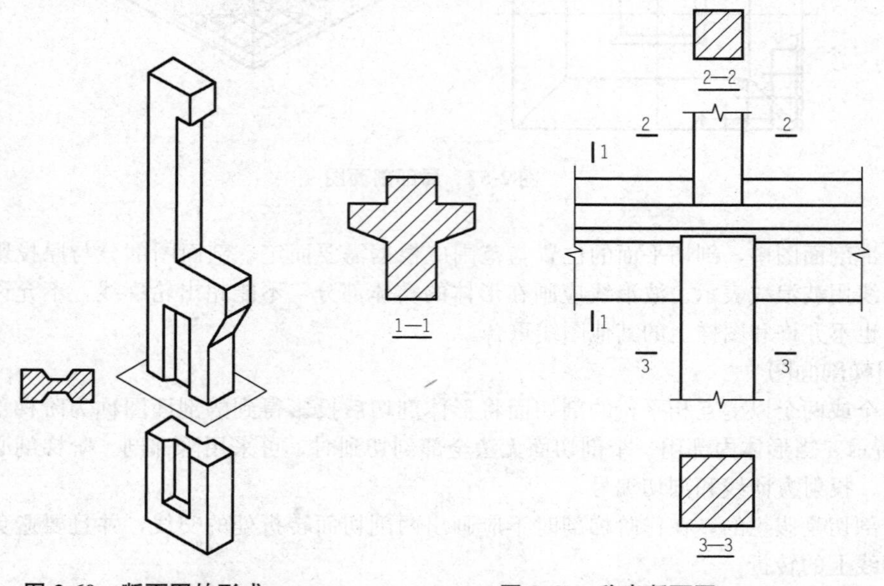

图 2-60　断面图的形成　　图 2-61　移出断面图

(2)重合断面图。直接画在视图轮廓线以内的断面图称为重合断面图，如图 2-62 所示。重合断面图的轮廓线应用细实线绘制，重合断面图不需标注。

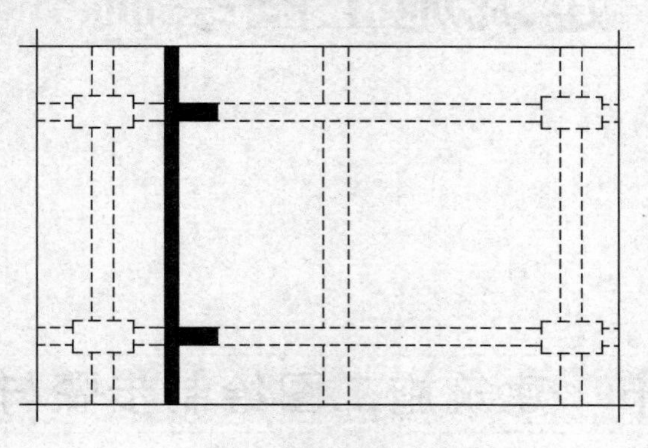

图 2-62　重合断面图

第三章　建筑施工图绘制

第一节　建筑施工图绘制步骤与要求

一、绘制建筑施工图的步骤

(1)绘图准备。绘制建筑施工图之前，应将绘图工具和图纸准备好，绘图工具主要包括图板、圆规、分规、建筑模板、丁字尺和三角板等。

(2)熟悉房屋概况，确定图样比例和数量。根据房屋的外形、层数、每层的平面布置和内部构造的复杂程度，确定图样的比例和数量，做到表达内容既不重复也不遗漏。图样的数量在满足施工要求的条件下以少为好。另外，对于房屋的细部构造，如墙身剖面、门、窗、楼梯等，凡能选用标准图集的可不必另外绘制详图。

(3)合理布置图面。当平面、立面、剖面图画在同一张图纸内时，应使图样保持对应关系，即平面图与正立面图长对正，平面图与侧立面图宽相等，立面图与剖面图高平齐。当详图与被索引图样画在同一张图纸内时，应使详图尽量靠近被索引位置，以便于读图；如不画在同一张图纸上时，它们相互之间对应的尺寸，均应相同。

此外，各图形安排要匀称，图形之间要留有足够的位置注写尺寸、文字及图名。总之，要根据房屋的不同复杂程度来进行合理的安排和布置，使得每张图纸上主次分明、排列均匀紧凑、表达清晰、布置整齐。

(4)打底稿。为了图纸的准确与整洁，任何图纸都应该先用 H 铅笔或 2H 铅笔画出轻淡的底稿线。画底稿的顺序是“平面图—剖面图—立面图—详图”。

(5)检查加深。把底稿全部内容互相对照、反复检查，做到图形、尺寸准确无误后方可加深，正式出图。加深可选用绘图墨线笔、B 铅笔或者 2B 铅笔，并按国家标准规定的线型加深图线。

(6)标注。注写尺寸、图名、比例和各种符号(剖切符号、索引符号、标高符号等)。

(7)填写标题栏。

(8)整理图面。清洁图面，擦去不必要的图线和脏痕。

二、绘制建筑施工图的要求

绘制建筑施工图时，要认真、细致，做到投影正确、表达清楚、尺寸齐全、字体工整、图样布置紧凑、图面整洁清晰、符合制图规定。

(1)相同方向、相同线型尽可能一次画完，以免三角板、丁字尺来回移动。上墨或描图时，粗细相同的线型一次画完，以确保线型一致，并减少换笔次数。

(2)相等的尺寸尽可能一次量出。

(3)同一方向的尺寸一次量出。

(4)铅笔加深或描图上墨时，一般顺序是先画上部，后画下部；先画左边，后画右边；先画水平线，后画垂直线或倾斜线；先画曲线，后画直线。

绘图方式没有固定的模式，只要把以上几点有机地结合起来，就会获得满意的效果。

第二节　建筑施工图的内容

一、建筑施工图的分类与图纸编排

1. 建筑施工图的分类

建造一幢房屋，要经过设计和施工两个阶段。首先，根据所建房屋的要求和有关技术条件，进行初步设计，绘制房屋的初步设计图。当初步设计经征求意见、修改和审批后，就要进行建筑、结构、设备(给水排水、暖通、电气)各专业之间的协调，计算、选用和设计各种构配件及其构造与做法；然后进入施工图设计，按建筑、结构、设备(水、暖、电)各专业分别完整、详细地绘制所设计的全套房屋施工图，将施工中所需要的具体要求，都明确地反映到这套图纸中。房屋建筑施工图是建造房屋的技术依据，整套图纸应该完整统一、尺寸齐全、明确无误。

一套房屋建筑施工图按照专业分工的不同，可分为建筑施工图、结构施工图和设备施工图三种。

(1)建筑施工图(简称“建施”)。建筑施工图主要表示建筑群体的总体布局，房屋的平面布置、内外观形状、构造做法及所用材料等内容。其一般包括总平面图、建筑平面图、建筑立面图、建筑剖面图和建筑详图等。

(2)结构施工图(简称“结施”)。结构施工图主要表示房屋承重构件的位置、类型、规格大小及所用材料、配筋形式和施工要求等内容。其一般包括结构计算说明书、基础平面图、结构平面图以及构件详图等。

(3)设备施工图(简称“设施”)。设备施工图主要表示给水排水、采暖通风、电气照明、通信等设备的布置、安装要求和线路敷设等内容。其一般包括给水排水施工图、采暖通风施工图、电气施工图等，主要由平面布置图、系统图和详图组成。

2. 房屋建筑施工图纸的编排顺序

一套完整的房屋建筑施工图纸应按专业顺序编排。各专业的图纸，应按图纸内容的主次关系、逻辑关系进行分类排序。编排顺序一般是总体图在前，局部图在后；基础图在前，详图在后；重要的图纸在前，次要的图纸在后；布置图在前，构件图在后；先施工的在前，后施工的在后等。

施工图的一般编排顺序如下：

(1)图纸目录。图纸目录的主要作用是便于查找图纸。图纸目录一般以表格形式编写，说明该工程由哪几个工种的图纸所组成，各工种的图纸名称、张数、图号、图幅大小、顺序等。

(2)设计说明。设计说明主要说明工程的概貌和总的要求。其内容包括工程设计依据、设计标准、施工要求及需要特别注意的事项等。

(3)建筑施工图。

(4)结构施工图。

(5)给水排水施工图。

(6)采暖通风施工图。

(7)电气施工图。

二、施工图首页

施工图首页一般包括图纸目录、设计说明、工程做法说明和门窗表等，用表格或文字说明。

1. 图纸目录

图纸目录是为了便于阅图者对整套图样有一个概略了解和方便查找图样而列的表格。其内容包括图纸编号、图纸名称、图幅大小、专业类别、图纸张数等。

2. 设计说明

设计说明是工程概貌和总设计要求的说明。其内容包括工程概况、工程设计依据、工程设计标准、主要的施工要求和经济技术指标、建筑用料说明等。其内容包括以下几点：

(1)本工程的设计依据，包括有关的地质、水文情况等。

(2)设计标准，如建筑标准、结构荷载等级、抗震要求、采暖通风要求、照明标准等。

(3)施工要求，如施工技术及材料的要求。

(4)技术经济指标，如建筑面积、总造价、单位造价等。

(5)建筑用料说明，如砖、混凝土等的强度等级等。

3. 工程做法说明

工程做法说明是对工程的细部构造及要求加以说明，一般采用表格形式制作工程做法表。其内容包括工程构造的部位、名称、做法及备注说明等，如对楼地面、内外墙、散水、台阶等处的构造做法和装修做法。当大量引用通用图集中的标准做法时，使用工程做法表方便、高效。有时中、小型房屋的工程做法说明也常与设计说明合并。

4. 门窗表

门窗表是对建筑物上所有不同类型门窗的统计表格。它主要反映门窗的类型、大小、所选用的标准图集及其类型编号等，如有特殊要求，应在备注中加以说明。

三、建筑总平面图

建筑总平面图是新建房屋在基地范围内的总体布置图。它反映新建房屋、构筑物的平面轮廓形状、位置和朝向，室外场地、道路、绿化等的布置，地貌、标高等情况以及与原有环境的关系和邻界情况等。

同一张总平面图内，若应表示的内容过多，可以分为几张总平面图。

绘制总平面图应注意以下内容：

(1)比例。总平面图所包括的区域面积较大，因此，一般常采用1∶500、1∶1 000、1∶2 000的比例绘制，布置方向一般按上北下南方向。

(2)图例。应用图例来表示新建、原有、拟建的建筑物，附近的地物、环境、交通和绿化布置等情况，在总平面图上一般应画上所采用的主要图例及其名称。对于标准中缺乏规定而需要自定的图例，必须在总平面图中绘制清楚，并注明其名称。

(3)指北针及风向频率玫瑰图。在总平面图中，除图例以外，通常还要画出带有指北方向的风向频率玫瑰图，用来表示该地区的常年风向频率和房屋的朝向。总平面图应按上北下南方向绘制指北针及风向频率玫瑰图。根据场地形状或布局，可向左或右偏转，但不宜超过45°。

（4）坐标。确定新建、改建或扩建工程的具体位置，一般根据原有房屋或道路来定位，并以“m”为单位标出定位尺寸。当新建成片的建筑物和构筑物或较大的公共建筑或厂房时，往往用坐标来确定每一建筑物及道路转折点的位置，在地形起伏较大的地区，还应画出地形等高线。坐标分为测量坐标和建筑坐标两种系统，如图 3-1 所示。

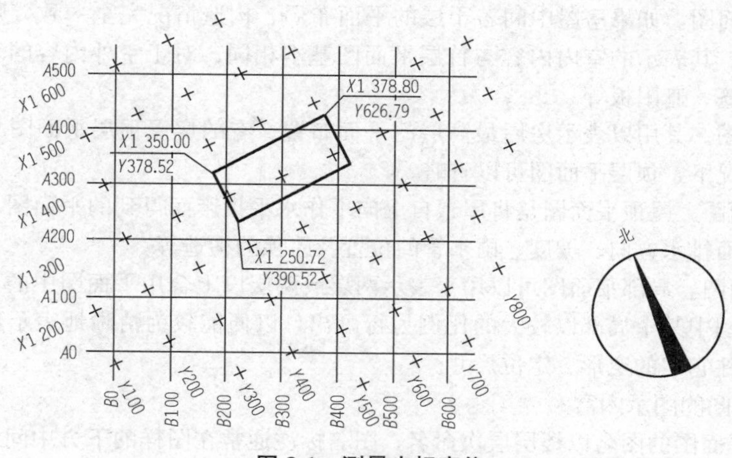

图 3-1　测量坐标定位

1）测量坐标是国家或地区测绘的，X 轴方向为南北方向，Y 轴方向为东西方向，以 100 m×100 m 或 50 m×50 m 为一方格，在方格交点处画十字线表示。用新建房屋的两个角点或三个角点的坐标值标定其位置，放线时根据已有的导线点，用仪器测出新建房屋的坐标，以便确定其位置。

2）建筑坐标将建设地区的某一点定为原点 O，轴线用 A、B 表示，A 相当于测量坐标网的 X 轴，B 相当于测量坐标网的 Y 轴（但不一定是南北方向），其轴线应与主要建筑物的基本轴线平行，用 100 m×100 m 或 50 m×50 m 的尺寸画成网格通线。放线时根据原点 O 可导测出新建房屋的两个角点的位置。朝向偏斜的房屋采用建筑坐标较合适。

（5）建筑物尺寸及层数。在总平面图中常标出新建房屋的总长、总宽和定位尺寸及层数（多层常用黑色小圆点数表示层数，层数较多时用阿拉伯数字表示）。

（6）标高。在总平面图中还要标注新建房屋室内底层地面和室外地面的绝对标高，尺寸标高都以“m”为单位，注写到小数点后两位数字，不足时以 0 补齐。

四、建筑平面图

建筑平面图主要用来表示房屋的平面形状、大小和房间布置，墙或柱的位置、门窗的位置、门窗的开启方向等。在施工过程中，其是作为施工放线，砌筑墙、柱，安装门窗等工作的重要依据。

1. 建筑平面图的形成

建筑平面图是房屋的水平剖面图。假想用一个水平面在窗台之上剖开整幢建筑物，移去剖切平面上方的部分，将余下的部分按俯视方向在水平投影面上作正投影所得到的图样，称为建筑平面图。

绘制建筑平面图

建筑平面图通常包括楼层平面图、屋顶平面图和局部平面图三类。

（1）楼层平面图。楼层平面图一般以楼层来命名，如首层平面图，二、三、四层平面图，顶层平面图等。

1)首层平面图(又称底层平面图)。其主要表示建筑物的首(底)层形状、大小，房间平面的布置情况及名称，入口、走道、门窗、楼梯等的平面位置、数量以及墙或柱子的平面形状及材料等情况。除此之外，还应反映房屋的朝向(用指北针表示)、室外台阶、明沟、散水、花坛等的布置，并应注明建筑剖面图的剖切符号。

2)标准层平面图。如果房屋中间若干层的平面布局、构造情况完全一致，则可用一个标准层平面图来表达。其表示的室内内容与首层平面图基本相同；对于室外内容的表达，主要需画出下层室外的雨篷、遮阳板等。

3)顶层平面图。其用以表示房屋最高层的平面布置。有的房屋顶层平面图与标准层平面图相同，在这种情况下，顶层平面图可以省略。

(2)屋顶平面图。屋顶平面图是将屋顶自上向下作水平投影而得到的平面图，用它来表示屋顶的情况，如屋面排水方向、坡度、雨水管的位置及屋顶的构造等。

(3)局部平面图。局部平面图可以用于表示两层或两层以上合用平面图中的局部不同处，也可以用来将平面图中某个局部以较大的比例另行画出，以便能较为清晰地表示出室内一些固定设施的形状和标注它们的定形、定位尺寸。

2. 建筑平面图的图示内容

(1)图名。平面图的图名以楼层层次命名，图名标注通常在图样的下方中间区域，图名文字下方加画一条粗实线。

(2)比例。比例标注在图名右方，其字高比图名字高小一号或两号。

(3)指北针。平面图要求底层平面图上应画出指北针，指北针所指风向应与总平面图中风玫瑰的指北针方向一致，指北针表明了房屋的朝向。

(4)定位轴线。定位轴线是确定房屋各承重构件(如承重墙、柱、梁)位置及标注尺寸的基线。定位轴线之间的距离，横向称为“开间”，竖向称为“进深”。

(5)墙柱的断面及门窗。平面图中凡是剖切到的墙用粗实线双线表示，门扇的开启示意线用中粗线单线表示，其余可见轮廓线则用细实线表示。当比例用 1：100～1：200 时，建筑平面图中的墙、柱断面通常不画建筑材料图例，可画简化的材料图例(如柱的混凝土断面涂黑表示)，且不画抹灰层；比例大于 1：50 的平面图，应画出抹灰层的面层线，并画出材料图例；比例等于 1：50 的平面图，抹灰层的面层线应根据需要而定；对于比例小于 1：50 的平面图，可以不画出抹灰层，但宜画出楼地面、屋面的面层线。门窗等构配件参见图例画法，并标注门窗代号。门窗代号分别为 M 和 C，代号后面注写编号，如 M1、C6 等，同一编号表示同一类型，即形式、大小、材料均相同的门窗。如果门窗类型较多，可单列门窗表，至于门窗的具体做法，则要查阅门窗构造详图。

(6)必要的尺寸、标高及楼梯的标注。

1)尺寸标注。平面图中必要的尺寸包括房屋总长、总宽，各房间的开间、进深，门窗洞口的宽度和位置、墙厚，以及其他一些主要构配件与固定设施的定形和定位尺寸等。标注的尺寸分为外部尺寸和内部尺寸两部分。

为便于读图和施工，外部尺寸一般注写三道：

第一道：标注外轮廓的总尺寸，即外墙的一端到另一端的总长和总宽尺寸。

第二道：标注轴线之间的距离。

第三道：表示细部的位置及大小，如门窗洞口的宽度尺寸、墙柱等的位置和大小。室外台阶(或坡道)、花池、散水等细部尺寸，可单独标注。

内部尺寸表示房间的净空大小、室内门窗洞口的大小与位置、固定设施的大小与位置、墙体的厚度、室内地面标高(相对于±0.000 m地面的高度)。

2)标高标注。房屋建筑图中，宜标注室内外地坪、楼地面、地下层地面、阳台、平台、檐口、门、窗、台阶等处的标高。标高的数字一律以“m”为单位，并注写到小数点以后第三位。常以房屋的底层室内地面作为零点标高，注写形式为±0.000；零点标高以上为“正”，标高数字前不必注写“+”号；零点标高以下为“负”，标高数字前必须注写“-”号。

3)楼梯标注。楼梯在平面图中按照图例绘制，但要标注上下行方向线，一些图纸还标注了踏步的级数。由于楼梯构造比较复杂，通常要另画详图表示。

(7)有关的符号。一层平面图中，必须在需要绘制剖面图的部位，画出剖切符号，以及在需要另画详图的局部或构件处，画出索引符号。

1)剖切符号及其编号。平面图中剖切符号及其编号的制图标准见“本书第一章第六节”，若剖面图与被剖切的图样不在一张图纸内，可在剖切位置线的另一侧注明其所在的图纸号，也可在图纸上集中说明。

2)索引符号。根据需要可应用索引符号来指引详图所在位置，便于了解细部构造，索引符号的制图标准见“本书第一章第六节”。

五、建筑立面图

从建筑物的前后、左右等方向对建筑物各个立面所作的正投影图，称为建筑立面图，简称立面图。

建筑立面图主要反映建筑物的立面外貌、各构配件的形状和相互关系，同时反映房屋的高度、层数，屋顶的形式，外墙面装饰的色彩、材料和做法，门窗的形式、大小和位置，以及窗台、阳台、雨篷、檐口、勒脚、台阶等构造和配件各部位的标高等。建筑立面图在施工过程中，主要用于室外装修，以表现房屋立面造型的处理。它是建筑及外装饰施工的重要图样。

建筑立面图的绘制应注意以下内容：

(1)比例。建筑立面图常用比例和平面图相同，根据《建筑制图标准》(GB/T 50104—2010)规定，常用的比例有1∶50、1∶100、1∶200。

(2)图名。立面图的图名，常用以下三种方式命名：

1)按首尾两端轴线编号来命名，如①～⑧立面图、Ⓐ～Ⓕ立面图等。

2)按建筑物的朝向来命名，如南立面图、北立面图、东立面图、西立面图。

3)按建筑物立面的主次(房屋主出入口所在的墙面为正面)来命名，如正立面图、背立面图、左侧立面图、右侧立面图。

(3)定位轴线。在立面图中，一般只标出图两端的轴线及编号，其编号应与平面图一致。

(4)线型。为增加图面层次，画图时常采用不同的线型。立面图的外形轮廓用粗实线表示；门窗洞口、檐口、阳台、雨篷、台阶等用中实线表示；其余如墙面分隔线、门窗格子、雨水管以及引出线等，均用细实线表示；框选详图区域范围用虚实线；引线、尺寸标注线采用细实线。

(5)图例。在立面图上，门窗应按标准规定的图例画出，通过不同的线型及图线的位置来表示门窗的形式。由于立面图的比例较小，许多细部(门扇、窗扇等)应按《建筑制图标准》(GB/T 50104—2010)所规定的图例绘制。为了简化作图，对于相同型号的门窗，也可只详细地画出其中的1～2个，其他在立面图中可只绘制简图。如另有详图和文字说明的细部(如檐口、屋顶、栏杆)，在立面图中也可简化绘出。

(6)尺寸标注。立面图上通常只表示高度方向的尺寸，且该类尺寸主要用标高尺寸表示。标高尺寸有两种，即建筑标高和结构标高。一般情况下，用建筑标高表示构件的上表面，用结构标高来表示构件的下表面，但门窗洞口的上、下两面必须全都标注结构标高。立面图上应标出室外地面、台阶、门窗洞口、阳台、雨篷、檐口、屋顶等完成面的标高。对于外墙预留洞口处除标注标高外，还应标注其定形和定位尺寸。标注标高时，应注写在立面图的轮廓线以外，分两侧就近注写。注写时要上下对齐，并尽量使它们位于同一条铅垂线上，但对于一些位于建筑物中部的结构，为了表达清楚，在不影响图面清晰的前提下，也可就近标注在轮廓线以内。在标高标注的基础上也有用尺寸标注立面图的。尺寸标注在竖直方向标注三道尺寸线：里边一道尺寸标注房屋的室内外高差、门窗洞口高度、垂直方向窗间墙、窗下墙高、檐口高度尺寸；中间一道尺寸标注层高尺寸；外边一道尺寸标注总高尺寸。立面图水平方向一般不标注尺寸，但如果十分必要也可标注。

(7)索引符号。应根据具体情况标注有关部位详图的索引符号，以引导施工和方便阅读。

六、建筑剖面图

假想用一个铅垂剖切平面把房屋剖开后所画出的剖面图，称为建筑剖面图，简称剖面图。剖切的位置常取楼梯间、门窗洞口及构造比较复杂的典型部位，以表示房屋内部垂直方向上的内外墙，各楼层、楼梯间的梯段板和休息平台，屋面的构造和相互位置关系等。至于剖面图的数量，则根据房屋的复杂程度和施工的实际需要而定。

剖面图的表达必须与平面图上所标注的剖切位置和剖视方向一致。绘制剖面图应注意以下内容：

(1)比例。剖面图的常用比例为1：50、1：100、1：200，视房屋的大小和复杂程度选定，一般选用与建筑平面图相同或较大一些的比例。

(2)图名。剖面图图名要与对应的平面图中标注的剖切符号的编号一致，如1—1剖面图。剖切平面剖切到的部分及投影方向可见的部分都应表示清楚。

(3)定位轴线。在剖面图中，应注出被剖切到的各承重墙的定位轴线及与平面图一致的轴线编号和尺寸。画剖面图所选比例，也应尽量与平面图一致。

(4)图线。在剖面图中，室内外地坪线用加粗实线表示，地面以下部分，从基础墙处断开，另由结构施工图表示。被剖切到的墙身、屋面板、楼板、楼梯、楼梯间的休息平台、阳台、雨篷及门窗过梁等用双粗实线表示，其中钢筋混凝土构件较窄的断面可涂黑表示。其他没被剖切到的可见轮廓线，如门窗洞口、楼梯、女儿墙、内外墙的表面均用中实线表示。图中的引出线、尺寸界线、尺寸线等用细实线表示。

(5)尺寸注法。

1)竖直方向。在剖面图中，应注出垂直方向上的分段尺寸和标高。垂直尺寸一般分三道：最外一道是总高尺寸；中间一道是层高尺寸，主要表示各层的高度；最里一道为细部尺寸，标注门窗洞口、窗间墙等的高度尺寸。除此之外，还应标注建筑物的室内外地坪、各层楼面、门窗洞的上下口及墙顶等部位的标高。图形内部的梁及其他构件的标高也应标注，且楼地面的标高应尽量标在图形内。

2)水平方向。常标注剖切到的墙、柱及剖面图两端的轴线编号和轴线间距。

3)其他标注，由于剖面图比例较小，某些部位如墙角、窗台、过梁等节点，不能详细表达，可在该部位标注详图索引符号，另用详图来表示其细部构造尺寸。

七、建筑详图

在建筑施工图中，对于房屋的一些细部(也称节点)的详细构造，如形状、层次、尺寸、材料和做法等，由于建筑平、立、剖面图采用的比例较小，无法表达清楚、完整。因此，为满足施工的需要，除使用局部放大图外，还可以应用索引符号将一些部分从平、立、剖面图中索引出来，再将这些部位的构配件(如门、窗、楼梯、墙身等)或构造节点(如檐口、窗台、窗顶、勒脚、散水等)用较大比例画出，并详细标注其尺寸、材料及做法，这样的图样称为建筑详图，简称详图。

建筑详图的主要特点是用能清晰表达所绘节点或构配件的较大比例绘制，要求尺寸标注齐全，文字说明详尽。

(1)绘制建筑详图应注意以下内容：

1)图例。建筑详图常用的比例是1∶5、1∶10、1∶20、1∶25、1∶50等。

2)图名。建筑详图必须加注图名(或详图符号)，详图符号应与被索引的图样上的索引符号相对应，在详图符号的右下侧注写比例。对于套用标准图或通用图的建筑构配件和节点，只需注明所套用图集的名称、型号、页次，可不必另画详图。

3)尺寸标注。在建筑详图中，对楼地面、地下层地面、楼梯、阳台、平台、台阶等处注写高度尺寸及标高，且规定与建筑平、立、剖面图中的尺寸标高一致。

4)定位轴线。在建筑详图中如需画出定位轴线，除了按前面讲述的规定外，还有如下补充规定：定位轴线端部注写编号的细实线圆直径，在建筑详图中可增加到10 mm。

(2)建筑详图一般应表达出构配件的详细构造，所用的各种材料及其规格，各部分的构造连接方法及相对位置关系，各部位、各细部的详细尺寸，有关施工要求、构造层次及制作方法说明等。

1)外墙详图。外墙详图主要表达房屋的屋面、楼层、地面和檐口构造、楼板与墙的连接、勒脚、散水等处的构造形式。画图时，通常将各个节点剖面连在一起，中间用折断线断开，各个节点详图都分别注明详图符号和比例。

2)台阶、楼梯详图。台阶、楼梯是楼房上下层之间重要的垂直交通设施，一般由楼梯段、休息平台和栏杆(栏板)组成。台阶、楼梯详图就是楼梯间平面图及剖面图的放大图。它主要反映台阶、楼梯的类型、结构形式、各部位的尺寸及踏步、栏板等装饰做法。它是台阶、楼梯施工放样的主要依据，一般包括台阶、楼梯的平面图、剖面图和节点详图。下面主要介绍台阶、楼梯的平面详图和剖面详图。

①台阶、楼梯平面详图。台阶、楼梯平面详图是用一个假想的水平剖切平面通过每层向上的第一个梯段的中部(休息平台下)剖切后，向下作正投影所得到的水平投影图。它实质上是房屋各层建筑平面图中楼梯间的局部放大图，通常采用1∶50的比例绘制。

②台阶、楼梯剖面详图。台阶、楼梯剖面详图实际是建筑剖面图的局部放大图。楼梯剖面详图是用一假想的铅垂剖切平面，通过各层的同一位置梯段和门窗洞口，将楼梯垂直剖开向另一未剖到的梯段方向作正投影，所得到的剖面投影图，通常采用1∶50的比例绘制。楼梯剖面详图应完整清晰地表示楼梯各梯段、平台、栏杆的构造及其相互关系，以及梯段和踏步数量、楼梯的结构形式等。

在多层房屋中，若中间各层的楼梯构造相同时，则剖面图可只画出底层、中间层(标准层)和顶层，中间用折断线分开；当中间各层的楼梯构造不同时，应画出各层剖面。

楼梯剖面图上应标出地面、平台和各层楼面的标高以及梯段的高度尺寸、踏步数。

第三节　建筑施工图图样画法

一、投影法

(1)房屋建筑的视图应按正投影法并用第一角画法绘制。自前方 A 投影应为正立面图，自上方 B 投影应为平面图，自左方 C 投影应为左侧立面图，自右方 D 投影应为右侧立面图，自下方 E 投影应为底面图，自后方 F 投影应为背立面图(图 3-2)。

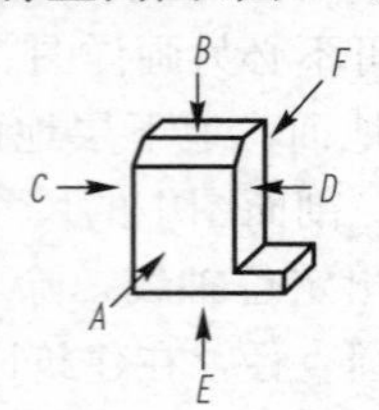

图 3-2　第一角画法

(2)当视图用第一角画法绘制不易表达时，可用镜像投影法绘制[图 3-3(a)]。但应在图名后注写“镜像”二字[图 3-3(b)]，或按[图 3-3(c)]画出镜像投影识别符号。

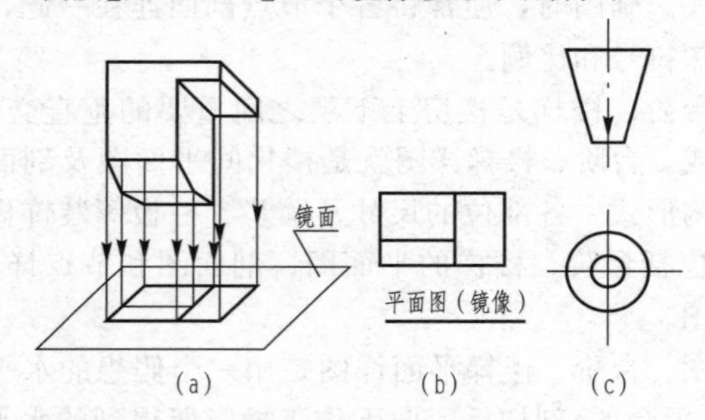

图 3-3　镜像投影法

(a)绘制；(b)注明镜像；(c)画出识别符号

二、视图布置

(1)当在同一张图纸上绘制若干个视图时，各视图的位置宜按图 3-4 的顺序进行布置。

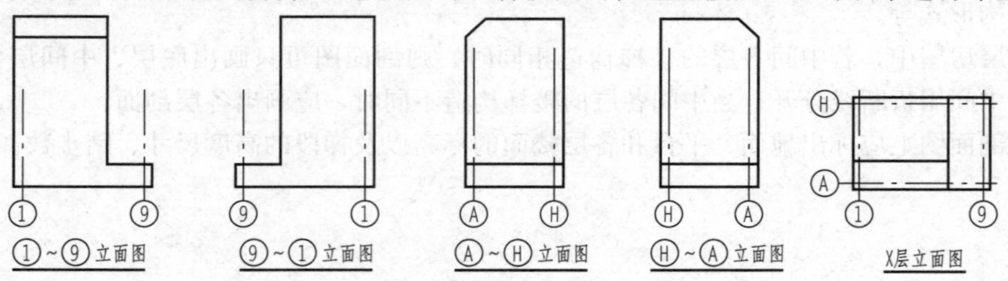

图 3-4　视图布置

(2)每个视图均应标注图名。各视图的命名，主要应包括平面图、立面图、剖面图或断面图、详图。同一种视图多个图的图名前应加编号以示区分。平面图应以楼层编号，包括地下二层平面图、地下一层平面图、首层平面图、二层平面图等。立面图应以该图两端头的轴线号编号，剖面图或断面图应以剖切号编号，详图应以索引符号编号。图名宜标注在视图的下方或一侧，并在图名下用粗实线绘制一条横线，其长度应以图名所占长度为准(图 3-4)。使用详图符号作图名时，符号下不宜再画线。

(3)分区绘制的建筑平面图，应绘制组合示意图，指出该区在建筑平面图中的位置，并注明关键部位的轴号。各分区视图的分区部位及编号均应一致，并应与组合示意图一致(图 3-5)。

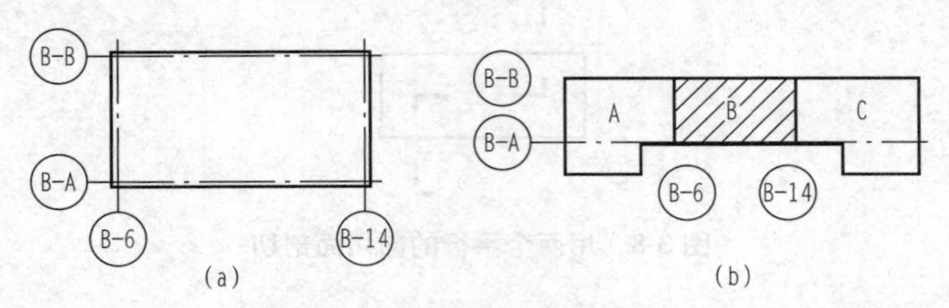

图 3-5　分区绘制的建筑平面图

(a)B 区示意图；(b)组合示意图

(4)总平面图应反映建筑物在室外地坪上的墙基外包线，宜以 0.7*b* 线宽的实线表示，室外地坪上的墙基外包线以外的可见轮廓线宜以 0.5*b* 线宽的实线表示。同一工程不同专业的总平面图，在图纸上的布图方向均应一致；单体建(构)筑物平面图在图纸上的布图方向，必要时可与其在总平面图上的布图方向不一致，但必须标明方位；不同专业的单体建(构)筑物平面图，在图纸上的布图方向均应一致。

(5)建(构)筑物的某些部分，如与投影面不平行，在画立面图时，可将该部分展至与投影面平行，再以正投影法绘制，并应在图名后注写“展开”字样。

(6)建筑吊顶(顶棚)灯具、风口等设计绘制布置图，应是反映在地面上的镜面图，不宜采用仰视图。

三、剖面图和断面图

(1)剖面图除应画出剖切面切到部分的图形外，还应画出沿投射方向看到的部分，被剖切面切到部分的轮廓线用 0.7*b* 线宽的实线绘制，剖切面没有切到但沿投射方向可以看到的部分，用 0.5*b* 线宽的实线绘制；断面图则只需(用 0.7*b* 线宽的实线)画出剖切面切到部分的图形(图 3-6)。

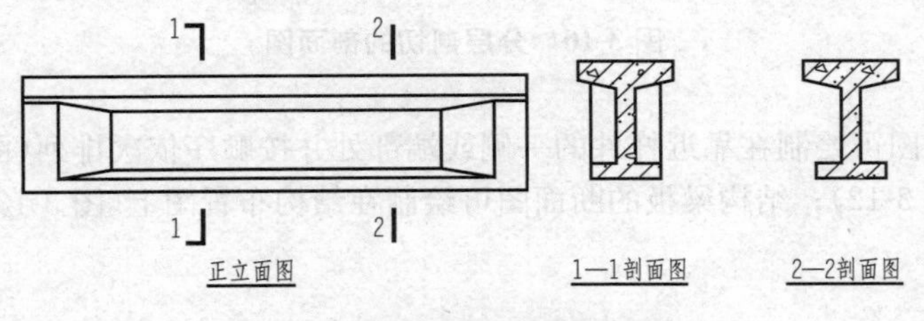

图 3-6　剖面图与断面图的区别

(2)剖面图和断面图应按下列方法剖切后绘制：

1)用一个剖切面剖切(图 3-7)。

图 3-7　用一个剖切面剖切

2)用两个或两个以上平行的剖切面剖切(图 3-8)；

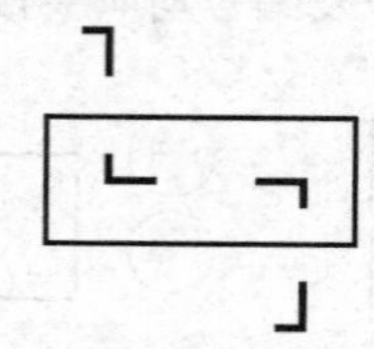

图 3-8　用两个平行的剖切面剖切

3)用两个相交的剖切面剖切(图 3-9)；

图 3-9　用两个相交的剖切面剖切

4)用 2)、3)法剖切时，应在图名后注明“展开”字样。

(3)分层剖切的剖面图，应按层次以波浪线将各层隔开，波浪线不应与任何图线重合(图 3-10)。

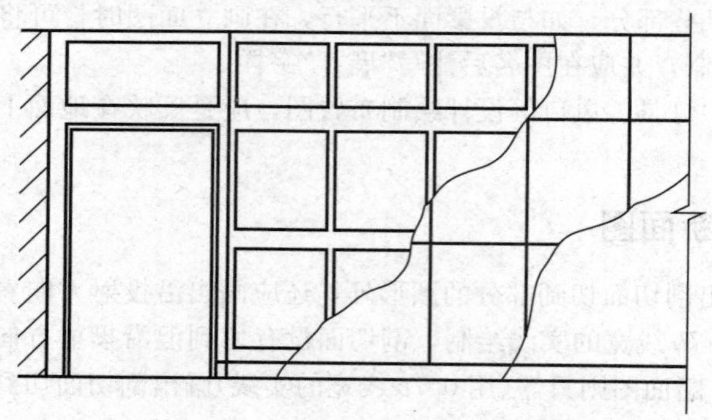

图 3-10　分层剖切的剖面图

(4)杆件的断面图可绘制在靠近杆件的一侧或端部处并按顺序依次排列(图 3-11)，也可绘制在杆件的中断处(图 3-12)；结构梁板的断面图可绘制在结构布置图上(图 3-13)。

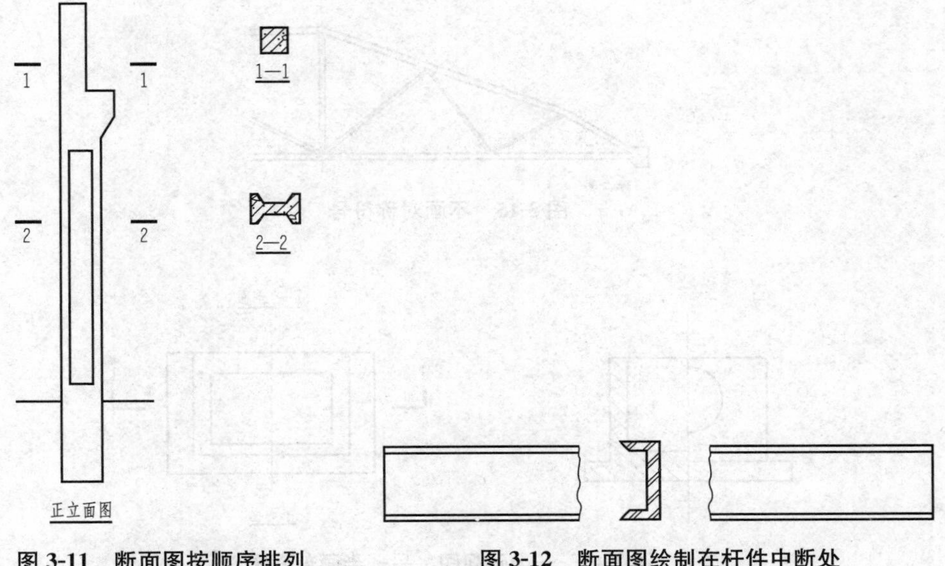

图 3-11　断面图按顺序排列　　**图 3-12　断面图绘制在杆件中断处**

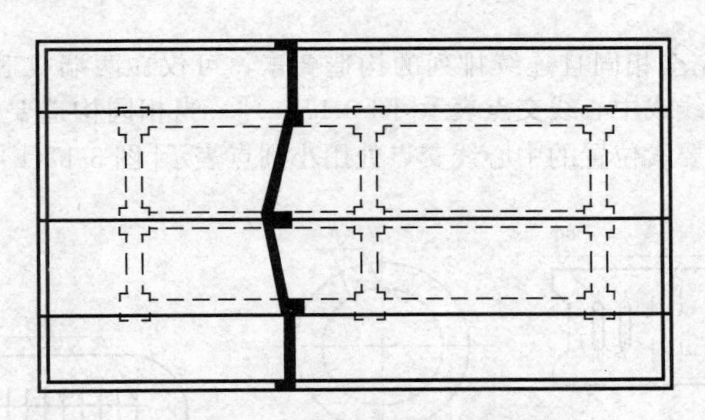

图 3-13　断面图绘制在布置图上

四、简化画法

(1)构配件的视图有一条对称线，可只画该视图的一半；视图有两条对称线，可只画该视图的 1/4，并画出对称符号(图 3-14)。图形也可稍超出其对称线，此时可不画对称符号(图 3-15)。对称的形体需画剖面图或断面图时，可以对称符号为界：一半画视图(外形图)；另一半画剖面图或断面图(图 3-16)。

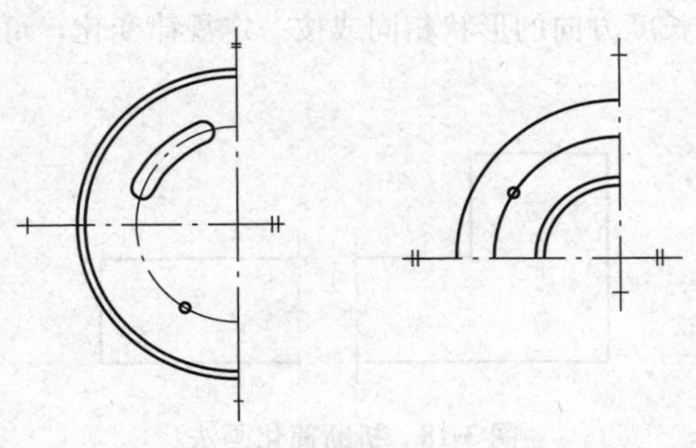

图 3-14　画出对称符号

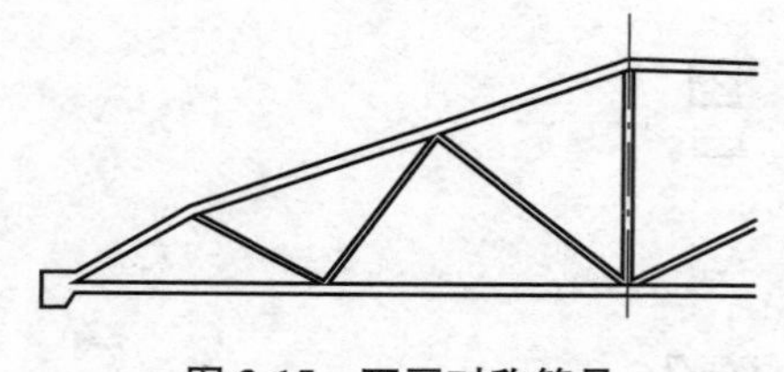

图 3-15　不画对称符号

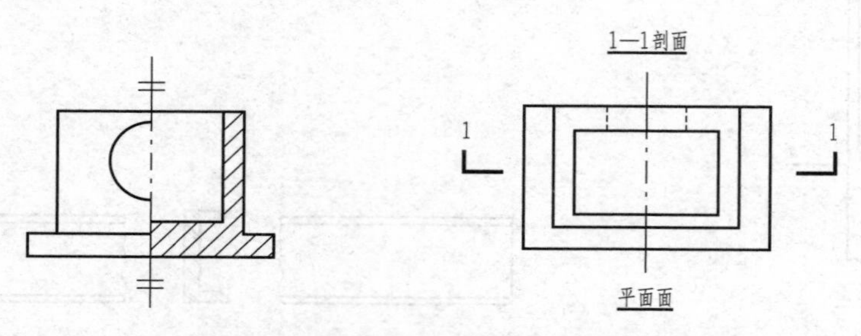

图 3-16　一半画视图，另一半画剖面图

(2)构配件内多个完全相同且连续排列的构造要素，可仅在两端或适当位置画出其完整形状，其余部分可以中心线或中心线交点表示[图 3-17(a)]。当相同构造要素少于中心线交点时，其余部分应在相同构造要素位置的中心线交点处用小圆点表示[图 3-17(b)]。

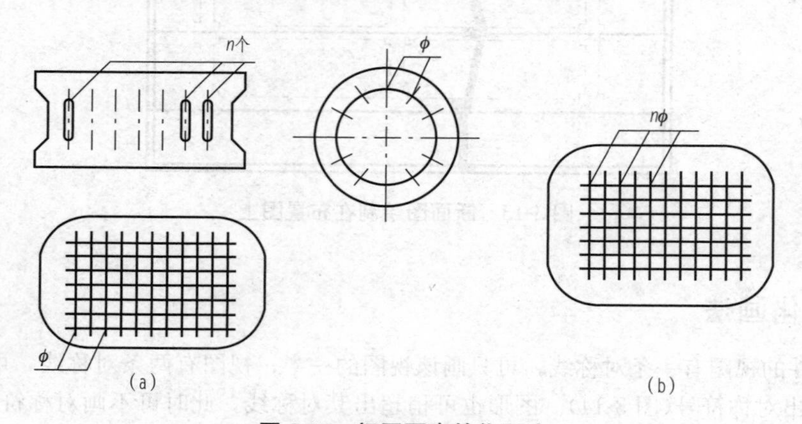

图 3-17　相同要素简化画法

(3)较长的构件，当沿长度方向的形状相同或按一定规律变化，可断开省略绘制，断开处应以折断线表示(图 3-18)。

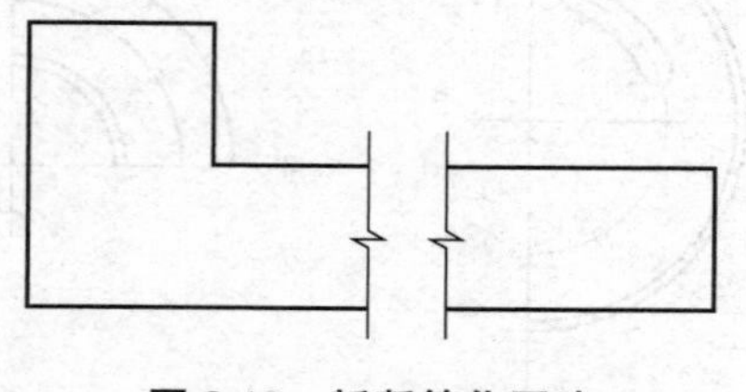

图 3-18　折断简化画法

(4)一个构配件如绘制位置不够，可分成几个部分绘制，并应以连接符号表示相连。

(5)一个构配件如与另一个构配件仅部分不相同，该构配件可只画不同部分，但应在两个构配件的相同部分与不同部分的分界线处，分别绘制连接符号(图 3-19)。

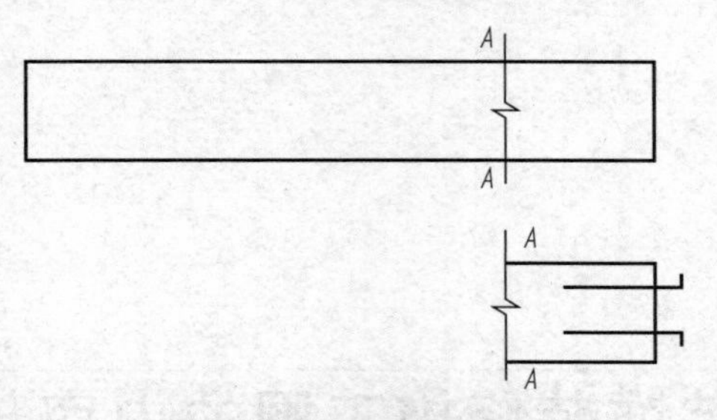

图 3-19　构件局部不同的简化画法

第四章　装饰装修施工图绘制

第一节　装饰装修施工图的内容与绘制要求

一、装饰装修施工图的内容

装饰装修施工图按施工范围分为室外装饰装修施工图和室内装饰装修施工图。室外装饰装修施工图主要包括檐口、外墙、幕墙、主要出入口部分(雨篷、外门、台阶)、花池、橱窗、阳台、栏杆等的装饰装修做法；室内装饰装修施工图主要包括室内空间布置及楼地面、顶棚、内墙面、门窗套、隔墙(断)等的装饰装修做法，即人们常说的外装修与内装修。

装饰装修施工图一般有装饰装修设计说明、图纸目录、材料表、装饰装修平面图(平面布置图、平面索引图、顶棚平面图、隔墙平面图等)、装饰装修立面图、装饰装修剖面图、装饰装修详图及配套专业设备安装施工图。

(一)装饰装修设计说明

装饰装修设计说明包括工程概况、设计依据、设计理念、设计标准、设计内容等。

《房屋建筑室内装饰装修制图标准》

(二)图纸目录

图纸目录包括图纸编号、图纸名称、图幅大小、专业类别、图纸张数等。

(三)材料表

材料表主要介绍建筑装饰工程采用的板材、涂料、胶粘剂、腻子、墙纸材料等。需要注意的是建筑装饰工程所采用的材料必须符合环保要求。

(四)装饰装修平面图

建筑装饰装修平面图是建筑装饰装修施工图的主要图样，主要用于表示空间布局、空间关系、家具布置、人流动线，让客户了解平面构思意图。绘制时力求清晰地反映各空间与家具等的功能关系，图中符号、标注不能过分随意，尤其是图例应恰当、美观。

建筑装饰装修平面图的形成与建筑平面图的形成方法相同，即假设一个水平剖切平面沿着略高于窗台的位置对建筑进行剖切，移去上面的部分，作剩余部分的水平投影图，用粗实线绘制被剖切的墙体、柱等建筑结构的轮廓；用细实线绘制在各房间内的家具、设备的平面形状，并用尺寸标注和文字说明的形式表达家具、设备的位置关系和各表面的饰面材料及工艺要求等内容。

建筑装饰装修平面图是进行家具、设备购置和制订材料计划、施工安排计划的重要依据。

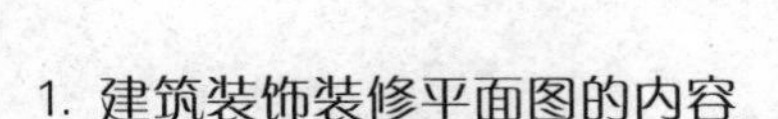

1. 建筑装饰装修平面图的内容

(1)标明原有建筑平面图中柱网、承重墙、主要轴线和编号。

(2)标明装饰设计变更过后的所有室内外墙体、门窗、管井、电梯和各种扶梯、楼梯、平台和阳台等。

(3)标明房间名称，并标明楼梯的上下方向。

(4)标明固定的装饰造型、隔断、构件、家具、卫生洁具、照明灯具、花台、水池、陈设以及其他固定装饰配置和饰品的位置。

(5)标注装饰设计新发生的门窗编号及开启方向，并标注家具的橱柜门及其他构件的开启方向和开启方式。

(6)标注各楼层地面、主要楼梯平台的标高。

(7)标注索引符号和编号，图样名称和制图比例。

2. 建筑装饰装修总平面图的内容

(1)建筑装饰装修总平面图应能全面反映各楼层平面的总体情况，包括家具布置、陈设及绿化布置、装饰配置和部品布置、地面装饰、设备布置等内容。

(2)在图样中可以对一些情况进行文字说明。

(3)标注索引符号和指北针。

3. 建筑装饰装修平面布置图的内容

建筑装饰装修平面布置图是假想用一个水平的剖切平面，在窗台上方位置将经过内外装饰的房屋整个剖开，移去以上部分向下所作的水平投影图。它用于表明建筑室内外各种装饰布置的平面形状、位置、大小和所用材料，表明这些布置与建筑主体结构之间，以及这些布置与布置之间的相互关系等。

(1)家具布置图。家具布置图应标注所有可移动的家具和隔断的位置、布置方向、柜门或橱门开启方向，同时还应能确定电话、计算机、台灯、各种电器等家具上摆放物品的位置，标注定位尺寸和其他一些必要尺寸。

(2)卫生洁具布置图。一般情况下，在装饰设计中应标明所有洁具、洗涤池、上下水立管、排污孔、地漏、地沟的位置，并注明排水方向、定位尺寸和其他必要尺寸。但在规模较小的装饰设计中，卫生洁具布置图可以与家具布置图合并。

(3)防火布置图。防火布置图应注明防火分区、消防通道、消防监控中心、防火门、消防前室、消防电梯、疏散楼梯、防火卷帘、消火栓、消防按钮、消防报警等的位置，标注必要的材料和设备编号或型号、定位尺寸和其他必要尺寸。

(4)绿化布置图。一般情况下，绿化布置图中应确定盆景、绿化、草坪、假山、喷泉、踏步和道路的位置，注明绿化品种、定位尺寸和其他必要尺寸。在规模较小的装饰设计中，绿化布置图可以与家具布置图合并。规模较大的装饰设计可按建设方需要，另请专业单位出图。

(5)局部放大图。如果楼层平面较大，可就一些房间和部位的平面布置单独绘制局部放大图，同样也应符合以上规定。

4. 顶棚平面图的内容

顶棚平面图也称为顶棚装饰装修施工图，是以镜像投影法绘制的反映顶棚平面形状、灯具位置、材料选用、尺寸标高及构造做法等内容的水平镜像投影图，是装饰装修施工的主要图样之一。顶棚平面图是假想以一个水平剖切平面沿顶棚下方门窗洞口位置进行剖切，移去下面部分后对上面的墙体、顶棚所作的镜像投影图。顶棚平面图的常用比例为1：50、1：100、1：150。在顶棚平面图中剖切到的墙柱用粗实线表示；未剖切到但能看到的顶棚、灯具、风口等用细实线表示。

顶棚平面图的内容如下：

(1)建筑平面及门窗洞口，画出门洞边线即可，不画门扇及开启线。

(2)顶棚的造型、尺寸、做法和说明，有时可画出顶棚的重合断面图并标注标高。

(3)顶棚灯具符号及具体位置。

(4)室内各种顶棚的完成面标高。

(5)与顶棚相接的家具、设备的尺寸及位置。

(6)窗帘及窗帘盒、窗帘帷幕板等。

(7)空调送风口位置、消防自动报警系统及与吊顶有关的音、视频设备的平面布置形式及安装位置。

(8)图外标注开间、进深、总长、总宽等尺寸。

(9)标明装饰设计调整过后的所有室内外墙体、管井、电梯和自动扶梯、楼梯和疏散楼梯、雨篷和天窗等的位置，标注全名称。

如需绘制顶棚总平面图时，一般应能反映各楼层顶棚总体情况，包括顶棚造型、顶棚装饰灯具布置、消防设施及其他设备布置等内容。还应对一些情况做出文字说明。对于一些规模较小的装饰设计可省略顶棚总平面图。

在顶棚造型布置图中，应标明顶棚造型、天窗、构件、装饰垂挂物及其他装饰配置和部品的位置，注明定位尺寸、材料和做法。在顶棚灯具及设施布置图中应标注所有明装和暗藏的灯具、发光顶棚、空调风口、喷头、探测器、扬声器、挡烟垂壁、防火卷帘、防火挑檐、疏散和指示标志牌等的位置，标明定位尺寸、材料、产品型号和编号及做法。如果楼层顶棚较大，可以就一些房间和部位的顶棚布置单独绘制局部放大图。

5. 建筑装饰装修地面平面图的内容

建筑装饰装修地面平面图也称地面装饰装修施工图，是主要用于表达楼地面分格造型、材料名称和做法要求的图样。地面装饰装修施工图与平面布置图的形成一样，所不同的是地面布置图不画活动家具及绿化等布置，只画出地面的装饰分格，标注地面材质、尺寸和颜色、地面标高等。对于台阶和其他凹凸变化等特殊部位，还应画出剖面(或断面)符号。

地面装饰装修施工图主要以反映地面装饰分格和材料选用为主，主要图示内容如下：

(1)平面布置图的基本内容。

(2)室内楼(地)面材料选用、颜色与分格尺寸以及地面标高等。

(3)楼(地)面拼花造型。

(4)索引符号、图名及必要的说明。

(五)装饰装修立面图

建筑装饰装修立面图一般为室内墙柱面装饰图，主要表示建筑主体结构中铅垂立面的装饰装修做法，反映空间高度、墙面材料、造型、色彩、凹凸立体变化及家具尺寸等。建筑装饰装修立面图应包括投影方向可见的室内轮廓线和装修构造、门窗、构配件、墙面做法、固定家具、灯具、必要的尺寸和标高及需要表达的非固定家具、灯具、装饰物件等。

建筑装饰装修立面图包括室外装饰装修立面图和室内装饰装修立面图。

室外装饰装修立面图是将建筑物经装饰装修后的外观形象，向正立投影面所作的正投影图。它主要表明屋顶、檐头、外墙面、门头与门面等部位的装饰造型、装饰尺寸和饰面处理，以及室外水池、雕塑等建筑装饰小品布置等内容。

室内装饰装修立面图的形成比较复杂，且又形式不一。室内装饰装修立面图主要表明建筑内部某一装饰空间的立面形式、尺寸及室内配套布置等内容。目前常采用的形成方法有以下几种：

(1)假想将室内空间垂直剖开，移去剖切平面前面的部分，对余下部分作正投影而成。这样形成的立面图实质上是带有立面图示的剖面图。它所示图样的进深感较强，并能同时反映顶棚的迭级变化。

(2)假想将室内各墙面沿面与面相交处拆开，移去暂时不予图示的墙面，将剩下的墙面及其装饰布置，向正立投影面作投影而成。这样形成的立面图不出现剖面图像，只出现相邻墙面及其上装饰构件与该墙面的表面交线。

(3)设想将室内各墙面沿某轴阴角拆开，依次展开，直到都平行于同一正立投影面，形成立面展开图。这样形成的立面图能将室内各墙面的装饰效果连贯地展示出来，以便人们研究各墙面之间的统一与反差及相互衔接关系，对室内装饰设计与施工有着重要作用。

(六)装饰装修剖面图

建筑装饰装修剖面图是用假想平面将室外某装饰部位或室内某装饰空间垂直剖开而得的正投影图。它主要表明上述部位或空间的内部构造情况，或装饰结构与建筑结构、结构材料与饰面材料之间的构造关系等。

1. 大剖面图

对于层高和层数不同、地面标高和室内外空间比较复杂的部位，应采用大剖面图，且应符合以下要求：

(1)标注轴线、轴线编号、轴线间尺寸和外包尺寸。

(2)剖切部位的楼板、梁、墙体等结构部分应按照原有建筑平面图或者实际情况绘制清楚，并标注出各楼层地面标高、顶棚标高、顶棚净高、各层层高、建筑总高等尺寸，标注室外地面、室内首层地面以及建筑最高处的标高。

(3)对于剖面图中可视的墙柱面，应按照其立面图中包含内容绘制，标注立面的定位尺寸和其他相关尺寸，注明装饰材料和做法。

(4)应绘制顶棚、天窗等剖切部分的位置和关系，标注定位尺寸和其他相关尺寸，注明装饰材料和做法。

(5)应绘制出地面高差处的位置，标注定位尺寸和其他相关尺寸，标明标高。

(6)标注索引符号和编号、图样名称和制图比例。

2. 局部剖面图

对于建筑装饰装修平面图和立面图中未能表达清楚的一些复杂和需要特殊说明的部位，采用局部剖面图。局部剖面图中应表明剖切部位装饰结构各组成部分以及这些组成部分与建筑结构之间的关系，标注详细尺寸、标高、材料、连接方式和做法。

(1)墙(柱)面装饰装修剖面图。它主要用于表达室内立面的构造，着重反映墙(柱)面在分层做法、选材、色彩上的要求。

(2)顶棚详图。它主要用于反映吊顶构造、做法的剖面图或断面图。

(七)装饰装修详图

由于建筑装饰装修平面图、立面图等的比例一般较小，很多装饰造型、构造做法、材料选用、细部尺寸等无法反映或反映不清晰，满足不了装饰装修施工、制作的需要，因此，需放大比例画出详细图样，形成装饰装修详图。在装饰装修详图中剖切到的装饰体轮廓用粗实线表示，未剖到但能看到的投影内容用细实线表示。

1. 装饰装修详图分类

建筑装饰装修详图包括局部大样图和节点详图。局部大样图是将建筑装饰装修平面图、立面图和剖面图中某些需要更加清楚说明的部位，单独抽取出来进行大比例绘制的图样，应能反映更详细的内容。节点详图是将两个或多个装饰面的交汇点或构造的连接部位，按垂直和水平方向剖开，并以较大比例绘制的图样。它是装饰装修工程中最基本和最具体的施工图。它有时供构配件详图引用，有时又直接供基本图引用，因而不能理解为节点详图仅是构配件详图的子系详图，在装饰工程图中，它与构配件详图具有同等重要的作用。

节点详图应以大比例绘制，剖切在需要详细说明的部位，通常应包括以下内容：

(1)表示节点处内部的结构形式，绘制原有建筑结构、面层装饰材料、隐蔽装饰材料、支撑和连接材料及构件、配件以及它们之间的相互关系，标注所有材料、构件、配件等的详细尺寸、产品型号、做法和施工要求。

(2)表示装饰面上的设备和设施安装方式及固定方法，确定收口和收边方式，标注详细尺寸和做法。

(3)标注索引符号和编号、节点名称和制图比例。

常见的建筑装饰装修详图见表 4-1。

表 4-1　常见的几种建筑装饰装修详图

序号	类别	内容
1	装饰造型详图	独立或依附于墙柱的装饰造型，表现装饰的艺术氛围和情趣的构造体，如影视墙、花台、屏风、壁龛、栏杆造型等的平、立、剖面图及线脚详图
2	家具详图	主要是指需要现场制作、加工、油漆的固定式家具，如衣柜、书柜、储藏柜等。有时也包括可移动家具，如床、书桌、展示台等
3	装饰门窗及门窗套详图	门窗是装饰装修工程中的主要施工内容之一。其形式多种多样，在室内起着分割空间、烘托装饰效果的作用，它的样式、选材和工艺做法在装饰图中有特殊的地位。其图样有门窗及门窗套立面图、剖面图和节点详图
4	楼地面详图	反映地面艺术造型及细部做法等内容
5	小品及饰物详图	包括雕塑、水景、指示牌、织物等的制作图

节点详图虽表示范围小，但牵涉面大，特别是有些在工程中带有普遍意义的节点图，虽表明的是一个连接点或交汇点，却代表各个相同部位的构造做法。因此，在识读节点详图时，要做到切切实实、分毫不差，从而保证施工操作的准确性。

2. 装饰装修详图的图示内容

当建筑装饰装修详图所反映的形体的体量和面积较大或造型变化较多时，通常需先画出平、立、剖面图来反映装饰造型的基本内容。建筑装饰装修详图的图示内容如下：

(1)装饰形体的建筑做法。

(2)造型样式、材料选用、尺寸标高。

(3)所依附的建筑结构如钢筋混凝土与木龙骨、轻钢及型钢龙骨等内部骨架的连接图示(剖面或断面图)，选用标准图时应加索引符号。

(4)装饰体基层板材的图示(剖面或断面图)，如石膏板、木工板、多层夹板、密度板、水泥压力板等用于找平的构造层次(通常固定在骨架上)。

(5)装饰面层、胶缝及线角的图示(剖面或断面图)，复杂线角及造型等还应绘制大样图。

(6)色彩及做法说明、工艺要求等。

(7)索引符号、图名、比例等。

(八)配套专业设备安装施工图

在建筑装饰装修工程中，设备安装施工图的种类很多，常见的有给水排水工程施工图、通风空调工程施工图、采暖工程施工图和电气工程施工图等。

1. 设备安装施工图的内容

设备安装施工图与建筑施工图、结构施工图一起组成一套完整的建筑施工图体系。设备安装施工图一般采用相关专业制图标准、规范所规定的图例符号和文字表示各种构造、设备、元器件、阀门、管线等。

(1)设计说明。在设备安装施工图中，对于图中不需要或无法用图样、图例符号表达的设计内容包括设计依据、引用的标准图集、使用的材料品种、元器件型号列表、施工技术要求及其相关技术参数等内容需要用文字表达，即设计说明。

(2)设备平面图。设备平面图是表示各种设备系统的平面布置形式的一种图样，反映了各种设备与建筑结构的平面安装关系。它一般是在建筑平面图的基础上绘制的，如建筑平面图上各种设备系统的连接形式等。

(3)设备系统图。设备系统图是表示设备系统的工作原理、空间关系或者元器件的连接关系，能够反映设备系统全部状态的一种图样。设备系统图与设备平面图相互联系，从不同角度表达同样的设备系统，两者相结合能准确地反映系统的全貌和工作原理。

(4)设备安装详图。设备安装详图是表现构造设施、设备系统中某一构造局部安装细节要求的详细图样。一般都直接采用通用标准图集上的内容来表达某些常见的构造和做法，以利于提高安装施工的标准化程度。

2. 设备安装施工图的种类

(1)给水排水工程施工图。给水排水工程施工图主要反映给水排水方式、相关设备和材料的规格型号、安装要求及与相关建筑构造的结构关系等内容。其属于建筑室内生活设施的配套安装工程，因此要对建筑装饰装修施工图中各种房间的功能用途、有关要求、相关尺寸和位置关系等有足够了解，以便相互配合做好预埋件和预留孔洞等工作。

1)给水排水工程施工图的特点。

①给水排水管道的空间布置往往是纵横交叉，用平面图难以表达，因此，常用轴测投影的方法画出管道的空间位置情况，即系统轴测图。绘图时，要根据管道的各层平面图绘制，识读时要与平面图一一对应。

②给水排水工程施工图与土建施工图有紧密的联系，尤其是留洞、打孔、预埋件等对土建的要求必须在图纸上明确表示和注明。

③给水排水管道系统图的图例线条较多，绘制识读时，要根据水源的流向进行，一般情况如下：

a. 室内给水系统：进户管(房屋引入管)→水表井(阀门井)→干管→立管→横支管→用水设备。

b. 室内排水系统：污水收集器→横支管→立管→干管→排出管。

④给水排水工程施工图中的管道设备常常采用统一的图例和符号表示，这些图例符号并不能完全表示管道设备的实样。

2)给水排水工程施工图的分类。

①室内管道及卫生设备图。室内管道及卫生设备图，是指一幢建筑物内用水房间(如厕所、浴室、厨房、实验室、锅炉房)以及工厂车间用水设备的管道平面布置图，管道系统平面图，卫生设备、用水设备、加热设备和水箱、水泵等的施工图。

②室外管道及附属设备图。室外管道及附属设备图，是指城镇居住区和工矿企业厂区的给水排水管道施工图。属于这类图样的有区域管道平面图、街道管道平面图、工矿企业厂区管道平面图、管道纵剖面图、管道上的附属设备图、泵站及水池和水塔管道施工图、污水及雨水出口施工图。

③水处理工艺设备图。水处理工艺设备图，是指给水厂、污水处理厂的平面布置图、水处理设备图(如沉淀池、过滤池、曝气池、消化池等全套施工图)、水流或污流流程图。

给水排水工程施工图按图纸表现的形式可分为基本图和详图两大类。基本图包括图纸目录、施工图说明、材料设备明细表、工艺流程图、平面图、轴测图和立(剖)面图；详图包括节点图、大样图和标准图。

3)给水排水工程施工图的内容。

①设计说明。设计说明用于反映设计人员的设计思路及用图无法表示的部分，同时反映设计者对施工的具体要求，主要包括设计范围、工程概况、管材的选用、管道的连接方式、卫生洁具的安装、标准图集的代号等。

②主要材料统计表。主要材料统计表中规定主要材料的规格型号。小型施工图可省略主要材料统计表。

③平面图。平面图表示给水排水管道及卫生设备的平面布置情况，一般包括如下内容：

a. 用水设备的类型及位置。

b. 各立管、水平干管、横支管的各层平面位置、管径尺寸、立管编号以及管道的安装方式。

c. 各管道零件如阀门、清扫口的平面位置。

d. 在底层平面图上，还反映给水引入管、污水排出管的管径、走向、平面位置及与室外给水排水管网的组成联系。

④系统轴测图。系统轴测图包括给水系统轴测图和排水系统轴测图。它是根据各层平面图中卫生设备、管道及竖向标高用轴测投影的方法绘制而成的，分别表示给水排水管道系统的上、下层之间，前后、左右之间的空间关系。在系统轴测图中除注有各管径尺寸及立管编号外，还注有管道的标高和坡度。

⑤详图。详图又称大样图，它表明某些给水排水设备或管道节点的详细构造与安装要求。

(2)通风空调工程施工图。通风空调系统包括通风系统和空气的加温、冷却与过滤系统两个范畴。通风系统可单独使用，但除主要设备外，一些输送气体的风机、管线等设备、附件往往是共用的，因此通风系统与空气的加温、冷却与过滤系统的施工图画法基本上是相同的，统称空调系统工程施工图。

通风空调施工图的表达方式，主要是以表达通风空调的系统和设备布置为主，因此在绘制通风空调工程的平、立、剖面图时，房屋的轮廓除地面以外均用细线画出，通风空调的设备、管道等则采用较粗的线型，另外还需要采用轴测图绘制系统图和原理图。

通风空调工程施工图的内容如下：

1)平面图。平面图有各层系统平面图、空调机房平面图等。

①系统平面图主要表明通风空调设备和系统管道的平面布置。其内容包括：各类设备及管道的位置和尺寸；设备、管道定位线与建筑定位线的关系；系统编号；送、回风口的空气流动风向；通用图、标准图索引符号；各设备、部件的名称、型号、规格。

②平面图表明按标准图或产品样本要求所采用的“空调机组”类别、型号、台数，并注出这些设备的定位尺寸和长度尺寸。

2)空调系统图和剖面图。管道系统主要表明管道在空间的曲折、交叉和走向以及部件的相对位置，其基本要素应与平面图和剖面图相对应，在管道系统图中应能确认管径、标高、末端设备和系统编号。

(3)采暖工程施工图。采暖工程施工图可分为室内和室外两部分。室内采暖工程施工图中很少涉及室外部分，主要接触住宅建筑的采暖系统平面图、系统轴测图和安装详图，这些是建筑装饰装修工程中必须掌握的安装图样。

采暖工程施工图的内容如下：

1)设计说明书。设计说明书是用来说明设计意图和施工中需要注意的问题。通常在设计说明书中应说明的事项主要有总耗热量、热媒的来源及参数，各不同房间内温度、相对湿度，采暖管道材料的种类、规格，管道保温材料、保温厚度及保温方法，管道及设备的刷油遍数及要求等。

2)施工图。施工图室外部分表明一个区域(如一个住宅小区或一个工矿区)内的供热系统热媒输送干管的管网布置情况，其中包括管道敷设总平面图、管道横剖面图、管道纵剖面图和详图。室内部分表明一幢建筑物的供暖设备、管道安装情况和施工要求。它一般包括供暖平面图、系统图、详图、设备材料表及设计说明。

3)设备材料表。采暖工程所需要的设备和材料，在施工图册中都列有设备材料表，以备订货和采购之用。

(4)电气工程施工图。电气工程施工图能够表达建筑中电气工程的组成、功能和电气装置的工作原理，提供安装、使用维护数据。电气工程施工图种类比较多，如平面图和接线图可表明安装位置和接线方法，电气系统图可表示供电关系，电气原理图可说明电气设备工作原理。建筑装饰装修工程中常用的电气安装图有照明电气平面图、电气系统图、电路图、设备布置图、安装详图等，见表 4-2。

表 4-2　电气工程施工图特点

序号	类别	特点
1	照明电气平面图	照明电气平面图是表达各种家用照明灯具、配电设备(配电箱、开关)、电气装置的种类、型号、安装位置和高度，以及相关线路的敷设方式、导线型号、截面、根数及线管的种类、管径等安装所应掌握的技术要求
2	电气系统图	电气系统图是表现建筑室内外电力、照明及其他日用电器的供电与配电的图样。在家居的装饰装修中，电气系统图不经常使用。它主要是采用图形符号表达电源的引进位置，配电盘(箱)、分配电盘(箱)、干线的分布、各相线的分配、电能表和熔断器的安装位置、相互关系和敷设方法等。住宅电气系统图常见的有照明系统图、弱电系统图等
3	电路图	电路图也可以称为接线图或配线图，是用来表示电气设备、电器元件和线路的安装位置、接线方法、配线场所的一种图样。一般电路图包括两种：一种属于住宅装修电气施工中的强电部分，主要表达和指导安装各种照明灯具、用电设施的线路敷设等安装图样；另一种属于电气安装施工中的弱电部分，是表示和指导安装各种电子装置与家用电器设备的安装线路和线路板等电子元器件规格的图样
4	设备布置图	设备布置图是按照正投影图原理绘制的，用以表现各种电器设备和器件的平面与空间的位置、安装方式及其相互关系的图样。通常由水平投影图、侧立面图、剖面图及各种构件详图等组成
5	安装详图	安装详图是表现电气工程中设备的某一部分的具体安装要求和做法的图样。国家已有专门的安装设备标准图集可供选用

电气工程施工图的内容如下：

1)基本图。电气工程施工图基本图包括图纸目录、设计说明、系统图、平面图、立(剖)面图(变配电工程)、控制原理图、设备材料表等。

①设计说明。在电气工程施工图中，设计说明一般包括供电方式、电压等级、主要线路敷设形式及在图中未能表达的各种电气设备安装高度、工程主要技术数据、施工和验收要求以及有关事项等。设计说明根据工程规模及需要说明的内容多少，有的可单独编制说明书，有的因内容简短，可写在图面的空余处。

②主要设备材料表。列出该工程所需的各种主要设备、管材、导线管器材的名称、型号、规格、材质、数量。设备材料表上所列主要材料的数量，是设计人员对该项工程提供的一个大概参数，由于受工程量计算规则的限制，所以不能作为工程量来编制预算。

③电气系统图和二次接线图。电气系统图主要表明电力系统设备安装、配电顺序、原理和设备型号、数量及导线规格等关系。它不表示空间位置关系，只是示意性地把整个工程的供电线路用单线连接形式来表示的线路图。通过识读系统图可以了解以下内容：

a. 整个变、配电系统的连接方式，从主干线至各分支回路分几级控制，有多少个分支回路。

b. 主要变电设备、配电设备的名称、型号、规格及数量。

c. 主干线路的敷设方式、型号、规格。

二次接线图(也叫作控制原理图)主要表明配电盘、开关柜和其他控制设备内的操作、保护、测量、信号及自动装置等线路。它是根据控制电器的工作原理，按规格绘制成的电路展开图，不是每套施工图都有。

④电气平面图。电气平面图一般分为变配电平面图、动力平面图、照明平面图、弱电平面图、室外工程平面图，在高层建筑中有标准层平面图、干线布置图等。

电气平面图的特点是将同一层内不同安装高度的电气设备及线路都放在同一平面上来表示。通过电气平面图的识读，可以了解以下内容：

a. 了解建筑物的平面布置、轴线分布、尺寸以及图纸比例。

b. 了解各种变、配电设备的编号、名称，各种用电设备的名称、型号以及它们在平面图上的位置。

c. 弄清楚各种配电线路的起点和终点、敷设方式、型号、规格、根数，以及在建筑物中的走向、平面和垂直位置。

⑤控制原理图。控制电器是指对用电设备进行控制和保护的电气设备。控制原理图是根据控制电器的工作原理，按规定的线段和图形符号绘制成的电路展开图，一般不表示各电气元件的空间位置。

控制原理图具有线路简单、层次分明、易于掌握、便于识读和分析研究的特点，是二次配线的依据。控制原理图不是每套图纸都有，只有当工程需要时才绘制。

识读控制原理图应掌握不在控制盘上的那些控制元件和控制线路的连接方式。识读控制原理图应与平面图核对，以免漏算。

2)详图。

①构件大样图。凡是在做法上有特殊要求，没有批量生产标准构件的，图纸中有专门构件大样图，注有详细尺寸，以便按图制作。

②标准图。标准图是一种具有通用性质的详图，表示一组设备或部件的具体图形和详细尺寸，它不能作为独立进行施工的图纸，而只能视为某项施工图的一个组成部分。

二、装饰装修施工图的绘制要求

装饰装修施工图所反映的内容繁多、形式复杂、构造细致、尺度变化大，一般应符合《房屋建筑制图统一标准》(GB/T 50001—2017)和《建筑制图标准》(GB/T 50104—2010)等的规定。装饰装修施工图与建筑施工图密切相关，因为装饰装修工程依附于建筑工程，所以装饰装修施工图和建筑施工图有相同之处，但又侧重点不同。为了突出装饰装修，在装饰装修施工图中一般都采用简化建筑结构、突出装饰装修做法的图示方法。在制图和识图上，装饰装修施工图有其自身的特点和规律，如图样的组成、表达对象、投影方向、施工工艺及细部做法的表达等都与建筑施工图有所不同。必要时，还可绘制透视图、轴测图等进行辅助表达。

《房屋建筑室内装饰装修制图标准》(JGJ/T 244—2011)规定了房屋建筑室内装饰装修施工图绘制的要求，具体如下。

1. 图纸幅面规格与图纸编排顺序

房屋建筑室内装饰装修的图纸幅面规格应符合现行国家标准《房屋建筑制图统一标准》(GB/T 50001—2017)的规定。

房屋建筑室内装饰装修图纸应按专业顺序编排，依次为图纸目录、房屋建筑室内装饰装修图、给水排水图、暖通空调图、电气图等。各专业的图纸应按图纸内容的主次关系、逻辑关系进行分类排序。房屋建筑室内装饰装修图纸编排宜按设计(施工)说明，总平面图，顶棚总平面图，顶棚装饰灯具布置图，设备设施布置图，顶棚综合布点图，墙体定位图，地面铺装图，陈设、家具平面布置图，部品部件平面布置图，各空间平面布置图，各空间顶棚平面图、立面图，部品部件立面图、剖面图、详图、节点图，装饰装修材料表，配套标准图的顺序排列。各楼层的室内装饰装修图纸应按自下而上的顺序排列，同楼层各段(区)的室内装饰装修图纸应按主次区域和内容的逻辑关系排列。

2. 图线

房屋建筑室内装饰装修图纸中图线的绘制方法及图线宽度应符合现行国家标准《房屋建筑制图统一标准》(GB/T 50001—2017)的规定。房屋建筑室内装饰装修制图应采用实线、虚线、单点长画线、折断线、波浪线、点线、样条曲线、云线等线型，并应选用表 4-3 所示的常用线型。

表 4-3　房屋建筑室内装饰装修制图常用图线

名称		线型	线宽	一般用途
实线	粗	————	b	1. 平、剖面图中被剖切的房屋建筑和装饰装修构造的主要轮廓线 2. 房屋建筑室内装饰装修立面图的外轮廓线 3. 房屋建筑室内装饰装修构造详图、节点图中被剖切部分的主要轮廓线 4. 平、立、剖面图的剖切符号
	中粗	————	$0.7b$	1. 平、剖面图中被剖切的房屋建筑和装饰装修构造的次要轮廓线 2. 房屋建筑室内装饰装修详图中的外轮廓线
	中	————	$0.5b$	1. 房屋建筑室内装饰装修构造详图中的一般轮廓线 2. 小于 $0.7b$ 的图形线，家具线，尺寸线，尺寸界线，索引符号，标高符号，引出线，地面、墙面的高差分界线等
	细	————	$0.25b$	图形和图例的填充线

续表

名称		线型	线宽	一般用途
虚线	中粗	- - - - - - - - -	0.7*b*	1. 表示被遮挡部分的轮廓线 2. 表示被索引图样的范围 3. 拟建、扩建房屋建筑室内装饰装修部分轮廓线
	中	- - - - - - - - -	0.5*b*	1. 表示平面中上部的投影轮廓线 2. 预想放置的房屋建筑或构件
	细	- - - - - - - - -	0.25*b*	表示内容与中虚线相同，适合粗细小于 0.5*b* 的不可见轮廓线
单点长画线	中粗	—— · —— · ——	0.7*b*	运动轨迹线
	细		0.25*b*	中心线、对称线、定位轴线
折断线	细		0.25*b*	不需要画全的断开界线
波浪线	细		0.25*b*	1. 不需要画全的断开界线 2. 构造层次的断开界线 3. 曲线形构件断开界线
点线	细	··················	0.25*b*	制图需要的辅助线
样条曲线	细		0.25*b*	1. 不需要画全的断开界线 2. 制图需要的引出线
云线	中		0.5*b*	1. 圈出被索引的图样范围 2. 标注材料的范围 3. 标注需要强调、变更或改动的区域

3. 字体

房屋建筑室内装饰装修制图中手工制图字体的选择、字高及书写规则应符合现行国家标准《房屋建筑制图统一标准》(GB/T 50001—2017)的规定。

4. 比例

图样的比例表示及要求应符合现行国家标准《房屋建筑制图统一标准》(GB/T 50001—2017)的规定。图样的比例应根据图样用途与被绘对象的复杂程度选取。常用比例宜为 1∶1、1∶2、1∶5、1∶10、1∶15、1∶20、1∶25、1∶30、1∶40、1∶50、1∶75、1∶100、1∶150、1∶200。绘图所用的比例，应根据房屋建筑室内装饰装修设计的不同部位、不同阶段的图纸内容和要求确定，并应符合表 4-4 的规定。对于其他特殊情况，可自定比例。同一图纸中的图样可选用不同比例。

表 4-4 绘图所用的比例

比例	部位	图纸内容
1：200～1：100	总平面、总顶棚平面	总平面布置图、总顶棚平面布置图
1：100～1：50	局部平面、局部顶棚平面	局部平面布置图、局部顶棚平面布置图
1：100～1：50	不复杂的立面	立面图、剖面图
1：50～1：30	较复杂的立面	立面图、剖面图
1：30～1：10	复杂的立面	立面放大图、剖面图
1：10～1：1	平面及立面中需要详细表示的部位	详图
1：10～1：1	重点部位的构造	节点图

5. 剖切符号

房屋建筑室内装饰装修制图所用的剖切符号应标注在需要表示装饰装修剖面内容的位置上。剖视的剖切符号、断面的剖切符号应符合现行国家标准《房屋建筑制图统一标准》(GB/T 50001—2017)的规定。

6. 索引符号

索引符号根据用途的不同，可分为立面索引符号、剖切索引符号、详图索引符号、设备索引符号、部品部件索引符号。

(1)表示室内立面在平面上的位置及立面图所在图纸编号，应在平面图上使用立面索引符号(图 4-1)。

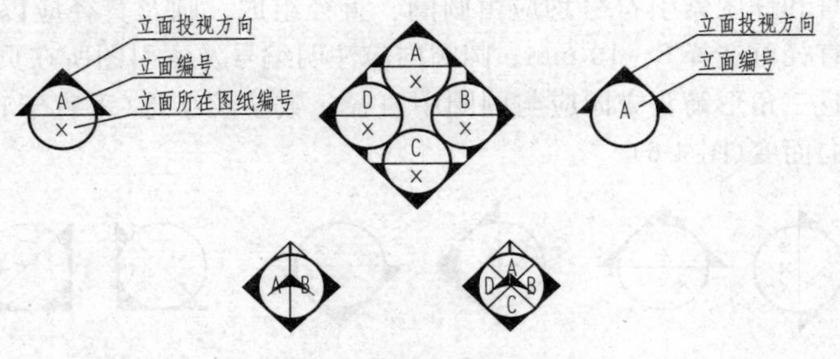

图 4-1 立面索引符号

(2)表示剖切面在界面上的位置或图样所在图纸编号，应在被索引的界面或图样上使用剖切索引符号(图 4-2)。

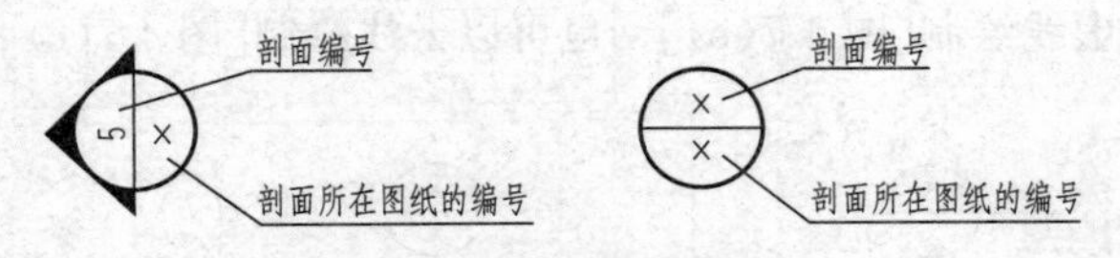

图 4-2 剖切索引符号

(3)表示局部放大图样在原图上的位置及本图样所在页码，应在被索引图样上使用详图索引符号(图 4-3)。

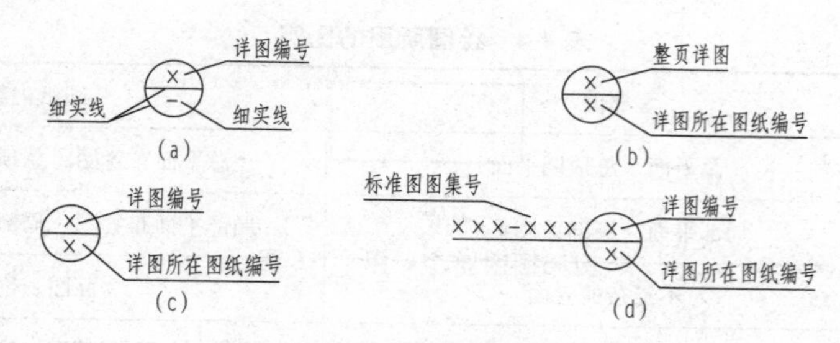

图 4-3 详图索引符号

(a)本页索引符号；(b)整页索引符号；(c)不同页索引符号；(d)标准图索引符号

(4)表示各类设备(含设备、设施、家具、灯具等)的品种及对应的编号，应在图样上使用设备索引符号(图 4-4)。

(5)索引符号的绘制应符合下列规定：

1)立面索引符号应由圆圈、水平直径组成，且圆圈及水平直径应以细实线绘制。根据图面比例，圆圈直径可选择 8～10 mm。圆圈内应注明编号及索引图所在页码。立面索引符号应附以三角形箭头，且三角形箭头方向应与投射方向一致，圆圈中水平直径、数字及字母(垂直)的方向应保持不变(图 4-5)。

图 4-4 设备索引符号 **图 4-5 立面索引符号**

2)剖切索引符号和详图索引符号均应由圆圈、直径组成，圆及直径应以细实线绘制。根据图面比例，圆圈的直径可选择 8～10 mm。圆圈内应注明编号及索引图所在页码。剖切索引符号应附三角形箭头，且三角形箭头方向应与圆圈中直径、数字及字母(垂直于直径)的方向保持一致，并应随投射方向而变(图 4-6)。

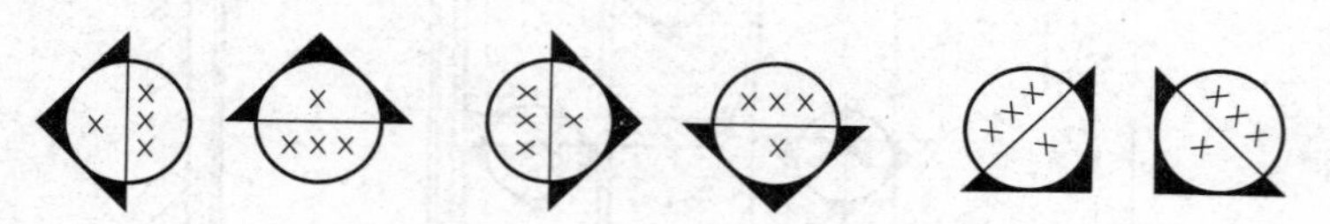

图 4-6 剖切索引符号

3)索引图样时，应以引出圈将被放大的图样范围完整圈出，并应由引出线连接引出圈和详图索引符号。图样范围较小的引出圈，应以圆形中粗虚线绘制[图 4-7(a)]；范围较大的引出圈，宜以有弧角的矩形中粗虚线绘制[图 4-7(b)]，也可以云线绘制[图 4-7(c)]。

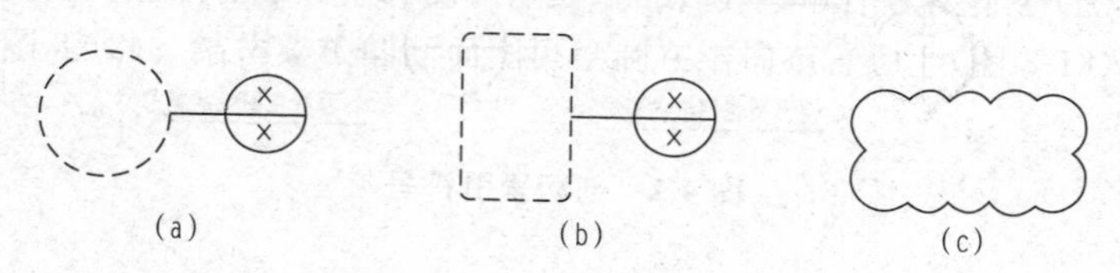

图 4-7 索引符号

(a)范围较小的索引符号；(b)范围较大的索引符号；(c)范围较大的索引符号

4)设备索引符号应由正六边形、水平内径线组成，正六边形、水平内径线应以细实线绘制。根据图面比例，正六边形长轴可选择 8～12 mm。正六边形内应注明设备编号及设备品种代号。

(6)索引符号中的编号除应符合现行国家标准《房屋建筑制图统一标准》(GB/T 50001—2017)的规定外，还应符合下列规定：

1)当引出图与被索引的详图在同一张图纸内时，应在索引符号的上半圆中用阿拉伯数字或字母注明该索引图的编号，在下半圆中间画一段水平细实线[图 4-3(a)]。

2)当引出图与被索引的详图不在同一张图纸内时，应在索引符号的上半圆中用阿拉伯数字或字母注明该详图的编号，在索引符号的下半圆中用阿拉伯数字或字母注明该详图所在图纸的编号。数字较多时，可加文字标注[图 4-3(c)、(d)]。

3)在平面图中采用立面索引符号时，应采用阿拉伯数字或字母为立面编号代表各投视方向，并应以顺时针方向排序(图 4-8)。

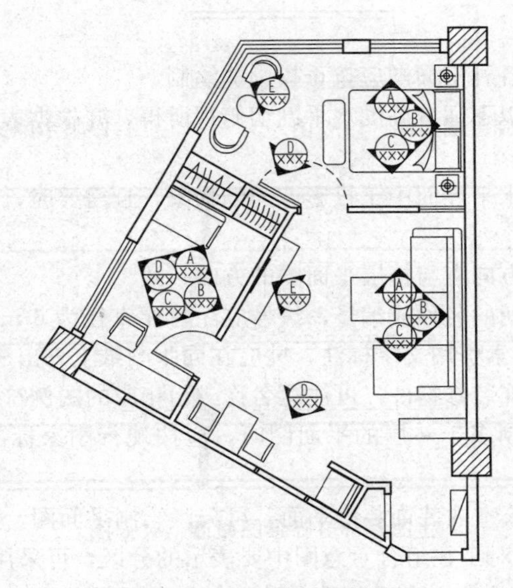

图 4-8　立面索引符号的编号

第二节　装饰装修施工图图样画法

一、投影法

(1)房屋建筑室内装饰装修施工图，应采用位于建筑内部的视点按正投影法并用第一角画法绘制，且自 A 的投影镜像图应为顶棚平面图，自 B 的投影应为平面图，自 C、D、E、F 的投影应为立面图(图 4-9)。

(2)顶棚平面图应采用镜像投影法绘制，其图像中纵横轴线排列应与平面图完全一致(图 4-10)。

(3)装饰装修界面与投影面不平行时，可用展开图表示。

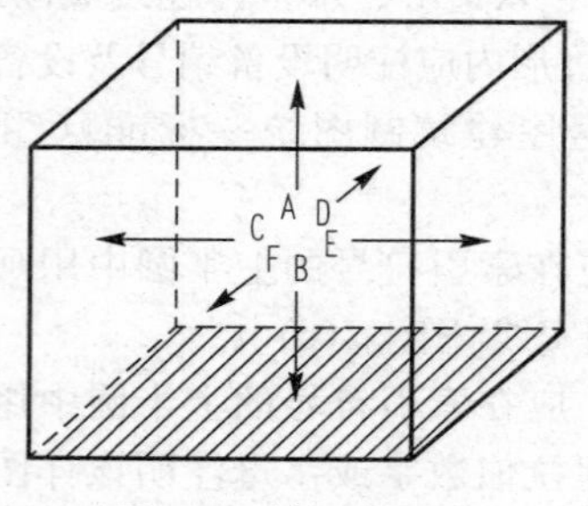

图 4-9　第一角画法

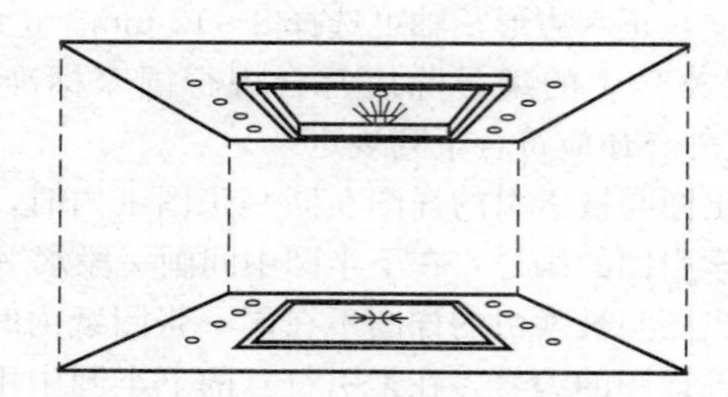

图 4-10　镜像投影法

二、平面图

1. 平面图绘制要求

(1)除顶棚平面图外，各种平面图应按正投影法绘制。

(2)平面图宜取视平线以下适宜高度水平剖切俯视所得，并根据表现内容的需要，可增加剖视高度和剖切平面。

(3)平面图应表达室内水平界面中正投影方向的物象，且需要时，还应表示剖切位置中正投影方向墙体的可视物象。

(4)局部平面放大图的方向宜与楼层平面图的方向一致。

(5)平面图中应注写房间的名称或编号，编号应注写在直径为 6 mm 的以细实线绘制的圆圈内，其字体大小应大于图中索引用文字标注，并应在同张图纸上列出房间名称表。

(6)对于平面图中的装饰装修物件，可注写名称或用相应的图例符号表示。

(7)在同一张图纸上绘制多于一层的平面图时，应按现行国家标准《建筑制图标准》(GB/T 50104—2010)的规定执行。

(8)对于较大的房屋建筑室内装饰装修平面，可分区绘制平面图，且每张分区平面图均应以组合示意图表示所在位置。对于在组合示意图中要表示的分区，可采用阴影线或填充色块表示。各分区应分别用大写拉丁字母或功能区名称表示。各分区视图的分区部位及编号应一致，并应与组合示意图对应。

(9)房屋建筑室内装饰装修平面起伏较大的呈弧形、曲折形或异形时，可用展开图表示，不同的转角面应用转角符号表示连接，且画法应符合现行国家标准《建筑制图标准》(GB/T 50104—2010)的规定。

(10)在同一张平面图内，对于不在设计范围内的局部区域应用阴影线或填充色块的方式表示。

(11)为表示室内立面在平面上的位置，应在平面图上表示出相应的索引符号。

(12)对于平面图上未被剖切到的墙体立面的洞、龛等，在平面图中可用细虚线连接表明其位置。

(13)房屋建筑室内各种平面中出现异形的凹凸形状时，可用剖面图表示。

2. 平面图绘制步骤

平面布置图的画法与建筑平面图基本一致。这里将绘图步骤结合装饰装修施工图的特点简述如下：

(1)选比例、定图幅。

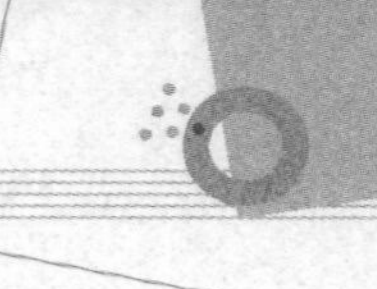

(2)画出建筑主体结构，标注其开间、进深、门窗洞口等尺寸，标注楼(地)面标高。

(3)画出各功能空间的家具、陈设、隔断、绿化等的形状、位置。

(4)标注装饰尺寸，如隔断、固定家具、装饰造型等的定型、定位尺寸。

(5)绘制内视投影符号、详图索引符号等。

(6)注写文字说明、图名比例等。

(7)检查并加深、加粗图线。剖切到的墙柱轮廓、剖切符号用粗实线，未剖到但能看到的图线，如门扇开启符号、窗户图例、楼梯踏步、室内家具及绿化等用细实线表示。

(8)完成作图，如图 4-11 所示。

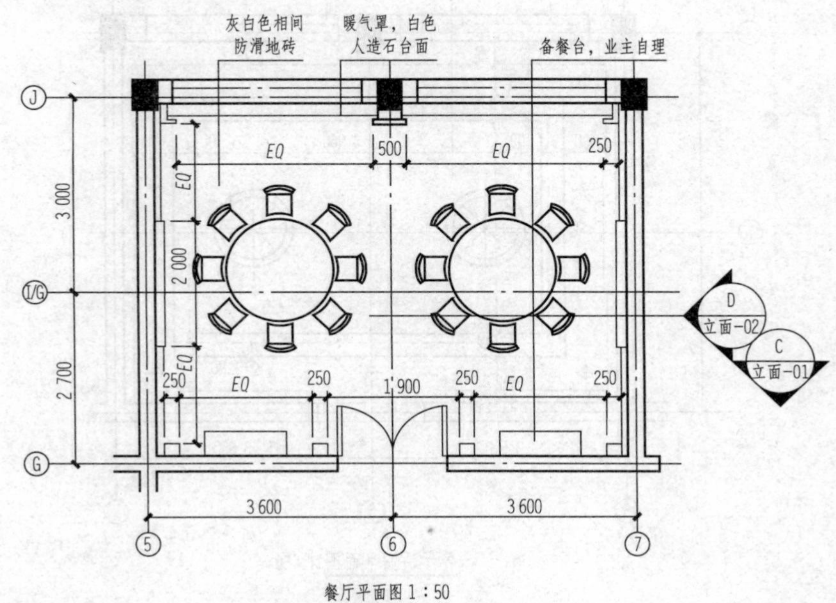

图 4-11　平面布置图

三、顶棚平面图

1. 顶棚平面图绘制要求

(1)顶棚平面图中应省去平面图中门的符号，并应用细实线连接门洞以表明位置。墙体立面的洞、龛等，在顶棚平面中可用细虚线连接表明其位置。

(2)顶棚平面图应表示出镜像投影后水平界面上的物象，且需要时，还应表示剖切位置中投影方向的墙体的可视内容。

(3)平面为圆形、弧形、曲折形、异形的顶棚平面，可用展开图表示，不同的转角面应用转角符号表示连接，画法应符合现行国家标准《建筑制图标准》(GB/T 50104—2010)的规定。

(4)房屋建筑室内顶棚上出现异形的凹凸形状时，可用剖面图表示。

2. 顶棚平面图绘制步骤

顶棚平面图的绘制步骤如下：

(1)选比例、定图幅。

(2)画出建筑主体结构，标注其开间、进深、门窗洞口等。

(3)画出顶棚的造型轮廓线、灯饰、空调风口等设施。

(4)标注尺寸和相对于本层楼(地)面的顶棚底面标高。

(5)画详图索引符号，标注说明文字、图名比例。

(6)检查并加深、加粗图线。其中墙柱轮廓用粗实线、顶棚及灯饰等造型轮廓用中实线、顶棚装饰及分格线用细实线表示。

(7)完成作图，如图 4-12 所示。

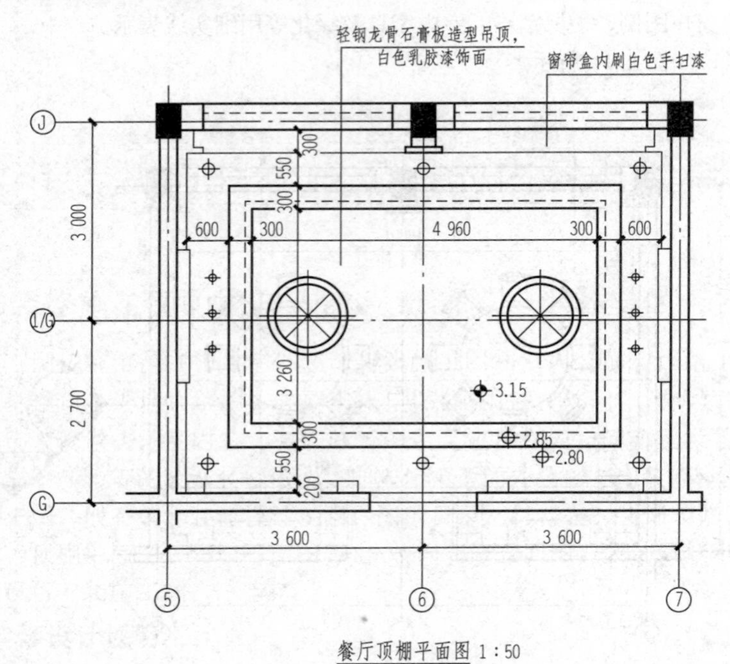

图 4-12　顶棚平面图

四、地面平面图

地面平面图的常用比例为 1∶50、1∶100、1∶150。图中的地面分格采用细实线表示，其他内容按平面布置图要求绘制。

地面平面图的绘制步骤如下：

(1)选比例、定图幅。

(2)画出建筑主体结构，标注其开间、进深、门窗洞口等尺寸。

(3)画出楼地面面层分格线和拼花造型等(家具、内视投影符号等省略不画)。

(4)标注分格和造型尺寸。材料不同时用图例区分，并加引出说明，明确做法。

(5)细部做法的索引符号、图名比例。

(6)检查并加深、加粗图线，楼地面分格用细实线表示。

(7)完成作图，如图 4-13 所示。

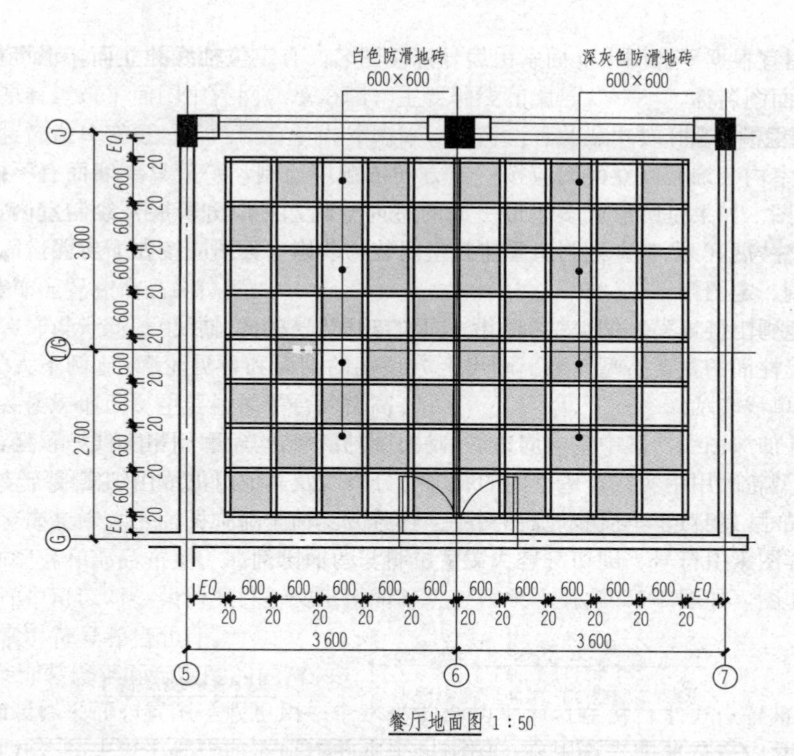

图 4-13　地面平面图

五、立面图

1. 立面图绘制要求

(1)房屋建筑室内装饰装修立面图应按正投影法绘制。

(2)立面图应表达室内垂直界面中投影方向的物体，需要时，还应表示剖切位置中投影方向的墙体、顶棚、地面的可视内容。

(3)立面图的两端宜标注房屋建筑平面定位轴线编号。

(4)平面为圆形、弧形、曲折形、异形的室内立面，可用展开图表示，不同的转角面应用转角符号表示连接，画法应符合现行国家标准《建筑制图标准》(GB/T 50104—2010)的规定。

(5)对称式装饰装修立面或物体等，在不影响物象表现的情况下，立面图可绘制一半，并应在对称轴线处画对称符号。

(6)在房屋建筑室内装饰装修立面图上，相同的装饰装修构造样式可选择一个样式绘出完整图样，其余部分可只画图样轮廓线。

(7)在房屋建筑室内装饰装修立面图上，表面分隔线应表示清楚，并应用文字说明各部位所用材料及色彩等。

(8)圆形或弧线形的立面图应以细实线表示出该立面的弧度感(图 4-14)。

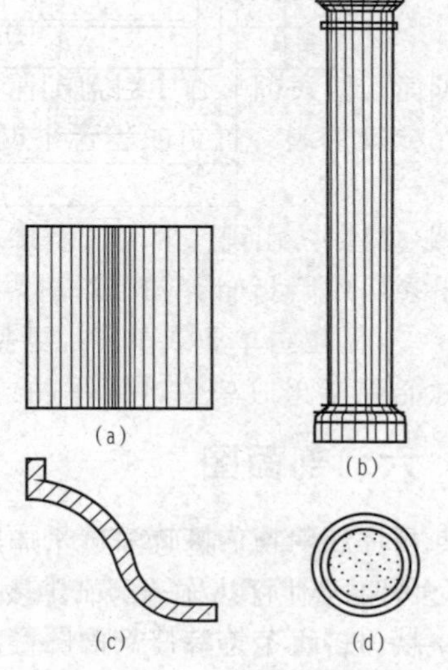

图 4-14　圆形或弧线形图样立面

(a)立面图；(b)平面图；

(c)立面图；(d)平面图

(9)立面图宜根据平面图中立面索引编号标注图名。有定位轴线的立面，也可根据两端定位轴线号编注立面图名称。

2. 立面图绘制步骤

房屋建筑室内装饰装修立面图应按一定方向依顺序绘制，一般只要墙面有不同的地方，就必须绘制立面图。如果是圆形或多边形平面的室内空间，可以分段展开绘制室内立面图，但均应在图名后加注“展开”二字。绘制房屋建筑室内装饰装修立面图应按如下步骤：

(1)选比例、定图幅。

(2)用浅色画出楼地面、楼盖结构、楼柱面的轮廓线或定位轴线。

(3)画出墙柱面的主要造型轮廓。画出上方顶棚的剖面和可见轮廓(比例不大于 1∶50 时顶棚的轮廓可用单线表示)。

(4)检查并加深图线。其中室内周边的墙柱、楼板等结构轮廓用粗实线，顶棚剖面线用粗实线，墙柱面造型轮廓用中实线，造型内的装饰与分格线及其他可见线用细实线。

(5)标注尺寸，相对于本层楼地面的各造型位置及顶棚标高。

(6)标注详图索引符号、剖切符号、文字说明、图示比例。

(7)完成作图，如图 4-15 所示。

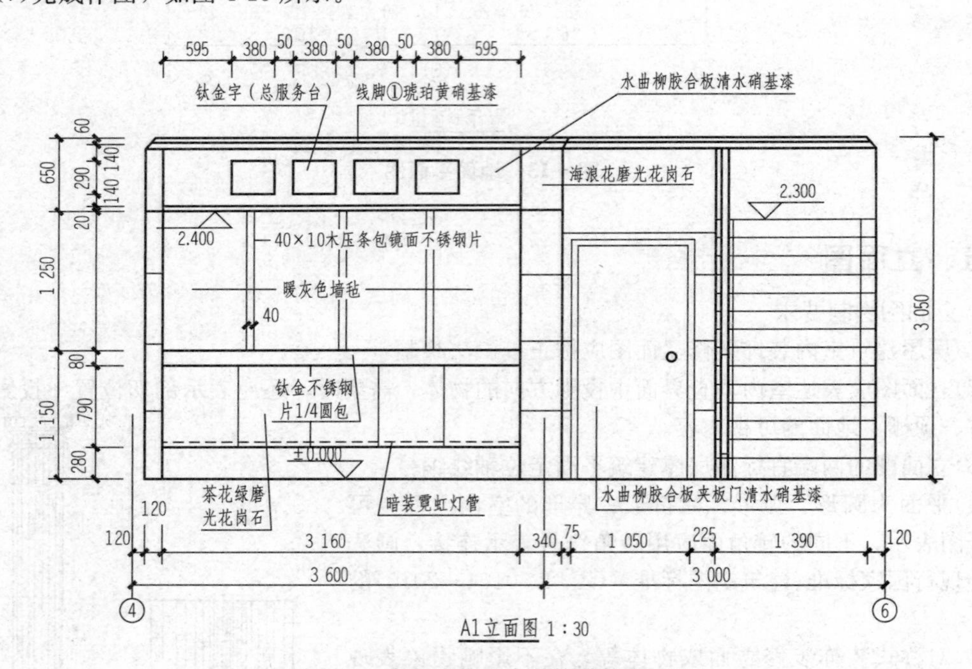

图 4-15　房屋建筑室内装饰装修立面图

六、剖面图

房屋建筑室内装饰装修剖面图的绘制，应符合现行国家标准《房屋建筑制图统一标准》(GB/T 50001—2017)以及《建筑制图标准》(GB/T 50104—2010)的规定。

墙(柱)面装饰装修剖面图是反映墙柱面装饰造型、做法的竖向剖面图，是表达墙面做法的重要图样。墙(柱)面装饰装修剖面图除了绘制构造做法外，有时为表明其工艺做法、层次以及与建筑结构的连接等，还需进行分层引出标注。墙(柱)面装饰装修剖面图的绘制应按以下步骤：

(1)选比例、定图幅。

(2)画出楼地面、楼盖结构、墙柱面的轮廓线。

(3)画出墙(柱)的防潮层、龙骨架、基层板、饰面板、装饰线角等的装饰构造层次。

(4)检查并加深、加粗图线。剖切到的建筑结构体轮廓用粗实线，装饰构造层次用中实线，材料图例线及分层引出线等用细实线表示。

(5)标注尺寸，相对于本层楼地面的墙柱面各造型位置及顶棚底面标高。

(6)标注详图索引符号、说明文字、图名比例。

(7)完成作图，如图 4-16 所示。

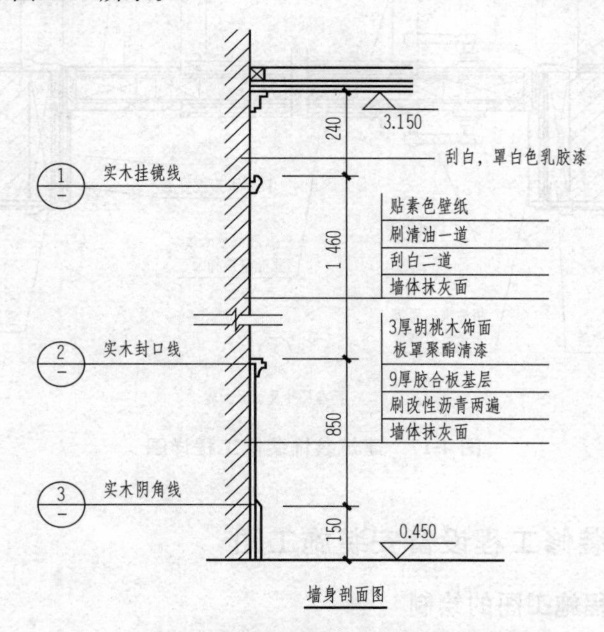

图 4-16　墙(柱)面装饰装修剖面图

七、断面图

房屋建筑室内装饰装修断面图的绘制，应符合现行国家标准《房屋建筑制图统一标准》(GB/T 50001—2017)以及《建筑制图标准》(GB/T 50104—2010)的规定。

八、建筑装饰装修详图

建筑装饰装修详图一般采用 1∶10～1∶20 的比例绘制。在建筑装饰装修详图中剖切到的装饰体轮廓用粗实线表示，未剖到但能看到的投影内容用细实线表示。若建筑装饰装修详图需准确地表示外部形状、凹凸变化、与结构体的连接方式、标高、尺寸等，应选用的比例一般为 1∶10～1∶50，有条件时平、立、剖面图应画在一张图纸上。当按上述比例画出的图样仍不能清晰地反映形体时，则需选择 1∶1～1∶10 的大比例绘制。

建筑装饰装修详图的绘制应按下列步骤：

(1)选比例、定图幅。

(2)画墙(柱)的结构轮廓。

(3)画出门套、门扇等装饰形体轮廓。

(4)详细画出各部位的构造层次及材料图例。

(5)检查并加深、加粗图线。剖切到的结构体画粗实线，各装饰构造层用中实线，其他内容如图例、符号和可见线均为细实线。

(6)标注尺寸、做法及工艺说明。

(7)完成作图，如图 4-17 所示。

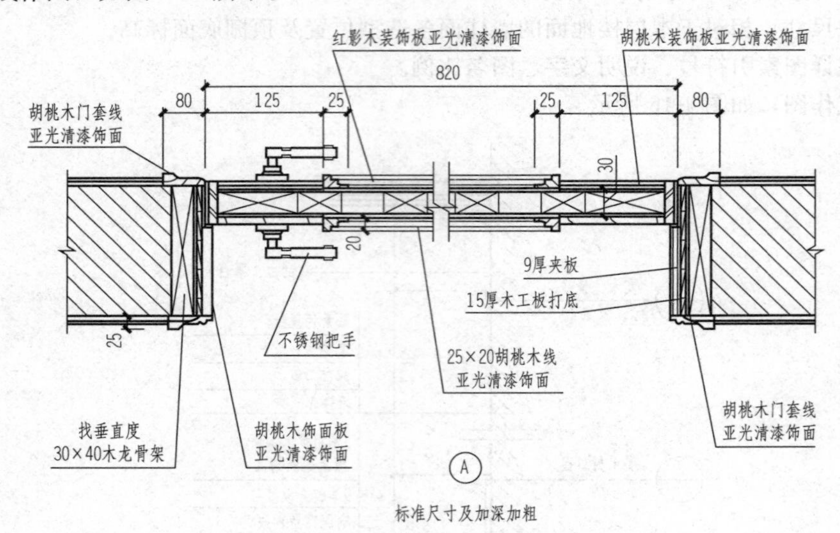

图 4-17 建筑装饰装修工程详图

九、建筑装饰装修工程设备安装施工图

(一)给水排水工程施工图的绘制

1. 总平面图的绘制

绘制总平面图时，建筑物、构筑物、道路的形状、编号、坐标、标高等应与总图专业图纸相一致。给水、排水、雨水、热水、消防和中水等管道宜绘制在一张图纸上，如管道种类较多、地形复杂，在同一张图纸上表示不清时，可按不同管道种类分别绘制。

总平面图的绘制应包括以下内容：

(1)应按规定的图例绘制各类管道、阀门井、消火栓井、洒水栓井、检查井、跌水井、水封井、雨水口、化粪池、隔油池、降温池、水表井等，并按规定进行编号。

(2)绘制出城市同类管道及连接点的位置、连接点井号、管径、标高、坐标及流水方向。

(3)绘制出各建筑物、构筑物的引入管、排出管，并标注出位置尺寸。

(4)图上应注明各类管道的管径、坐标或定位尺寸。

(5)图面的右上角应绘制风玫瑰图，如无污染源时可绘制指北针。

2. 系统轴测图的绘制

系统轴测图一般按斜等轴测投影原理绘制，与坐标轴平行的管道在轴测图中反映实长。但有时为了绘图美观，也可不按实际比例制图。当空间交叉的管道在系统轴测图中相交时，要判断前后、上下的关系，然后按给水排水工程施工图中常用图例交叉管的画法画出，即在下方、后面的要断开。

系统轴测图的表示方法如下：

(1)系统轴测图中给水管道仍用粗实线表示，排水管道用粗虚线表示。

(2)管径一般用“*DN*”标注，如 *DN*50 表示公称直径为 50 mm 的管子。

(3)给水排水管均应标注标高。

(4)排水管应标出坡度，如在排水管图线上标注$\xrightarrow{20\%}$，箭头表示坡降方向。

给水系统与排水系统轴测图的画图步骤基本相同。为了便于安装施工，给水与排水管道系统中，相同层高的管道尽可能布置在同一张图纸的同一水平线上，以便相互对照查看。

(二)通风空调工程施工图的绘制

1. 管道和设备布置平面图、剖面图和详图的绘制

管道和设备布置平面图、剖面图和详图应以直接正投影法绘制，用于通风空调系统设计的建筑平面图、剖面图，应用细实线绘出建筑轮廓和与暖通空调系统有关的门、窗、梁、柱、平台等建筑构配件，并标明相应定位轴线编号、房间名称、平面标高。

管道和设备布置平面图、剖面图和详图的绘制应符合下列要求：

(1)管道和设备布置平面图应按假想除去上层板后俯视规则绘制，否则应在相应垂直剖面图中表示平、剖面的剖切符号，如图 4-18 所示。

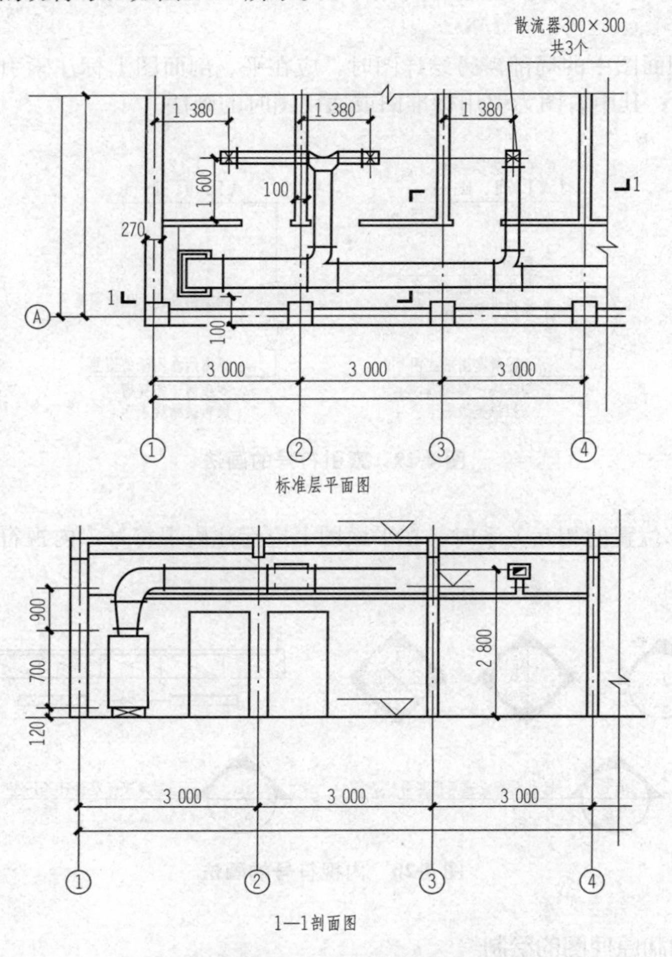

图 4-18　平、剖面图示例

(2)剖视的剖切符号应由剖切位置线、投射方向线及编号组成，剖切位置线和投射方向线均应以粗实线绘制。剖切位置线的长度宜为 6～10 mm；投射方向线的长度应短于剖切位置线，宜为 4～6 mm；剖切位置线和投射方向线不应与其他图线相接触；编号宜用阿拉伯数字，标注在投射方向线的端部；转折的剖切位置线，宜在转角的外顶角处加注相应编号。

(3)断面的剖切符号用剖切位置线和编号表示。剖切位置线宜为长 6～10 mm 的粗实线；编号可用阿拉伯数字、罗马数字或小写拉丁字母，标注在剖切位置线的一侧，并表示投射方向。

(4)平面图上应标注出设备、管道定位(中心、外轮廓、地脚螺栓孔中心)线与建筑定位(墙边、柱边、柱中)线间的关系；剖面图上应标注出设备、管道(中、底或顶)标高。必要时，还应标注出距该层楼(地)板面的距离。

(5)剖面图，应在平面图上尽可能选择反映系统全貌的部位垂直剖切后绘制。当剖切的投射方向为向下和向右，且不致引起误解时，可省略剖切方向线。

(6)建筑平面图采用分区绘制时，暖通空调专业平面图也可分区绘制。但分区部位应与建筑平面图一致，并应绘制分区组合示意图。

(7)平面图、剖面图中的水、汽管道可用单线绘制，风管不宜用单线绘制(方案设计和初步设计除外)。

(8)平面图、剖面图中的局部需另绘详图时，应在平、剖面图上标注索引符号。索引符号的画法如图 4-19 所示；其中右图为引用标准图或通用图时的画法。

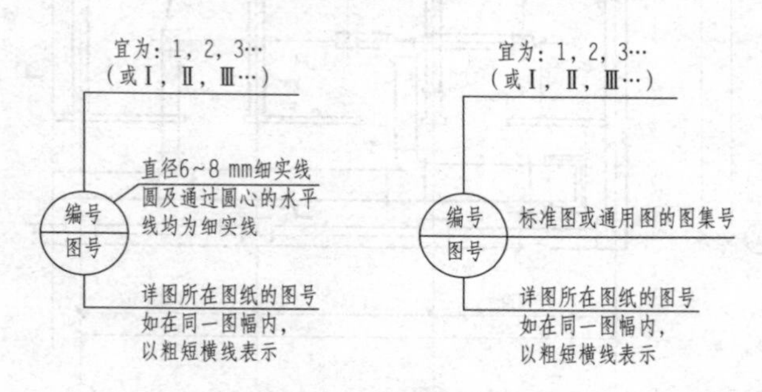

图 4-19　索引符号的画法

(9)当表示局部位置的相互关系时，在平面图上应标注内视符号，内视符号的画法如图 4-20 所示。

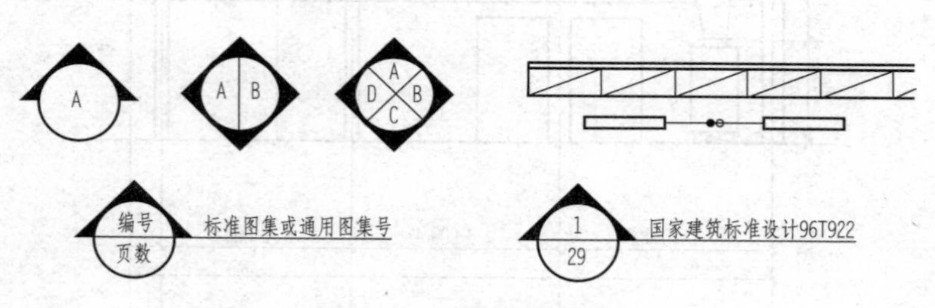

图 4-20　内视符号的画法

2. 管道系统图和原理图的绘制

管道系统图采用轴测投影法绘制时，宜采用与相应的平面图一致的比例，按正等轴测或正面斜二轴测的投影规则绘制，可按现行国家标准《房屋建筑制图统一标准》(GB/T 50001—2017)绘制。

在不致引起误解时，管道系统图可不按轴测投影法绘制；管道系统图的基本要求应与平、剖面图相对应；水、汽管道及通风、空调管道系统图均可用单线绘制；系统图中的管线重叠、密集处，可采用断开画法，断开处宜以相同的小写拉丁字母表示，也可用细虚线连接；室外管网工程设计宜绘制管网总平面图和管网纵剖面图；原理图可不按比例和投影规则绘制，其基本要素应与平面图、剖视图及管道系统图相对应。

(1)热网管道系统图绘制。图中应绘出与热源、热用户等有关的建筑物和构筑物，并标注其名称或编号。其方位和管道走向与热网管线平面图相对应；图中应绘出各种管道，并标注管道的代号及规格；图中应绘出各种管道上的阀门、疏水装置、放水装置、放气装置、补偿器、固定管架、转角点、管道上返点、下返点和分支点，并宜标注其编号。编号应与管线平面图上的编号相对应。管道应采用单线绘制。当用不同线型代表不同管道时，所采用线型应与热网管线平面图上的线型相对应。将热网管道系统图的内容并入热网管线平面图时，可不另绘制热网管道系统图。

(2)管线纵剖面图的绘制。管线纵剖面图应按管线的中心线展开绘制。管线纵剖面图应由管线纵剖面示意图、管线平面展开图和管线敷设情况表组成。这三部分相应部位应上下对齐。绘制管线纵剖面示意图应符合下列规定：

①距离和高程应按比例绘制，铅垂方向和水平方向应选用不同的比例，并应绘出铅垂方向的标尺，水平方向的比例应与热网管线平面图的比例一致。

②应绘出地形、管线的纵剖面图。

③应绘出与管线交叉的其他管线、道路、铁路、沟渠等，并标注与热力管线直接相关的标高，用距离标注其位置。

④地下水位较高时应绘出地下水位线。

(3)管线平面展开图绘制。在管线平面展开图上应绘出管线、管路附件及管线设施或其他构筑物的示意图。在各转角点应表示出展开前管线的转角方向，非90°还应标注小于180°的角度值(图4-21)。

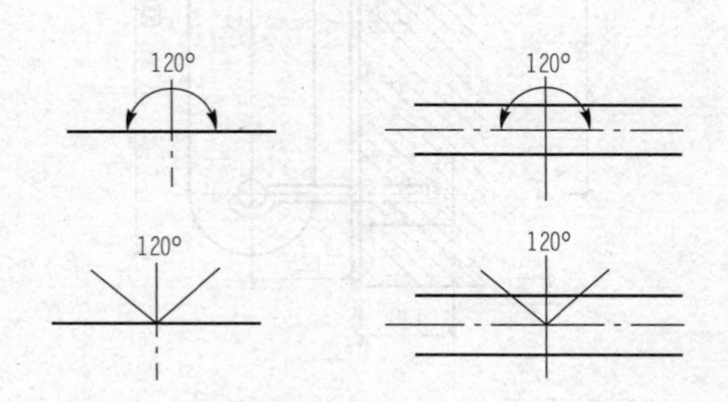

图4-21　管线平面展开图上管线转角角度的标注

(三)采暖工程施工图的绘制

1. 平面图的绘制

(1)按比例用中实线抄绘房屋建筑平面图，图中只需绘出建筑平面的主要内容，如走廊、房间、门窗位置，定位轴线位置、编号。

(2)用散热器的图例符号“—▭—”，绘出各组散热器的位置。

(3)绘出总立管及各个立管的位置，供热立管用“。”表示，回水立管用“. ”表示。

(4)绘出立管与支管、散热器的连接方式。

(5)绘出供水干管、回水干管与立管的连接方式及管道上的附件设备，如阀门、集气罐、固定支架、疏水器等。

(6)标注尺寸，对建筑物轴线间的尺寸、编号、干管管径、坡度、标高、立管编号以及散热器片数等均需进行一一标注。

2. 系统轴测图的绘制

(1)以采暖平面图为依据，确定各层标高的位置，带有坡度的干管，绘制成与 x 轴或与 y 轴平行的线段，其坡度用 $\xrightarrow{i=}$ 表示。

(2)从供热入口处开始，先画总立管，后画顶层供热干管，干管的位置、走向一定与采暖平面图一致。

(3)根据采暖平面图，绘出各个立管的位置，以及各层的散热器、支管，绘出回水立管、回水干管以及管路设备的位置。

(4)标明尺寸，对各层楼、地面的标高，管道的直径、坡度、标高，立管的编号，散热器的片数等均需标注。

3. 详图的绘制

详图主要表明采暖平面图和系统轴测图中复杂节点的详细构造及设备安装方法。若采用标准详图，则可以不画详图，只标出标准图集编号。图 4-22 所示为散热器的安装详图。

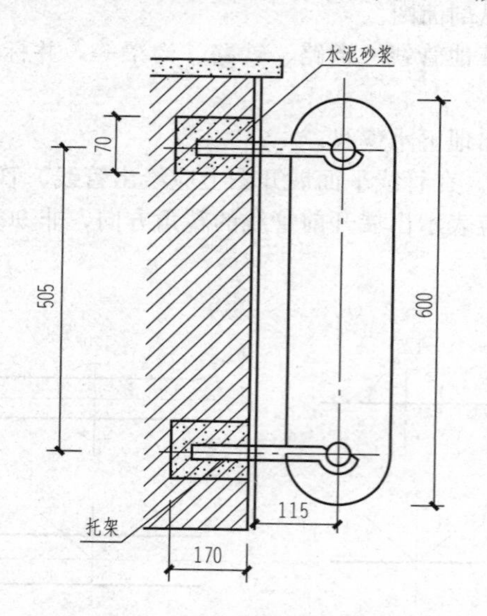

图 4-22　散热器的安装详图

(四)电气工程施工图的绘制

1. 图线

电气工程施工图中各种图线的运用应符合表 4-5 中的规定。

表 4-5　电气工程施工图中常用的线型

<table>
<tr><th colspan="2">图线名称</th><th>线型</th><th>线宽</th><th>一般用途</th></tr>
<tr><td rowspan="6">实线</td><td>粗</td><td></td><td>b</td><td rowspan="2">本专业设备之间电气通路连接线、本专业设备可见轮廓线、图形符号轮廓线</td></tr>
<tr><td rowspan="2">中粗</td><td rowspan="2"></td><td>0.7 b</td></tr>
<tr><td>0.7 b</td><td rowspan="2">本专业设备可见轮廓线、图形符号轮廓线、方框线、建筑物可见轮廓线</td></tr>
<tr><td>中</td><td></td><td>0.5 b</td></tr>
<tr><td>细</td><td></td><td>0.25 b</td><td>非本专业设备可见轮廓线、建筑物可见轮廓线；尺寸、标高、角度等标注线及引出线</td></tr>
<tr><td colspan="4"></td></tr>
<tr><td rowspan="5">虚线</td><td>粗</td><td></td><td>b</td><td rowspan="2">本专业设备之间电气通路不可见连接线；线路改造中原有线路</td></tr>
<tr><td rowspan="2">中粗</td><td rowspan="2"></td><td>0.7b</td></tr>
<tr><td>0.7b</td><td rowspan="2">本专业设备不可见轮廓线、地下电缆沟、排管区、隧道、屏蔽线、连锁线</td></tr>
<tr><td>中</td><td></td><td>0.5b</td></tr>
<tr><td>细</td><td></td><td>0.25b</td><td>非本专业设备不可见轮廓线及地下管沟、建筑物不可见轮廓线等</td></tr>
<tr><td rowspan="2">波浪线</td><td>粗</td><td></td><td>b</td><td rowspan="2">本专业软管、软护套保护的电气通路连接线，蛇形敷设线缆</td></tr>
<tr><td>中粗</td><td></td><td>0.7b</td></tr>
<tr><td colspan="2">单点长画线</td><td></td><td>0.25b</td><td>定位轴线、中心线、对称线；结构、功能、单元相同围框线</td></tr>
<tr><td colspan="2">双点长画线</td><td></td><td>0.25b</td><td>辅助围框线、假想或工艺设备轮廓线</td></tr>
<tr><td colspan="2">折断线</td><td></td><td>0.25b</td><td>断开界线</td></tr>
</table>

2. 安装标高

在电气工程施工图中，线路和电气设备的安装高度需要标注标高，通常采用与建筑施工图相统一的相对标高，或者相对本楼层地面的相对标高。

3. 图形符号和文字符号

在建筑电气施工图中，各种电气设备、元件和线路都是用统一的图形符号和文字符号表示的。应该尽量按照国家标准规定的符号绘制，一般不允许随意进行修改，否则会造成混乱，影响图样的通用性。对于标准中没有的符号可以在标准的基础上派生出新的符号，但要在图中明确加注说明。图形符号的大小一般不影响符号的含义，根据图面布置的需要也允许将符号按 90°的倍数旋转或镜像放置，但文字和指向不能倒置。

4. 电气线路表示方法

常用电气线路表示方法见表 4-6。

表 4-6　常用电气线路表示方法

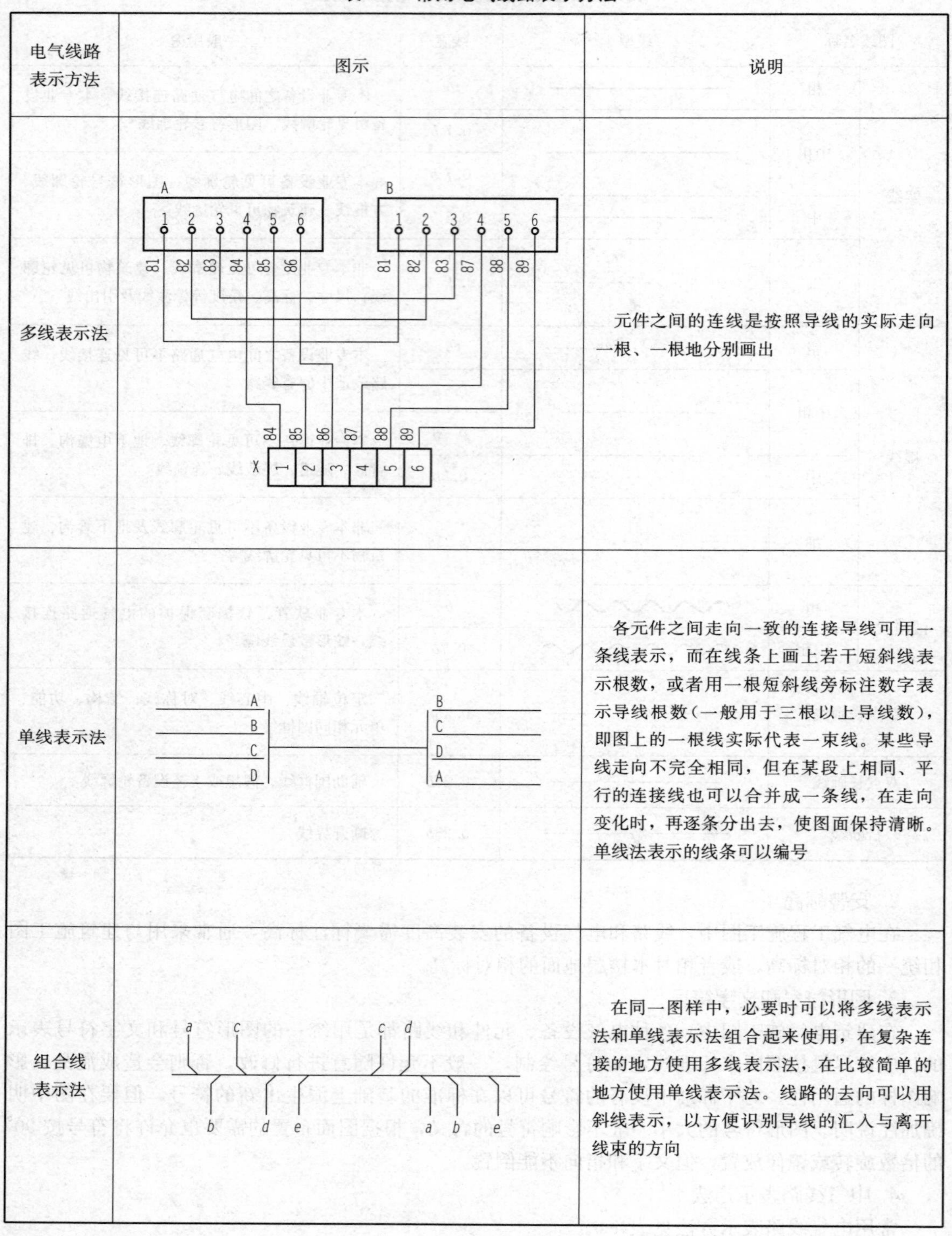

电气线路表示方法	图示	说明
多线表示法	A 1 2 3 4 5 6 81 82 83 84 85 86；B 1 2 3 4 5 6 81 82 83 87 88 89；X 1 2 3 4 5 6 84 85 86 87 88 89	元件之间的连线是按照导线的实际走向一根、一根地分别画出
单线表示法	A B C D；B C D A	各元件之间走向一致的连接导线可用一条线表示，而在线条上画上若干短斜线表示根数，或者用一根短斜线旁标注数字表示导线根数（一般用于三根以上导线数），即图上的一根线实际代表一束线。某些导线走向不完全相同，但在某段上相同、平行的连接线也可以合并成一条线，在走向变化时，再逐条分出去，使图面保持清晰。单线法表示的线条可以编号
组合线表示法	a c c d；b d e a b e	在同一图样中，必要时可以将多线表示法和单线表示法组合起来使用，在复杂连接的地方使用多线表示法，在比较简单的地方使用单线表示法。线路的去向可以用斜线表示，以方便识别导线的汇入与离开线束的方向

5. 电气设备表示方法

常用电气设备表示方法见表 4-7。

表 4-7 常用电气设备表示方法

设备表示方法	图示	说明
一个开关控制一盏灯	(a) L N (b)	通常最简单的住宅照明布置，是在一个房间内设置一盏照明灯，由一只开关控制即可满足需要
两个开关控制一盏灯	(a) L S N (b)	两只双控开关在两处控制一盏灯比较常见，通常用于面积较大或楼梯等住宅空间，便于从两处的位置进行控制
多个开关控制多盏灯	4 (a) L N (b)	现代居家中有些环境如客厅、卧室等的照明需要不同的照度和照明类型，因此需要设置数量不同的灯具形式，用多个开关控制多盏不同类型和数量的灯

十、视图布置

同一张图纸上绘制若干个视图时，各视图的位置应根据视图的逻辑关系和版面的美观决定（图 4-23），每个视图均应在视图下方、一侧或相近位置标注图名。

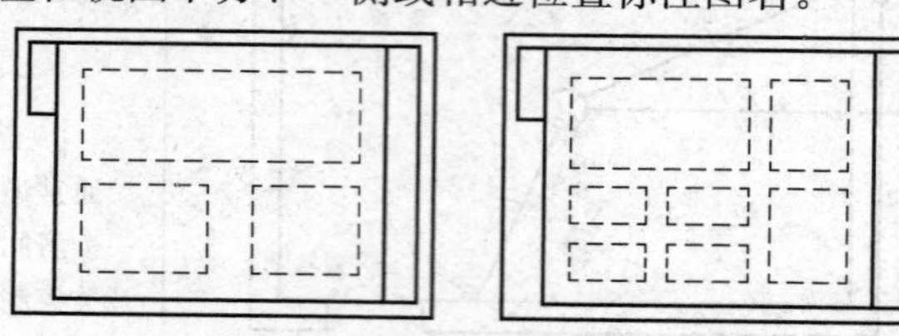

图 4-23　常规的布图方法

十一、其他规定

房屋建筑室内装饰装修构造详图、节点图，应按正投影法绘制。表示局部构造或装饰装修的透视图或轴测图及房屋建筑室内装饰装修制图中的简化画法可按现行国家标准《房屋建筑制图统一标准》(GB/T 50001—2017)的规定绘制。

第五章 轴测图和透视图绘制

第一节 轴测图

建筑装饰装修工程施工实践中常用两个或两个以上的正投影图表示形体的构件和大小，因为正投影图具有度量性好、绘图简便的特点，但由于每个正投影图只反映构件的两个尺度，给施工图的识读带来很大的困难，识读施工图时必须将两个或两个以上的正投影图联系起来，利用正投影的知识才能想象出形体的空间形状。所以，正投影的直观性差，识读较难。为了便于读图，工程中常在正投影图的旁边，再用一种富有立体感的投影图来表示形体，这种图样称为轴测投影图，简称轴测图。

轴测投影图是根据平行投影的原理，把形体连同三个坐标轴一起投射到一个新投影面上所得到的单面投影图。它可以在一个图上同时表示形体长、宽、高三个方向的形状和大小，图形接近人们的视觉习惯，具有立体感，比较容易看懂，但它与正投影图相比不能准确地反映形体各部分的真实形状和大小，因而应用上有一定的局限性，在建筑装饰制图中一般作为辅助图样。

一、轴测投影的形成及有关术语

1. 轴测投影的形成

根据平行投影的原理，把形体连同确定其空间位置的三条坐标轴 OX、OY、OZ 一起沿着不平行于这三条坐标轴的方向，投影到新投影面 P 上，所得到的投影称为轴测投影，如图 5-1 所示。

认识轴测投影图

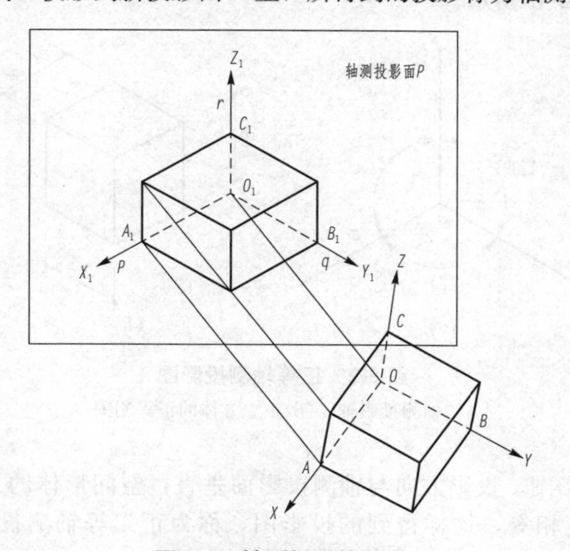

图 5-1 轴测投影的形成

由于轴测投影是根据平行投影原理形成的，因此轴测投影具有平行投影的特点，其特点主要包括平行性、定比性和真实性。

(1)平行性。形体上原来互相平行的线段，轴测投影后仍然平行。

(2)定比性。形体上原来互相平行的线段长度之比，等于相应的轴测投影之比。

(3)真实性。所有与轴测投影面平行的直线或平面，其轴测投影均反映实长或实形。

2. 轴测投影的有关术语

结合图 5-1 将轴测投影的有关术语作如下解释：

(1)轴测投影面。在轴测投影中，投影面 P 称为轴测投影面。

(2)轴测轴。直角坐标轴的轴测投影称为轴测投影轴，简称轴测轴，用 O_1X_1、O_1Y_1、O_1Z_1 表示。

(3)轴间角。在轴测投影面 P 上，三个轴测投影轴 O_1X_1、O_1Y_1、O_1Z_1 之间的夹角 $\angle X_1O_1Y_1$、$\angle Z_1O_1Y_1$、$\angle Z_1O_1X_1$ 称为轴间角。

(4)轴向伸缩系数。在轴测投影图中，轴测投影轴上的单位长度与相应坐标轴上的单位长度之比称为轴向伸缩系数，也称为轴向变形系数，用 p、q、r 表示。

X 轴的轴向伸缩系数：　　$p=O_1X_1/OX$；

Y 轴的轴向伸缩系数：　　$q=Q_1Y_1/OY$；

Z 轴的轴向伸缩系数：　　$r=Q_1Z_1/OZ$。

二、轴测图的分类

根据投影方向与投影面的相对位置，轴测图可分为正轴测投影图和斜轴测投影图两大类。

1. 正轴测投影图

当轴测投影方向垂直于轴测投影面时，得到的轴测图称为正轴测投影图，也称正轴测图。正轴测图按照形体上直角坐标轴与轴测投影面的倾角不同，可分为正等轴测投影图、正二等轴测投影图和正三等轴测投影图。

(1)正等轴测投影图。投影方向与轴测投影面垂直，空间形体的三个坐标轴与轴测投影面的倾斜角度相等，这样得到的投影图称为正等轴测投影图，简称正等测图，如图 5-2 所示。在正等测图中，轴间角均为 120°，如图 5-2(a)所示；三个轴向变形系数相等，$p=q=r=0.82$，通常取 $p=q=r=1$，如图 5-2(b)所示。

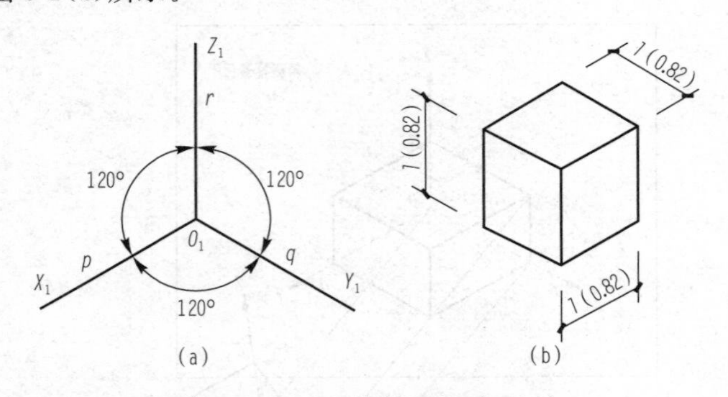

图 5-2　正等轴测投影图

(a)轴测投影轴；(b)正立方体的正等测图

(2)正二等轴测投影图。投影方向与轴测投影面垂直，空间形体的三个坐标轴只有两个与轴测投影面的倾斜角度相等，这样得到的投影图，称为正二等轴测投影图，简称正二测图，如图 5-3 所示。在正二测图中，三个轴的轴间角有两个相等，OX、OZ 轴的轴向变形系数均为 0.94，OY 轴的轴向变形系数为 0.47，如图 5-3（a)所示。为了作图方便，取 p 和 r 为 1，q 为 0.5，这样作出的轴测图比实际的轴测图略大一些，如图 5-3（b)所示。O_1Z_1 轴作成铅垂线，O_1X_1 轴与水平线的夹角是 $7°10'$，O_1Y_1 轴与水平线的夹角为 $41°25'$。在实际作图时，不需要用量角器准确画轴间角，可用近似方法作图，即 O_1X_1 采用 1∶8，O_1Y_1 采用 7∶8 的方法，如图 5-3（c)所示。

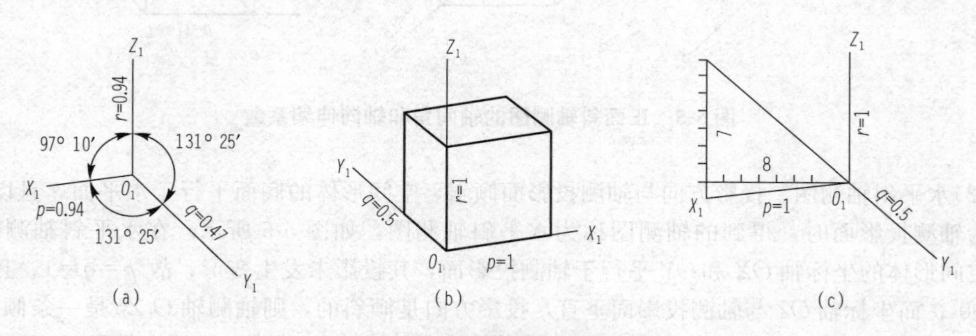

图 5-3　正二等轴测投影图

(a)轴间角；(b)正立方体的正二测图；(c)轴向伸缩系数

(3)正三等轴测投影图。正三等轴测投影图简称正三测图。在正三测图中，三个轴的轴间角不等，轴向伸缩系数 $p=0.871$，$q=0.961$，$r=0.554$，即 $p\neq q\neq r$。具体作图时，为简便计算，可取 $p=0.9$，$q=1$，$r=0.6$，如图 5-4 所示。

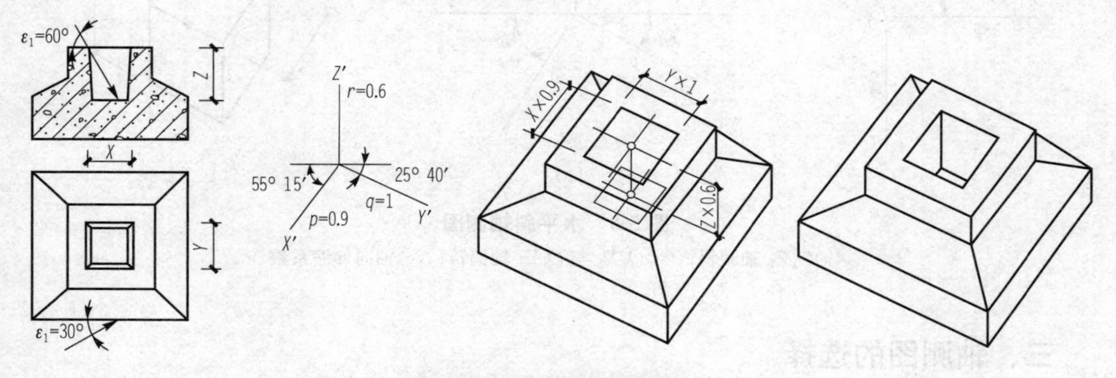

图 5-4　正三等轴测投影图

2. 斜轴测投影图

当轴测投影方向倾斜于轴测投影面的轴测投影时，得到的轴测图称为斜轴测投影图。斜轴测投影图可分为正面斜轴测图和水平斜轴测图。

(1)正面斜轴测图。正面斜轴测图也称作正面斜二测图。当形体的正立面平行于轴测投影面时，投影方向与轴测投影面倾斜所作的轴测图，称为正面斜轴测图，也叫作斜二测图，如图 5-5 所示。正面斜轴测图的轴间角分别为 $\angle X_1O_1Y_1=\angle Y_1O_1Z_1=135°$，$\angle Z_1O_1X_1=90°$。轴向变形系数 $p=r=1$，$q=0.5$。由于正面斜轴测图的轴向变形系数 $p=r=1$，轴间角 $\angle Z_1O_1X_1=90°$，所以，在正面斜轴测图中，形体的正立面不发生变形。

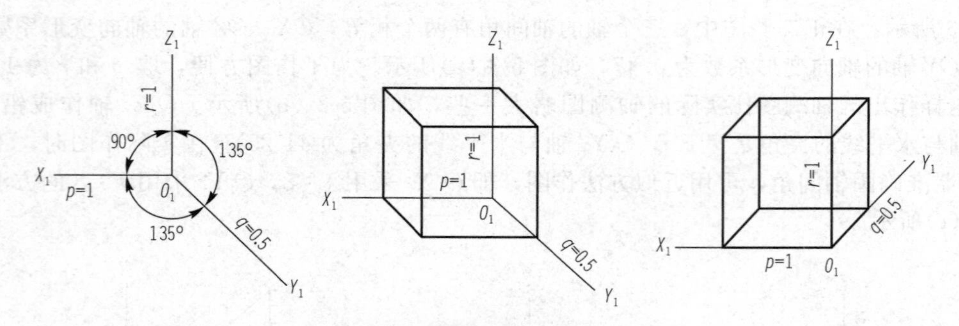

图 5-5　正面斜轴测图的轴间角和轴向伸缩系数

(2)水平斜轴测图。投影方向与轴测投影面倾斜，空间形体的底面平行于水平面，且以水平面作为轴测投影面时，得到的轴测图称为水平斜轴测图，如图 5-6 所示。在水平斜轴测图中，由于空间形体的坐标轴 OX 和 OY 平行于轴测投影面，其投影未发生变形，故 $p=q=1$，且轴间角为 90°；而坐标轴 OZ 与轴测投影面垂直，投影方向是倾斜的，则轴测轴 O_1Z_1 是一条倾斜线，变形系数 r 小于 1，为方便作图，选定 $r=1$，其方向如图 5-6(a)所示。习惯上常取 O_1Z_1 轴垂直向上，而将 O_1X_1 与 O_1Y_1 轴相应偏转一个角度，如图 5-6 (b)所示。

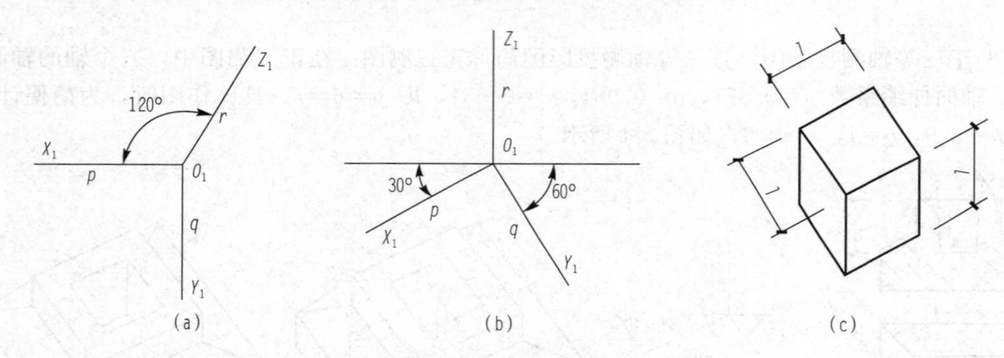

图 5-6　水平斜轴测图

(a)O_1Z_1 轴倾斜；(b)O_1X_1 与 O_1Y_1 轴偏转；(c)轴向伸缩系数

三、轴测图的选择

轴测投影图的种类丰富，在建筑装饰装修工程制图中，究竟采用哪一种轴测图较为方便，要根据具体的立体形状确定。选择轴测投影图的目的是直观、形象地表示物体的形状和构造。

轴测投影图能将形体的立体形状直观地反映出来，但对于一个形体，采用轴测图的种类不同，采用的投影方向不同，得到的轴测图立体效果也不同。因此，作轴测图时，分析形体的形状，选择合理的轴测图和轴测投影方向是作好轴测图的关键。

1. 轴测图种类的选择

轴测图种类的选择应遵循下列原则：

第一，作图方便。对于同一个形体，选用轴测图的种类不同，其作图的复杂程度也不同。对于一般的形体而言，由于正等测图的轴向变形系数相同，且等于 1，轴间角也相同，作图较容易。但对于一些正面形状较复杂或宽度相等的形体，则由于正面斜轴测图的正立面不发生变形，作图较容易，如图 5-7 所示。

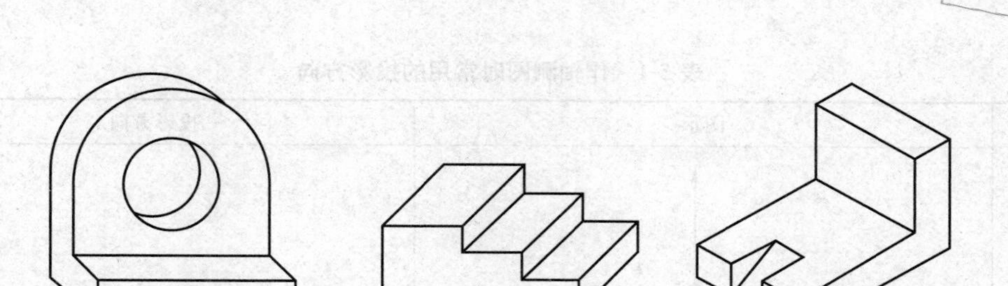

图 5-7　轴测图的比较

(a)正面不发生变形(正面斜轴测图)；(b)宽度相等(正面斜轴测图)；(c)正等测图

第二，减少遮挡。对于一些内部有孔洞的形体选择的轴测投影图应能更充分地表现形体的线与面，立体感鲜明、强烈。如果是前后穿孔的形体，应选择正面斜轴测图；如果是上下穿孔的形体，应选择正等测图。

第三，避免转角处的交线投影成一条直线。如图 5-8 (b)所示，基础的转角处交线，恰好位于与 V 面成 45°倾角的铅垂面上，这个平面与正等测图的投影方向平行，结果转角处的交线在正等测图上投影成一条直线，为避免这种情况发生，应选择图 5-8 (c)所示的投影方法。

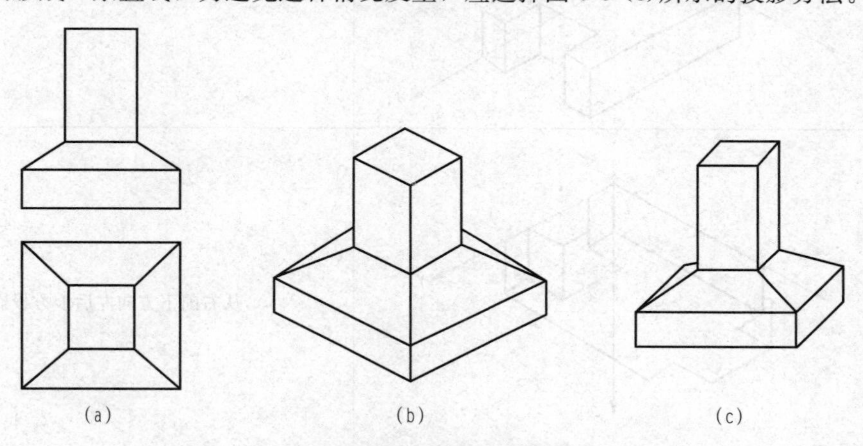

图 5-8　避免转角交线投影成直角

(a)正投影图；(b)正等轴测图；(c)正面斜轴测图

总之，在实际建筑装饰装修工程制图中，应因地制宜，根据所要表达的内容选择适宜的轴测投影图，具体考虑以下几点：

第一，形体三个方向及表面交接较复杂时，宜选用正等测图，但遇形体的棱面及棱线与轴测投影面成 45°方向时，则不宜选用正等测图，而应选用正二测图较好。

第二，正二测图立体感强，但作图较烦琐，故常用于画平面立体。

第三，斜二测图能反映一个方向平面的实形，且作图方便，故适于画单向有圆或断面特征较复杂的形体。水平斜二测图常用于建筑制图中绘制建筑单体或小区规划的鸟瞰图等。

2. 轴测图投影方向的选择

作形体轴测图时，投影方向选择不当，其轴测投影图的直观效果将受到影响，作形体轴测图时，常用的投影方向见表 5-1。

表 5-1　作轴测图时常用的投影方向

序号	图示	投影方向
1	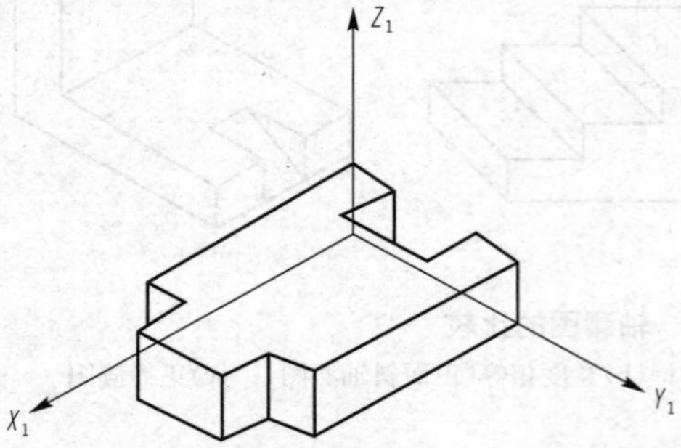 Z_1 X_1 Y_1	从左前上方向右后下方投影
2	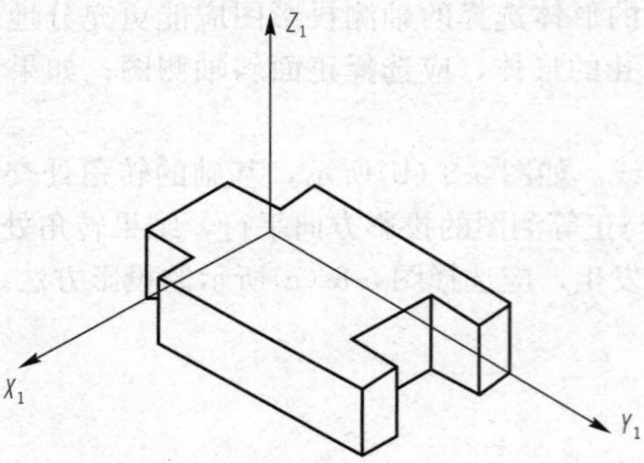 Z_1 X_1 Y_1	从右前上方向左后下方投影
3	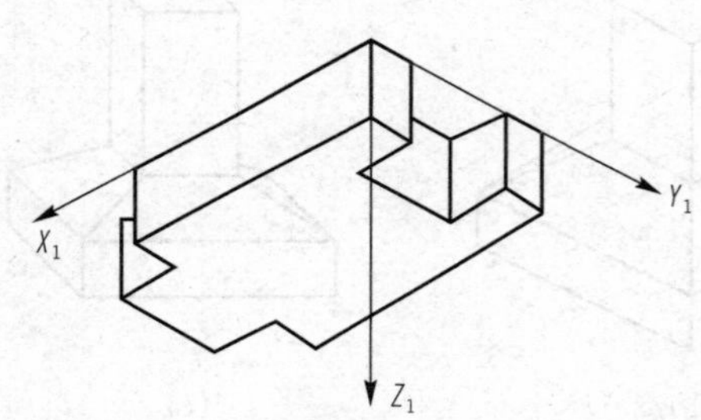 Y_1 X_1 Z_1	从右前下方向左后上方投影
4	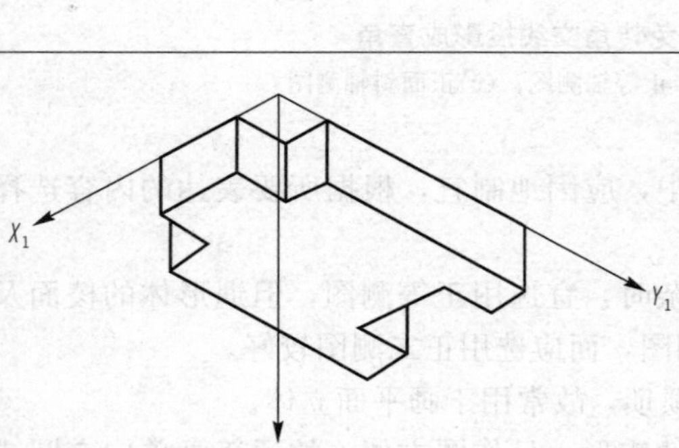 X_1 Y_1 Z_1	从左前下方向右后上方投影

图 5-9 所示为柱顶节点图，对于该图，选择从下向上的投影方向，才能把柱顶节点表达清楚，若从上往下投影，则只能看到楼板。

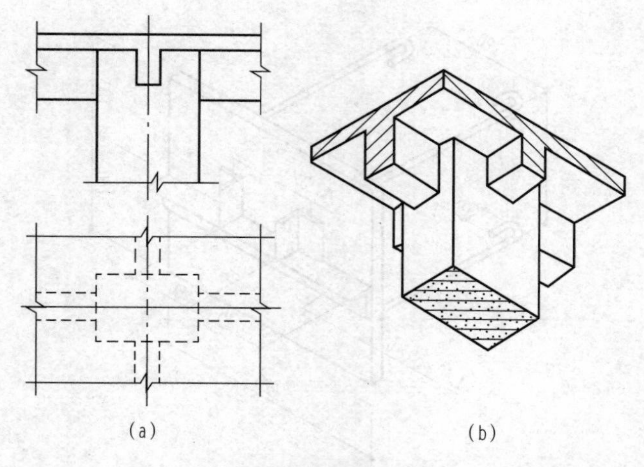

图 5-9　柱顶节点图

(a)正投影图；(b)轴测图

四、轴测图的画法

(1)在轴测图中，p、q、r 可分别表示 OX 轴、OY 轴、OZ 轴的轴向伸缩系数，用轴向伸缩系数控制轴向投影的大小变化。房屋建筑的轴测图宜采用正等测投影并用简化轴向伸缩系数绘制，即 $p=q=r=1$，如图 5-10 所示。

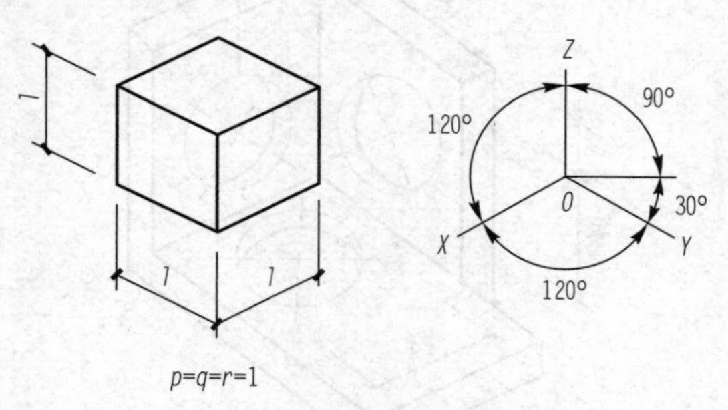

图 5-10　正等测图的画法

(2)轴测图的可见轮廓线宜用 0.5b 线宽的实线绘制，断面轮廓线宜用 0.7b 线宽的实线绘制。不可见轮廓线可不绘出，必要时，可用 0.25b 线宽的虚线绘出所需部分。

(3)在轴测图的断面上应画出其材料图例线，图例线应按其断面所在坐标面的轴测方向绘制。如以 45°斜线为材料图例线时，应按图5-11 所示绘制。

(4)轴测图线性尺寸应标注在各自所在的坐标面内，尺寸线应与被注长度平行，尺寸界线应平行于相应的轴测轴，尺寸数字的方向应平行于尺寸线，如出现字头向下倾斜时，应将尺寸线断开，在尺寸线断开处水平方向注写尺寸数字。轴测图的尺寸起止符号宜用小圆点(图 5-12)。

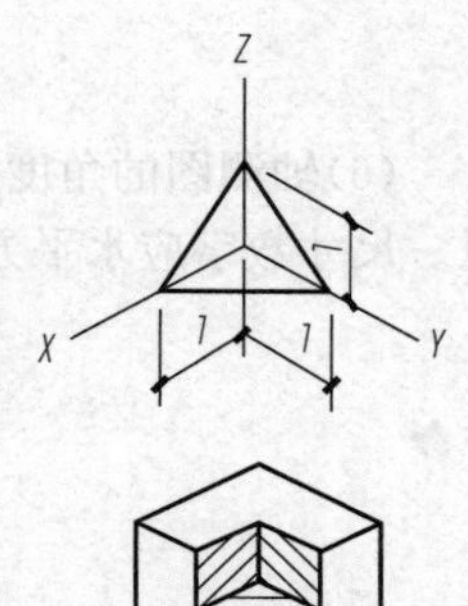

图 5-11　轴测图断面图例线画法

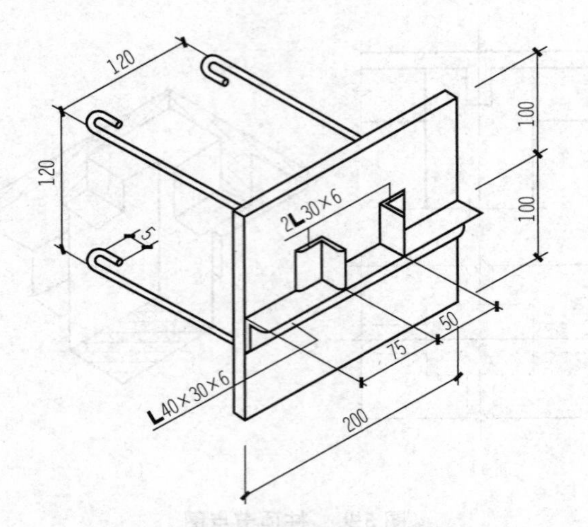

图 5-12 轴测图线性尺寸的标注方法

(5)轴测图中的圆直径尺寸，应标注在圆所在的坐标面内；尺寸线与尺寸界线应分别平行于各自的轴测轴。圆弧半径和小圆直径尺寸也可引出标注，但尺寸数字应注写在平行于轴测轴的引出线上(图 5-13)。

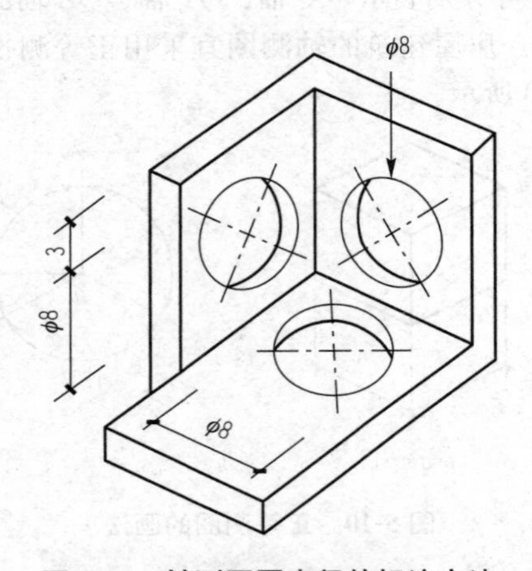

图 5-13 轴测图圆直径的标注方法

(6)轴测图的角度尺寸，应标注在该角所在的坐标面内，尺寸线应画成相应的椭圆弧或圆弧。尺寸数字应水平方向注写(图 5-14)。

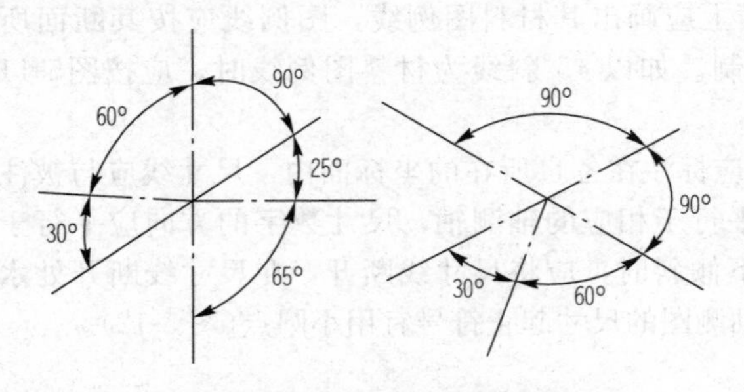

图 5-14 轴测图角度的标注方法

第二节　透视图

透视投影图简称透视图(或透视)，它不同于轴测投影图的平行投影，它是由人眼引向物体的视线与画面的交点组合而成，是以人的眼睛为中心的中心投影，符合人的近大远小的视觉特点。房屋建筑设计中的效果图宜采用透视图。透视图中的可见轮廓线宜用 0.5b 线宽的实线绘制。不可见轮廓线可不绘出，必要时，可用 0.25b 线宽的虚线绘出所需部分。

一、透视图的形成及有关术语

(一)透视图的形成

透视图是利用中心投影法绘制的，如图 5-15 所示。在人与物体之间设一个画面，假设人眼与物体的各顶点连线都与画面交于一点，则这些交点就是相应的顶点在画面上的透视。连接各点，就可以得到物体在画面上的透视图。

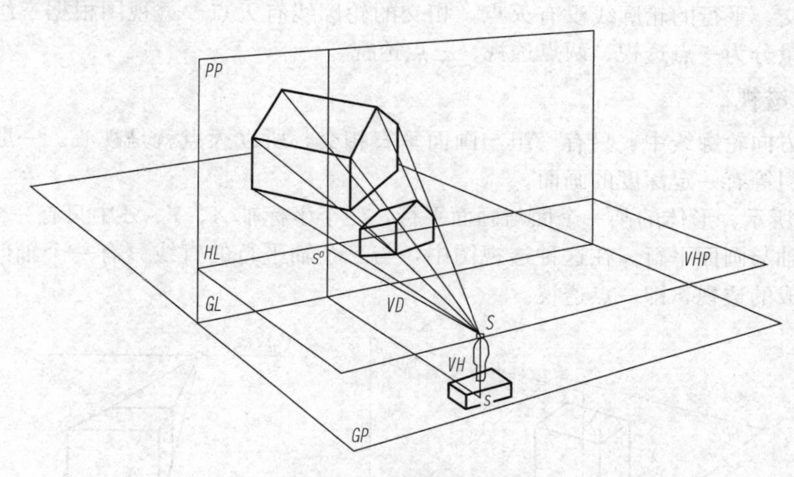

图 5-15　透视图的形成

透视图与正投影图相比，具有如下特点：

(1)近高远低。即等高的形体，与画面距离越近越高，越远越低。

(2)近宽远窄。即等宽的形体，与画面距离越近越宽，越远越窄。

(3)近大远小。即体量相等的物体，与画面距离越近越大，越远越小。

(4)与画面平行的线，在透视图中仍然相互平行。

(二)透视图的有关术语

结合图 5-15 将透视图有关术语做简单的介绍：

(1)基面。即放置物体的水平面，也可看作观察者站立的地平面，是建筑装饰装修设计中的基础平面，用符号 GP 或字母 H 表示。

(2)画面。投影图所在的平面，即铅垂面，用符号 PP 或字母 K 表示。

(3)基线。也称地平线，基面与画面的交线，常用符号 *GL* 表示。

(4)站点。表示观察者站立的位置，常用小写字母 *s* 表示。

(5)视点。表示观察者眼睛所在的位置，常用大写字母 *S* 表示。

(6)视心。也称心点或主点，即视点在画面上的正投影，视点与视心的连线垂直于画面，常用符号 s^0 表示。

(7)视高。视点与站点间的距离，用符号 *VH* 表示。

(8)视距。视点到画面的距离，用符号 *VD* 表示。

(9)视线。视点与物体上任意一点的连线，用符号 *VL* 表示。

(10)视平面。过视点的水平面，用符号 *VHP* 表示。

(11)视平线。视平面与画面的交线，用符号 *HL* 表示。

(12)基点。空间点在基面上投影。

(13)灭点。也称消失点，是直线上无穷远的透视点，凡平行于基面的直线，灭点的位置在视平线上，与画面相交的一组平行线在画面上共有一个灭点。

二、透视图的分类

根据物体与画面相对位置的不同，物体长、宽、高三个主要方向的轮廓线，与画面可能平行，也可能相交。平行的轮廓线没有灭点，相交的轮廓线有灭点。透视图根据三组主要方向轮廓线灭点的数量分为一点透视、两点透视、三点透视。

(一)一点透视

三组主要方向轮廓线中，只有一组与画面垂直相交，所以灭点就是视心。一般用来表现室内、街景、大门等有一定深度的画面。

如图 5-16 所示，形体的某一个面与画面平行，三个坐标轴 *X*、*Y*、*Z* 中只有一个轴与画面垂直，另外两个轴与画面平行。在这种透视图中，与三个轴平行的直线只有一个轴向的透视线有灭点，这样形成的透视，即一点透视。

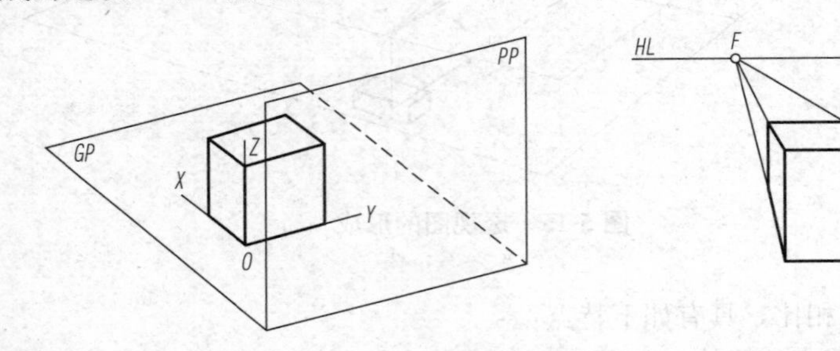

图 5-16　一点透视的形成

(二)两点透视

三组主要方向轮廓线中，有两组与画面相交，高度方向与画面平行。由于两个相交的垂直立面与画面成一定夹角，故称为两点透视，也称为成角透视。

如图 5-17 所示，形体的三个坐标轴 *X*、*Y*、*Z* 中，任意两个轴(通常为 *X*、*Y* 轴)与画面倾斜相交，第三轴(*Z* 轴)与画面平行。与画面相交的两个轴向的透视线有灭点，这样形成的透视即两点透视。

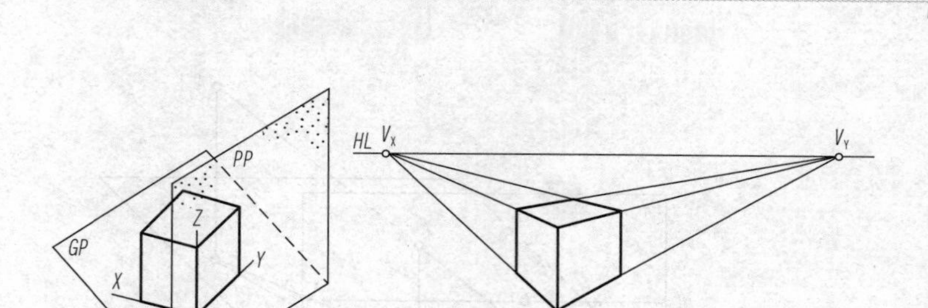

图 5-17　两点透视的形成

(三)三点透视

当画面倾斜于基面时，物体的三组主要方向轮廓线均与画面相交，画面上有三个方向的灭点，故称为三点透视。

图 5-18 所示即三点透视的形成，它常用于绘制高层建筑，失真较大，绘制也较烦琐，建筑装饰装修工程中不常用。

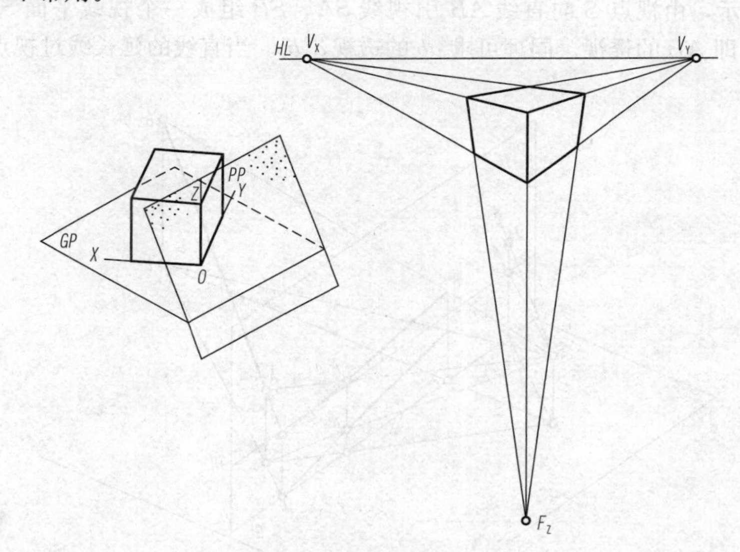

图 5-18　三点透视的形成

三、透视图的基本规律

(一)点的透视

点的透视即通过该点的视线在画面上的交点，如图 5-19 所示视线 SA 与画面 PP 的交点 A^0，即空间 A 点的透视，但此时，A 并不具有可逆性，也就是说所有位于视线 SA 上的点，其透视均重合于 A^0。图 5-19 中还作出 A 点的正投影 a 的透视 a^0，称为 A 点的基透视。由于投影线 Aa 为铅垂线，视平面 SAa 为铅垂面，因此，视平面 SAa 与画面 PP 的交线 A^0a^0 也是一条铅垂线。由图 5-19 得出的结论是：点的透视及其基点的透视总是位于同一条铅垂线上。

在图 5-19 中，a_0 为站点 s 与基点 a 的连线与基线 GL 的交点，在透视图中主要用于确定一个点的左右位置。

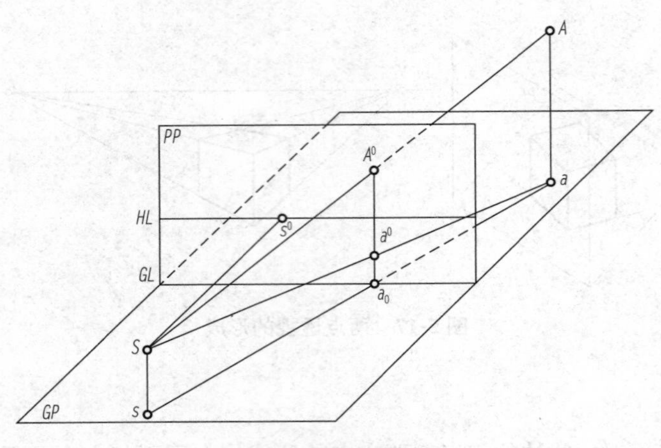

图 5-19　点的透视

(二)直线的透视

如图 5-20 所示，由视点 S 向直线 AB 引视线 SA、SB 组成一个视线平面 SAB，与画面相交，交线 A^0B^0，即 AB 的透视。同理可求 ab 的透视 a^0b^0。当直线的延长线过视点时，直线的透视为一点。

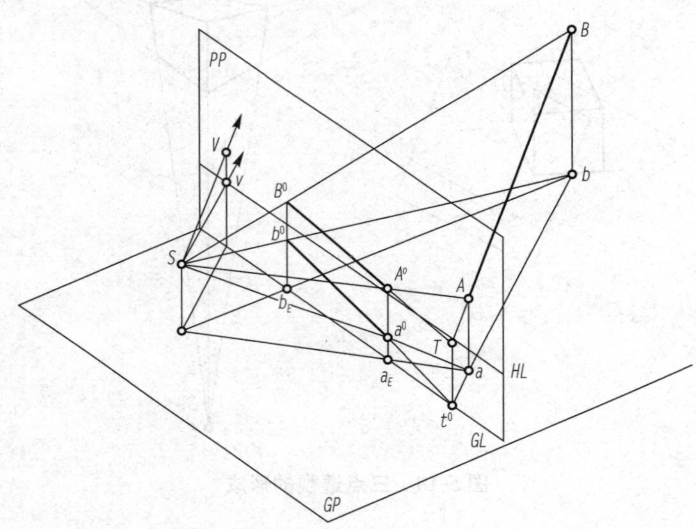

图 5-20　直线的透视及迹点和灭点

直线与画面的交点称为直线的迹点。任何与画面相交的直线，延长后与画面相交于迹点。迹点的透视是其本身，其基透视在基线上。直线的透视必通过直线的画面迹点，基透视必通过迹点的基透视。如图 5-20 所示，AB 延长后与画面 PP 相交于 T，T 即直线 AB 在画面 PP 上的迹点，透视为其本身，且 A^0B^0 必通过 T，a^0b^0 必通过 t^0。

直线上无穷远点的透视点称为灭点，一组相互平行的直线共用一个灭点；画面垂直线的灭点即心点；画面平行线没有灭点。如图 5-20 所示，自视点 S 向无限远点引视线 $SV /\!/ AB$，则 SV 与画面 PP 的交点 V 即 AB 的灭点。直线 AB 的透视一定通过直线的灭点 V。同理可求 AB 的基灭点 v。直线的基灭点一定在视平线 HL 上，且 Vv 垂直于视平线 HL。

四、平面立体透视图的画法

(一)两点透视的画法

两点透视又称为成角透视，因物体的两个立面均与画面成倾斜角度。其作图的方法和步骤如下。

1. 视点和画面位置的确定

在现实生活中，我们可以在不同的角度观察和欣赏建筑装饰物，由于我们的站立位置与观察角度的不同，对其产生的印象也不同。同样的道理，画透视图也要选择好视点与视角，才能画出效果良好的透视图。

透视图是观看者的视线与画面相交形成的图形，而人眼不动时观看的范围是有限的。如图 5-21所示，人眼的视野范围一般看成以视点为顶点，锥顶角为 60°的正圆锥，称为视锥，其与画面的相交圈称为视圈，圈内范围称为视阈。视锥的顶角称为视角，视角通常控制在 60°以内，以 30°～40°为佳，大于 60°时就会使透视图失真。

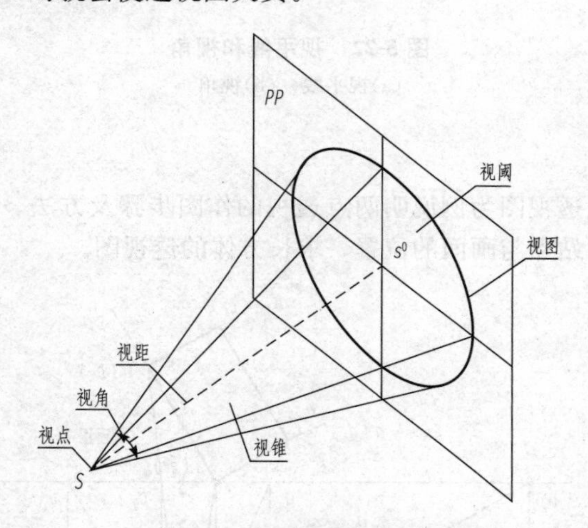

图 5-21　人眼不动时的视阈

(1)视点的确定。确定视点应首先确定站点的位置及视平线的高度。

在平面图上确定站点应注意保证视角大小合适，透视应能反映建筑物的形体特点。

视高一般可按人的身高确定(1.5～1.8 m)，此外，若想表现的形体较高，应适当提高视高，若想表现的形体较低，应适当降低视高。

(2)画面位置的确定。

①偏角的确定。画面与形体之间的夹角称为偏角，偏角的大小对透视效果影响较大。偏角小，灭点远，收敛平缓，该立面宽阔。一般采用与主立面成 30°左右为宜。

②画面前后位置的确定。因为在画面前面的形体的透视比实际要大，所以有时为了放大透视，可将形体放在画面前面。

2. 视平线和视角的确定

(1)通过视点 S 作一个视平面，所有水平的视线都在视平面 VHP 上，它与画面的交线为视平线 HL，很明显，视平线平行于基线，它们之间的距离等于视高[图 5-22(a)]。

(2)在画面上[图 5-22(b)]，用与实际形体平面图同样的比例，取距离等于视点的高度，画直线平行于基线 GL，就是视平线 HL。

(3)在基面上从站点 s 引两条直线分别与长方体的最左最右两侧棱相接，所形成的夹角称为视角，一般要求视角为 30°～40°。主视线大致是视角的分角线。

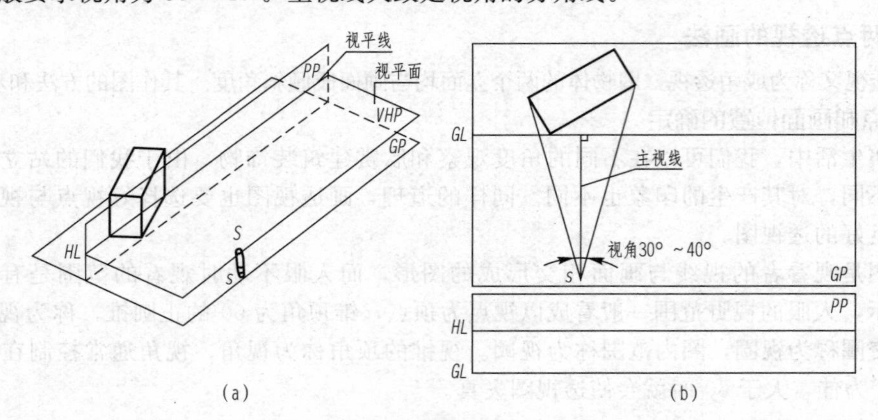

图 5-22 视平线和视角

(a)视平线；(b)视角

3. 作图步骤及方法

下面以长方体的两点透视图为例说明两点透视的作图步骤及方法。如图 5-23 所示，已知长方体的平面图与立面图、站点与画面的位置，求长方体的透视图。

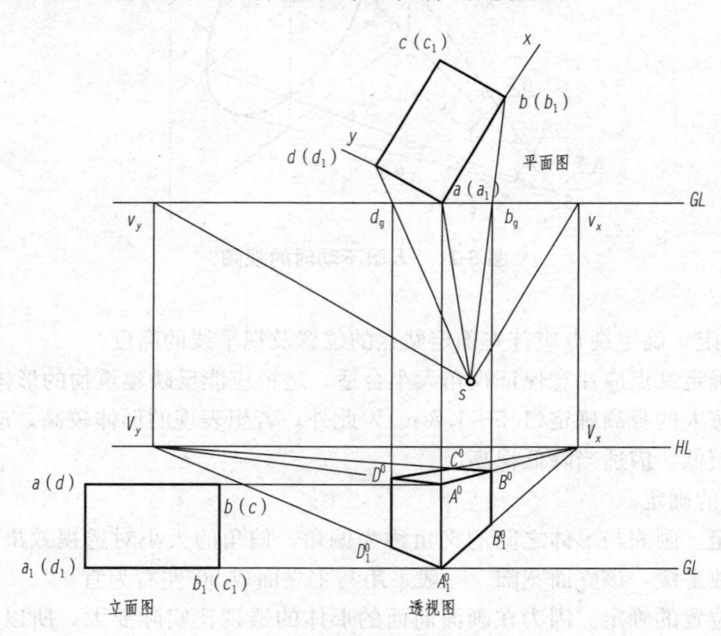

图 5-23 求长方体的透视图

【解】 作图：

(1)在基面上，过站点 s 作四棱柱长、宽方向的平行线与 GL 交于 v_x、v_y。自 v_x、v_y 引垂线与 HL 交于 V_x、V_y。

(2)因 A_1 是画面上的点，透视高度即实际高度。自平面图上 $a(a_1)$ 点引垂线 $A_1^0A^0$ 与 GL 交

于 A_1^0 点，自立面图上引高线与 $A_1^0A^0$ 交于 A^0 点。

(3)连 $A_1^0V_x$、A^0V_x 为直线 A_1B_1、AB 的透视方向，在平面图上连 $sb(b_1)$ 与 GL 线交于 b_g，自 b_g 引垂直线与 $A_1^0V_x$、A^0V_x 相交得 B_1^0、B^0。

(4)通过上述方法可求 D^0、D_1^0。

(5)因直线 $DC/\!/D_1C_1$、$BC/\!/B_1C_1$，所以 D^0V_y、B^0V_x 的交点为 C 点的透视 C^0。

(6)连接各相应的透视点，即得长方体的透视图。

(二)一点透视的画法

当画面同时平行于形体的高度方向和长度方向时，平行于这两个方向的直线的透视，都没有灭点，这种透视称为一点透视。它的作图方法和两点透视作图基本相同。

例如：欲求某建筑装饰形体的一点透视图。

【解】 作图：

可先将立面图画在基线 GL 上，如图 5-24 所示。在基面上连接 sb、sc，与基线 GL 相交于 b_g、c_g；在画面上连接 s^0 与 a^0、s^0 与 A；过 b_g 引铅垂线与 s^0a^0、s^0A 相交得点 b^0、B^0；过 b^0、B^0 作平行线与过 c_g 的铅垂线交于 c^0、C^0；依次求作各点，得到 T 形块体的透视。

图中为了节省图幅，将基面与画面展开时重叠了一部分，站点 s 位于心点 s^0 之下。作图时要注意连接同名投影。但无论画面与基面的相对位置是否重叠，其透视效果是不变的。

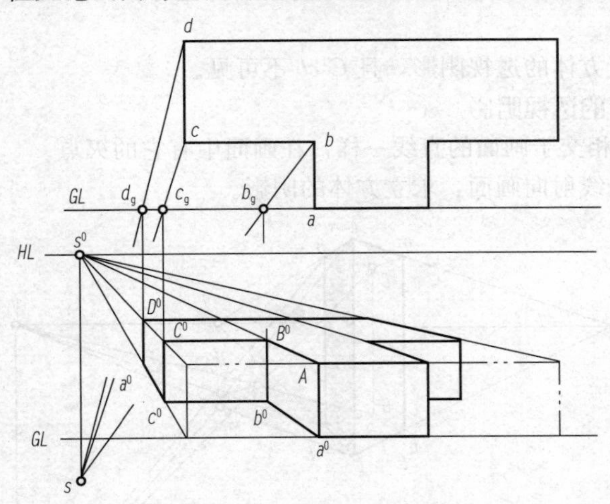

图 5-24　求 T 形块体的透视

五、透视阴影与虚影

(一)透视阴影

阴影是光线照射物体时，物体表面上不直接受光的阴暗部分，而透视阴影则是在物体的透视图中画出阴影的投影，以增加透视图的真实感和立体感。透视图中的阴影是按设想的光源，选定方位和高度，直接在透视图上求作的。

绘制透视阴影，一般采用平行光线。光线的透视具有平行直线的透视特性。平行光线根据它与画面的相对位置的不同又分为两种情况：一种是平行于画面的平行光线，称为画面平行光线；另一种是与画面相交的平行光线，称为画面相交光线。

1. 画面平行光线下的透视阴影

画面平行光线，同平行于画面的直线一样，在画面上没有灭点，仍互相平行。

如图 5-25 所示，已知光源在左，光线投射方向与画面平行，高度角为 45°，求立方体的透视阴影。

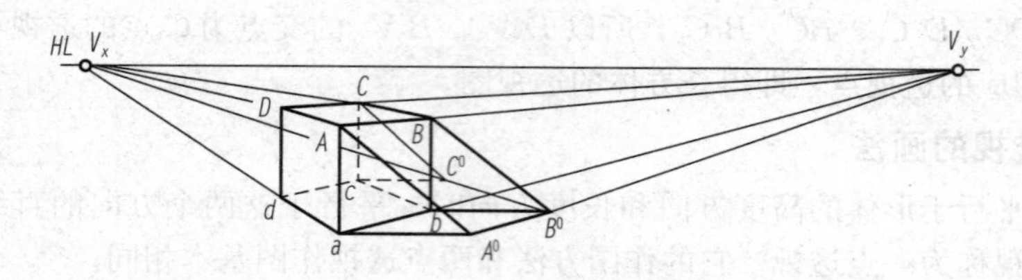

图 5-25　立方体的透视阴影

【解】 作图：

(1)自 a 作平行于 HL 的直线与过 A 点作的 45°向下倾斜线交于 A^0，A^0 即 A 点在地面上的落影；自 c 作平行于 HL 的直线与过 C 点作的 45°向下倾斜线交于 C^0，C^0 即 C 点在地面上的落影。铅垂线 Aa、Cc 在地面的落影分别为水平线 aA^0、cC^0。

(2)连接 A^0V_y，直线 A^0V_y 与过 B 点作的 45°向下倾斜线交于 B^0，B^0 即 B 点在地面上的落影。

(3)连接 B^0C^0。

(4)$aA^0B^0C^0cb$ 即立方体的透视阴影，且 C^0cb 不可见。

2. 画面相交光线下的透视阴影

画面相交光线，同相交于画面的直线一样，在画面中有它的灭点。

如图 5-26 所示，光线射向画面，求立方体的阴影。

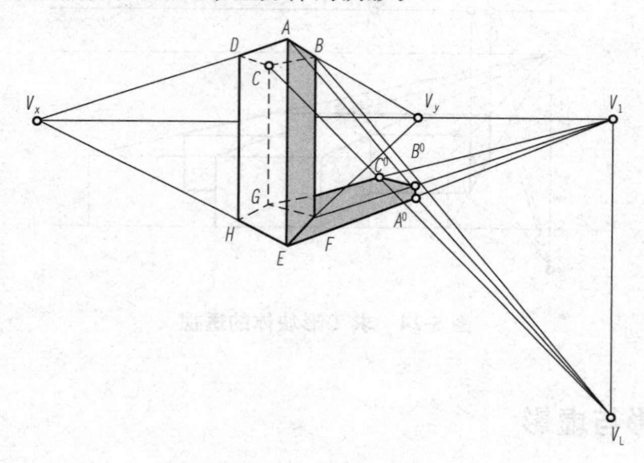

图 5-26　立方体的阴影

【解】 作图：

先求出点 A、B、C 的落影，自点 A、B、C 向 V_L 作光线的透视，分别与光线的基透视 V_1E、V_1F、V_1G 相交于 A^0、B^0、C^0，连接 A^0B^0、B^0C^0，得到立方体的阴影。可知，A^0B^0 的灭点为 V_y，B^0C^0 的灭点为 V_x。

(二)透视图中的倒影与虚像

在现实生活中，我们可以在水面上看到物体的倒影，在镜面中看到物体的虚像。它们的形成原理，就是物理学上光的镜面成像的原理。物体在平面镜里的像，跟物体的大小相同，互相对称(以镜面为对称面)。设计者常在建筑装饰透视图上，根据实际需要，画出这种倒影和虚像，以增强图面效果。在透视图中作形体的倒影或虚像，实质上是作出与该形体关于反射面的对称的像的透视。

1. 倒影

由于水面是水平面，所以空间一个点与其在水中的倒影的连线是一条铅垂线，与画面平行。因此，该点与其倒影对水面的垂足的距离，在透视图中仍保持相等。倒影的形成如图 5-27 所示。

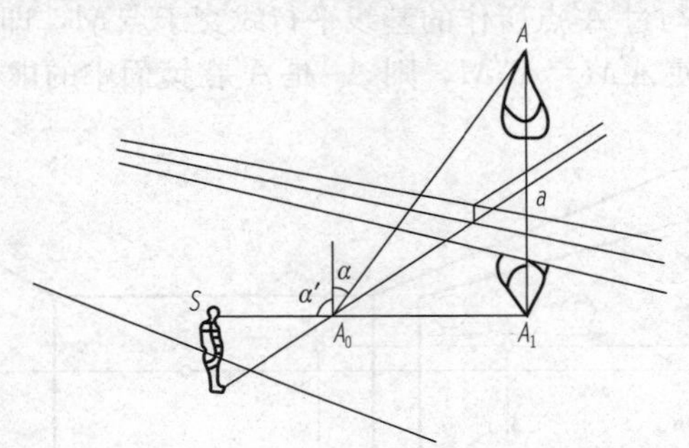

图 5-27　倒影的形成

AA_0 和 A_0S 分别为入射光线和反射光线，位于水面的同一个垂直面内，且入射角与反射角相等，即 $\alpha=\alpha'$。现延长 SA_0，与过 A 点的垂线交于 A_1 点。连接 AA_1，与水面交于 a 点。则直角三角形 AA_0a 和 A_1A_0a 全等，故 $Aa=A_1a$，应注意到 a 点即 Aa 直线和 A_1a 直线的对称点。也就是说，人在 A_0 处看到的 A 点，与同时又直接看到 A 点对称于水面的倒影 A_1 点一样。

如图 5-28 所示，作平顶房屋的水中倒影。

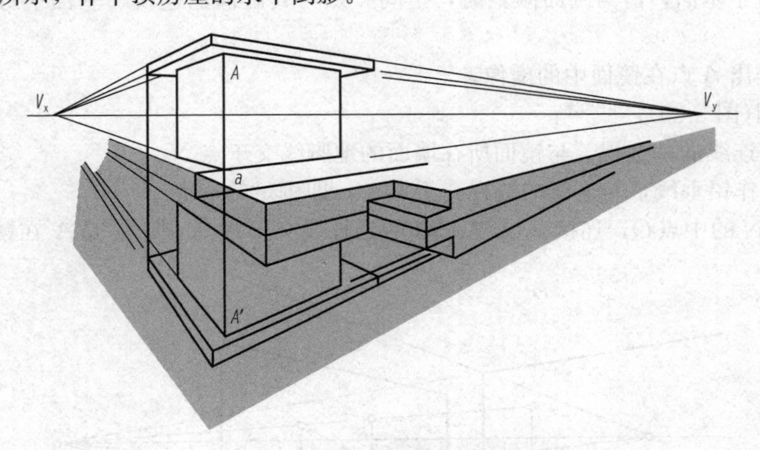

图 5-28　水中倒影的透视做法

【解】 作图：

(1)求出房屋角点 A 在水面上的投影点 a，得线段 Aa 并延长，在延长线上截取长等于 Aa，得到 A' 点。$A'a$ 即 Aa 线段的倒影。

(2)过 A' 点分别向 V_x、V_y 引线，其他线段点的做法同 $A'a$ 的作图方法，即可求得其余各倒影点，完成平顶房屋的倒影。

2. 虚像

当镜面垂直于画面及基面时，空间一点与其虚像的连线，是一条同时与画面、基面平行的直线。因此，这一连线的透视、基透视都平行于基线，空间点及其虚像对于镜面的垂直距离在透视图中仍能反映等长。

例如：欲作出 A 点在镜面中的虚像。

【解】 作图(图 5-29)：

(1)过 a_0 作与基线平行的直线，与镜面所在墙面的地脚线交于点 N。

(2)过点 N 作铅垂线，与过 A' 点所作的基线平行线交于点 M，即垂足的透视。

(3)延长 $A'M$ 到 A_0'，使 $A'M=A_0'M$，则 A_0' 是 A' 在镜面中的虚像。

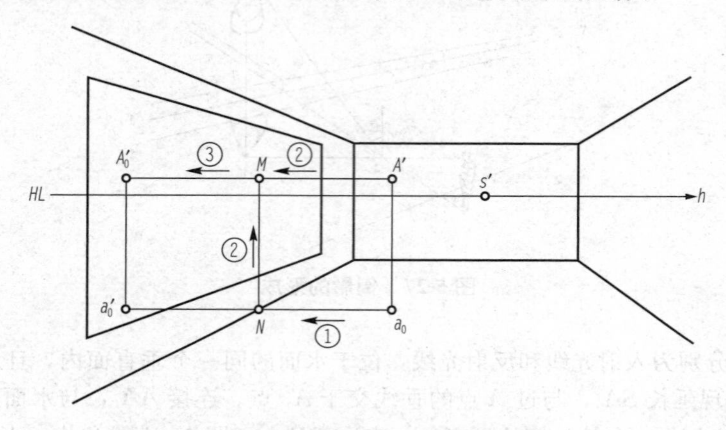

图 5-29　镜面垂直于画面的虚像

当镜面垂直于基面，但与画面倾斜时，空间一点与其虚像的连线与基面平行，灭点在视平线上。

例如：欲作出 A 点在镜面中的虚像。

【解】 作图(图 5-30)：

(1)过 a_0 作连线的基透视，与镜面所在墙面的地脚线交于点 N。

(2)过点 N 作铅垂线，与连线的透视交于点 M，即垂足的透视。

(3)求出 MN 的中点 O，连接 a_0O 与 $A'M$ 的延长线交于 A_0'，则 A_0' 是 A' 在镜面中的虚像。

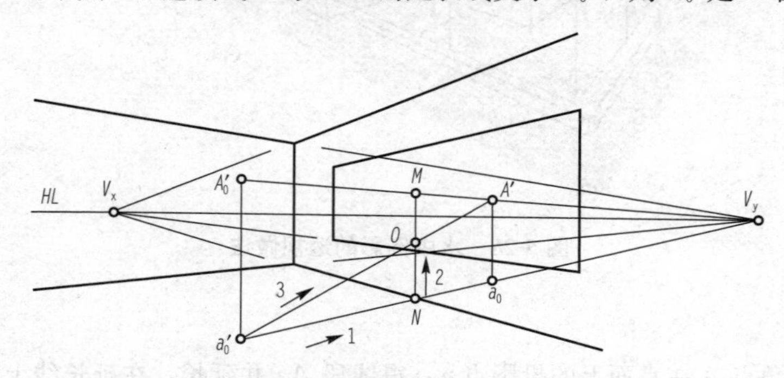

图 5-30　镜面垂直于基面、与画面倾斜的虚像

第二部分　计算机辅助制图与 AutoCAD

第六章　计算机辅助制图

第一节　计算机辅助制图文件

计算机辅助制图文件可分为图库文件和工程计算机辅助制图文件。工程计算机辅助制图文件包括工程模型文件、工程图纸文件以及其他计算机辅助制图文件。计算机辅助制图文件命名和文件夹(文件目录)构成应采用统一的规则。

一、图库文件

图库文件应根据建筑体系、部品部件等进行分类，并应便于识别、记忆、操作和检索。图库文件及文件夹宜按分类进行命名及目录分级。图库文件及文件夹的名称宜使用英文字母、数字和连字符“-”的组合。

二、工程模型文件的命名

工程模型文件是工程的二维或三维数字模型，应采用建筑物的实际尺寸。

(1)工程模型文件命名规则应符合下列规定：

1)二维的工程模型文件应根据不同的工程、专业、类型进行命名，宜按照平面图、立面图、剖面图、大比例视图、详图、清单、简图等的顺序编排。三维的工程模型文件应根据不同的工程、专业(含多专业)进行命名。

2)工程模型文件名称宜使用英文字母、数字和连字符“-”的组合。

3)在同一工程中，应使用统一的工程模型文件命名规则。

(2)工程模型文件名称格式应符合下列规定：

1)二维工程模型文件名称宜由工程代码、专业代码、类型代码、用户定义代码和文件扩展名等组成(图 6-1)。

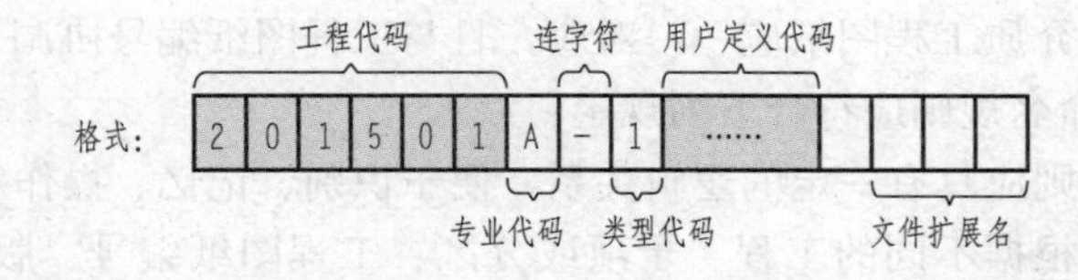

图 6-1　工程模型文件命名格式(灰色部分表示可选项)

2)工程代码宜用于说明工程、子项或区段，宜由 2～9 个字符和数字组成。

3)专业代码宜用于说明专业类别，宜由 1 个字符组成。

4)类型代码宜用于说明工程模型文件的类型，宜由1个字符组成，根据需要可加一位数字作为细化类型代码；

5)工程代码和用户定义代码应为可选项，专业代码与类型代码之间宜用连字符“-”分隔开，用户定义代码与文件扩展名之间宜用小数点“.”分隔开。

6)用户定义代码宜用于用户自行描述工程模型文件，宜使用英文字母、数字或汉字的组合构成。

三、工程图纸编号

工程图纸编号应与交付的纸质工程图纸一一对应，标注于标题栏的图号区。

(1)工程图纸编号规则应符合下列规定：

1)工程图纸应根据不同的专业、阶段、类型进行编排，宜按照图纸目录及说明、平面图、立面图、剖面图、大比例视图、详图、清单、简图等的顺序编号。

2)工程图纸编号应使用汉字或英文字母、数字和连字符“-”的组合，如采用英文字母，则不宜与汉字混用。

3)在同一工程中，应使用统一的工程图纸编号格式，工程图纸编号应自始至终保持不变。

(2)工程图纸编号格式应符合下列规定：

1)工程图纸编号宜由专业代码、阶段代码、类型代码、序列号组成(图6-2)。

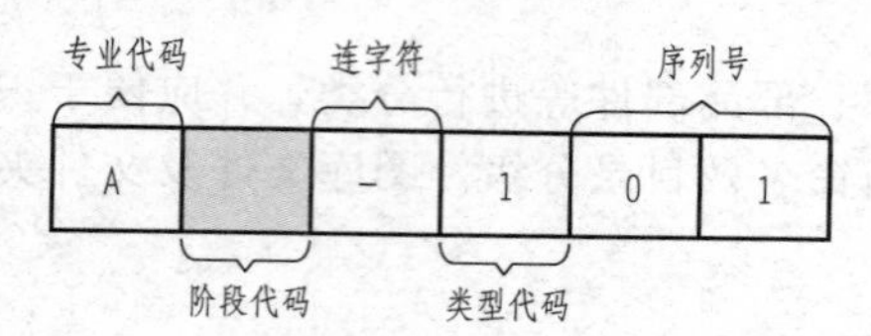

图6-2　工程图纸编号格式(灰色部分表示可选项)

2)专业代码宜用于说明专业类别，宜由1个字符组成。

3)阶段代码宜用于区别不同的设计阶段，宜由1个字符组成。

4)类型代码参照相关规范规定。

5)序列号宜用于标识同一类型图纸的顺序，按照图纸量由(2～3)位数字组成，每个类型代码的第一张图纸编号应为01，后面是02至99，序列号应连续，可插入图纸。

6)阶段代码宜为可选项，专业代码、阶段代码与类型代码、序列号之间用连字符“-”分隔开。

四、工程图纸文件命名

工程图纸文件与纸介质工程图纸应一一对应，且与工程图纸编号协调一致。

(1)工程图纸文件命名规则应符合下列规定：

1)工程图纸命名规则应具有一定的逻辑关系，便于识别、记忆、操作和检索。

2)工程图纸文件宜根据不同的工程、子项或分区、工程图纸编号、版本、用户说明等进行组织。

3)工程图纸文件名称应使用汉字、英文字母、数字、连字符“-”的组合。

4)在同一工程中，应使用统一的工程图纸文件名称格式，工程图纸文件名称应自始至终保持不变。

(2)工程图纸文件命名格式应符合下列规定：

1)工程图纸文件名称宜由工程代码、子项或分区代码、工程图纸编号、版本代码及版本序列号、用户说明或代码和文件扩展名组成(图 6-3)。

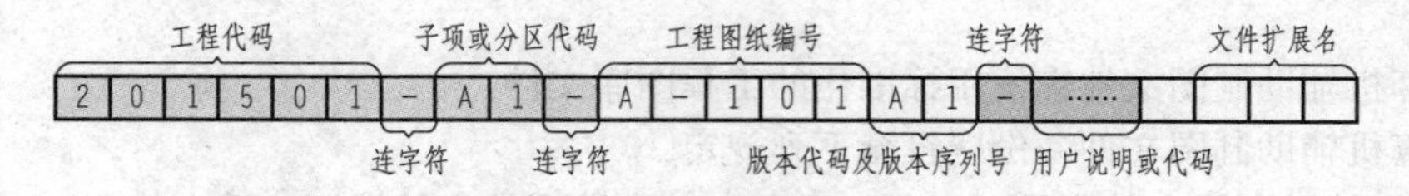

图 6-3　工程图纸文件命名格式(灰色部分表示不可选项)

2)工程代码是用户机构对工程的编码，宜使用数字，由用户按各自机构要求自行编排；当工程图纸文件夹名称中已经包含工程代码时，工程图纸文件中可省略。

3)子项或分区代码用于说明工程的子项或区段，宜使用英文字母或数字，由用户按各自机构要求自行编排，宜由 1～2 个字符组成；当工程图纸文件夹名称中已经包含子项或分区代码时，工程图纸文件中可省略。

4)工程图纸编号应符合规范规定。

5)版本代码宜用于区别不同的图纸版本，宜由 1 个英文字符组成。版本代码及版本序列号也可直接由 1 个英文字符组成，按 A、B、C 依序编排，此时宜默认为全部进行版本修改，取消版本序列号。

6)版本序列号宜用于标识该版本图纸的版次，宜由 1～9 之间的任意 1 位数字组成。

7)用户说明或代码宜用于用户自行描述该工程图纸文件，如图纸名称等，应使用汉字、英文字母、数字的组合。

8)小数点后的文件扩展名应由创建工程图纸文件的计算机辅助制图软件定义。

9)工程代码、子项或分区代码、版本代码及版本序列号、用户说明或代码四项宜为可选项。

10)子项或分区代码、工程图纸编号之间宜用连字符“-”分隔开。

11)版本代码及版本序列号、用户说明或代码之间宜用连字符“-”分隔开。

12)用户说明或代码与文件扩展名之间宜用小数点“.”分隔开。

五、工程图纸文件夹

(1)工程图纸文件夹宜根据工程、设计阶段、专业、使用者和文件类型等进行组织。工程图纸文件夹的名称宜由用户或计算机辅助制图软件定义，并应在工程上具有明确的逻辑关系，便于识别、记忆、管理和检索。

(2)工程图纸文件夹名称宜使用汉字、英文字母、数字和连字符“-”的组合，但汉字与英文字母不宜混用。

(3)在同一工程中，应使用统一的工程图纸文件夹命名格式，工程图纸文件夹名称应自始至终保持不变。

(4)为满足协同设计的需要，宜分别创建工程、阶段、专业内部的共享与交换文件夹。

(5)工程图纸文件夹应按照项目需求创建文件夹目录，使用统一的分级要求对文件夹进行分级组织；设计文件夹目录宜按下列方式编制：

一级目录：工程名称或工程代码(设计号)。

二级目录：子项、分区名称或代码(可选项)。

三级目录：设计阶段，宜用规范规定的代码或直接使用阶段名称。

四级目录：各专业目录。

五级目录：用户自定义目录，宜由用户自行使用名称或英文字母编制目录(可选项)。

六、工程图纸文件的使用与管理

(1)工程图纸文件应与工程图纸一一对应，以保证存档时工程图纸与计算机辅助制图文件的一致性。

(2)计算机辅助制图文件宜使用标准化的工程图库文件。

(3)计算机辅助制图文件备份应符合下列规定：

1)计算机辅助制图文件应及时备份，避免文件及数据的意外损坏、丢失等。

2)文件备份的时间和份数宜根据具体情况自行确定，每日或每周备份一次。

(4)工程图纸文件应进行有效保护，宜采取定期备份、预防计算机病毒、在安全的设备中保存文件的副本、设置相应的文件访问与操作权限、文件加密，以及使用不间断电源(UPS)等保护措施。

(5)工程图纸文件应及时归档。

(6)不同系统间图形文件交换应符合现行国家标准《工业自动化系统与集成 产品数据表达与交换》(GB/T 16656)的规定。

第二节 计算机辅助制图文件图层

一、图层命名要求

图层命名应符合下列规定：

(1)图层宜根据不同用途、设计阶段、专业属性和使用对象等进行组织，在工程上应具有明确的逻辑关系，便于识别、记忆、操作和检索。

(2)图层名称宜使用汉字、英文字母、数字和连字符"-"的组合，但汉字与英文字母不得混用。

(3)在同一工程中，应使用统一的图层命名格式，图层名称应自始至终保持不变，且不应同时使用汉字和英文字母的命名格式。

二、图层命名格式

图层命名格式应符合下列规定：

(1)图层命名应采用分级形式，每个图层名称宜由 2～5 个数据字段(代码)组成，第一级为专业代码，第二级为主代码，第三、四级分别为次代码 1 和次代码 2，第五级为状态代码；其中第三级～第五级宜根据需要设置；每个相邻的数据字段应用连字符"-"分隔开。

(2)专业代码用于说明专业类别，宜选用《房屋建筑制图统一标准》(GB/T 50001—2017)附录 A 所列出的常用专业代码。

(3)主代码宜用于详细说明专业特征，主代码可和任意的专业代码组合。

(4)次代码 1 和次代码 2 宜用于进一步区分主代码的数据特征，次代码可以和任意的主代码组合。

(5)状态代码宜用于区分图层中所包含的工程性质或阶段；状态代码不能同时表示工程状态和阶段，宜选用《房屋建筑制图统一标准》(GB/T 50001—2017)附录 A 所列出的常用状态代码。

(6)汉字图层名称宜采用图 6-4 的格式，每个图层名称宜由 2～5 个数据字段组成，每个数据字段宜为 1～3 个汉字，每个相邻数据字段宜用连字符"-"分隔开。

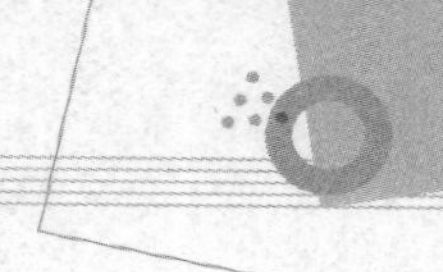

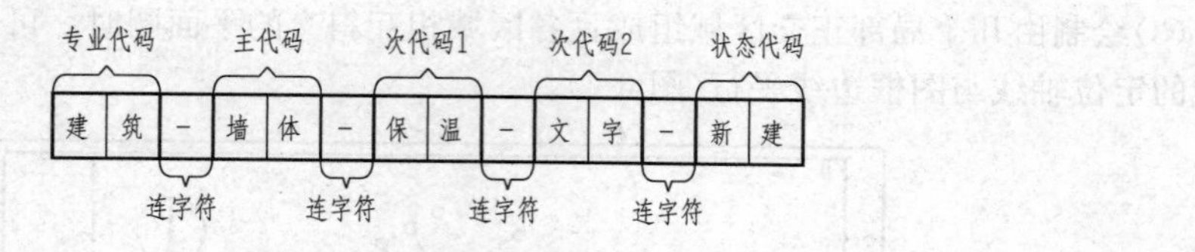

图 6-4 汉字图层命名格式

(7)英文图层名称宜采用图 6-5 的格式，每个图层名称宜由 2～5 个数据字段组成，每个数据字段为 1～4 个字符，相邻的代码用连字符“-”分隔开；其中专业代码宜为 1 个字符，主代码、次代码 1 和次代码 2 宜为 4 个字符，状态代码宜为 1 个字符。

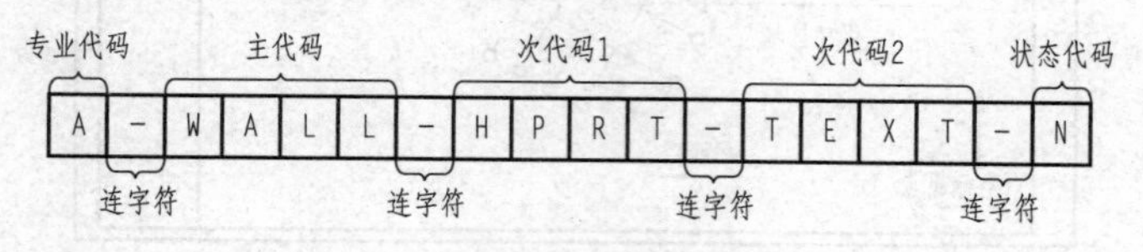

图 6-5 英文图层命名格式

(8)图层名称应符合相关规范规定。

第三节 计算机辅助制图规则

一、指北针

计算机辅助制图的方向与指北针应符合下列规定：

(1)平面图与总平面图的方向宜保持一致。

(2)绘制正交平面图时，宜使定位轴线与图框边线平行(图 6-6)。

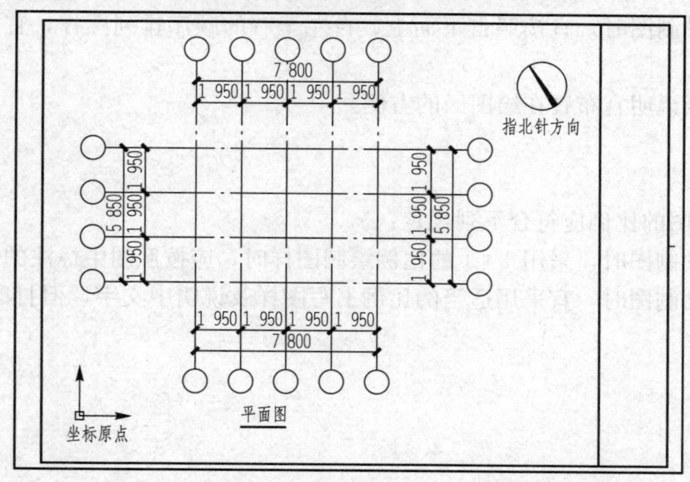

图 6-6 正交平面图制图方向与指北针方向示意

(3)绘制由几个局部正交区域组成且各区域相互斜交的平面图时，可选择其中任意一个正交区域的定位轴线与图框边线平行(图 6-7)。

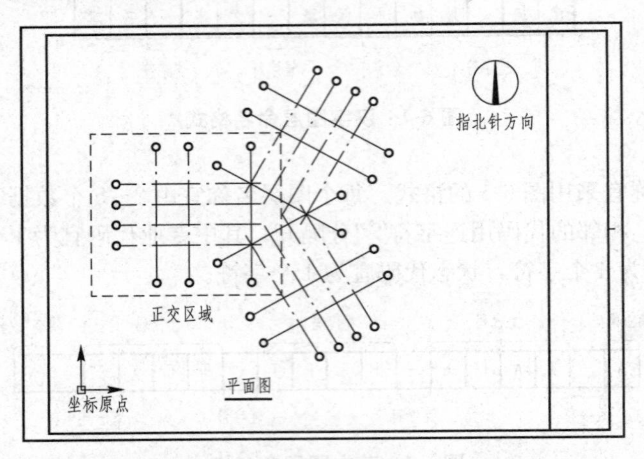

图 6-7　正交区域相互斜交的平面图制图方向与指北针方向示意

(4)指北针应指向绘图区的顶部(图 6-7)并在整套图纸中保持一致。

二、坐标系与原点

计算机辅助制图的坐标系与原点应符合下列规定：

(1)计算机辅助制图时，宜选择世界坐标系或用户定义坐标系。

(2)绘制工程总平面图中有特殊要求的图样时，宜使用大地坐标系。

(3)坐标原点的选择，宜使绘制的图样位于横向坐标轴的上方和纵向坐标轴的右侧并紧邻坐标原点。

(4)在同一工程中，各专业应采用相同的坐标系与坐标原点。

三、计算机辅助制图的布局

计算机辅助制图的布局应符合下列规定：

(1)计算机辅助制图时，宜按照自下而上、自左至右的顺序排列图样，宜先布置主要图样，再布置次要图样。

(2)表格、图纸说明宜布置在绘图区的右侧。

四、比例

计算机辅助制图的比例应符合下列规定：

(1)计算机辅助制图时，采用 1∶1 的比例绘制图样时，应按照图中标注的比例打印成图。

(2)计算机辅助制图时，宜采用适当的比例书写图样及说明中文字，但打印成图时应符合规范规定。

第七章 AutoCAD 基础知识

第一节 AutoCAD 软件功能与工作界面

一、AutoCAD 软件功能

AutoCAD 是一个可视化的绘图软件，许多命令和操作可以通过菜单选项和工具按钮等多种方式实现，具有丰富的绘图和绘图辅助功能。

AutoCAD 的主要功能如下：

(1)平面绘图：能以多种方式创建直线、圆、椭圆、多边形、样条曲线等基本图形对象。

(2)绘图辅助工具：提供了正交、对象捕捉、极轴追踪、捕捉追踪等绘图辅助工具。正交功能使用户可以很方便地绘制水平、竖直直线，对象捕捉功能可帮助拾取几何对象上的特殊点，而追踪功能使画斜线及沿不同方向定位点变得更加容易。

(3)编辑图形：AutoCAD 具有强大的编辑功能，可以移动、复制、旋转、阵列、拉伸、延长、修剪、缩放对象等。

(4)标注尺寸：可以创建多种类型尺寸，标注外观可以自行设定。

(5)书写文字：能轻易在图形的任何位置、沿任何方向书写文字，可设定文字字体、倾斜角度及宽度缩放比例等属性。

(6)图层管理功能：图形对象都位于某一图层上，可设定图层颜色、线型、线宽等特性。

(7)三维绘图：可创建三维实体及表面模型，能对实体本身进行编辑。

(8)网络功能：可将图形在网络上发布，或是通过网络访问 AutoCAD 资源。

(9)数据交换：提供了多种图形图像数据交换格式及相应命令。

二、AutoCAD 绘图工作界面

首先购买正版 AutoCAD 2017 简体中文版软件进行安装，也可以在官网下载试用版，按许可协议进行安装。AutoCAD 2017 简体中文版安装界面如图 7-1 所示。

查看 Autodesk 软件许可及服务协议(图 7-2)。要完成安装，必须接受该协议。如接受，则勾选“我接受”单选按钮，然后单击“下一步”按钮。

图 7-1　AutoCAD 2017 简体中文版安装界面

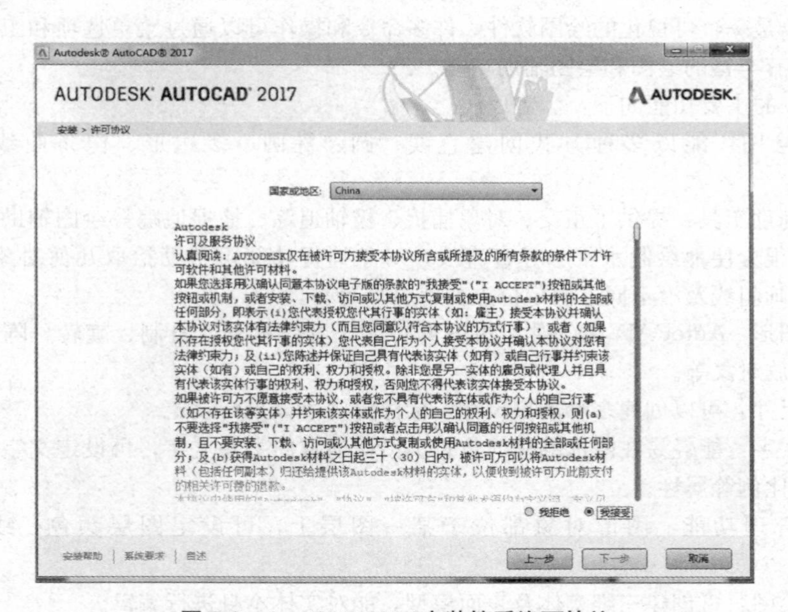

图 7-2　AutoCAD 2017 安装接受许可协议

在"产品信息"对话框中，输入 AutoCAD 2017 包装盒上的序列号和产品密匙，单击"下一步"按钮。

在"配置安装"对话框中，对 Autodesk 产品的安装路径进行设置后单击"安装"按钮进行安装。用户可以根据自己的要求设置软件的安装路径，系统默认是安装在 C 盘。

安装完成后，将显示"安装完成"对话框。当单击"完成"按钮后，"自述"文件将被打开。成功安装 AutoCAD 2017 后，便可以注册产品，然后开始使用。要注册 AutoCAD 2017，可在桌面上双击"AutoCAD 2017"图标，并按照说明激活产品。

1. 菜单工具栏

快捷菜单工具栏位于界面最上方，包含了常用的 CAD 命令，可根据需要增加命令。AutoCAD 2017 不再提供“AutoCAD 经典”工作空间，用户可以根据实际的设计需要切换工作空间，打开“快速访问”工具栏，如图 7-3 所示，选择“工作空间”进行切换；也可以在状态栏单击“切换工作空间”按钮进行切换，如图 7-4 所示。常用的是“草图与注释”空间。

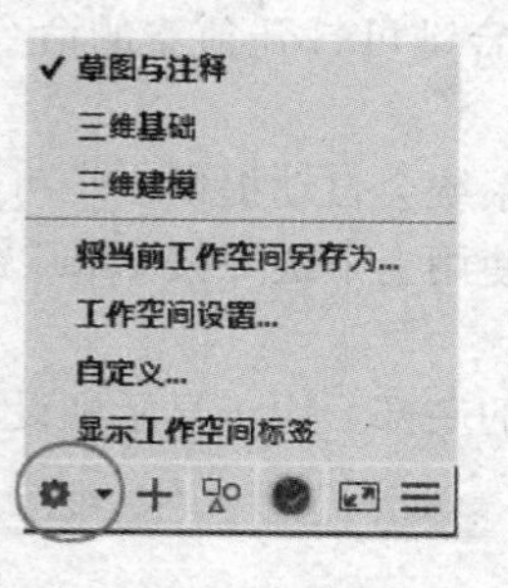

微课：AutoCAD 界面介绍

图 7-3　“快速访问”工具栏　　图 7-4　“切换工作空间”按钮

菜单工具栏如图 7-5 所示。菜单工具栏位于标题栏下方，包括了 AutoCAD 2017 几乎全部的功能和命令。用户单击任意主菜单即可弹出相应的子菜单，选择相应的选项即可执行或启动该命令。

图 7-5　菜单工具栏

2. 功能区

功能区可使用户方便地访问常用的命令、设置模式，直观地实现各种操作，如图 7-6 所示。它是一种可代替命令和下拉菜单的简便工具，鼠标指针停在工具按钮可以出现该工具的提示信息。

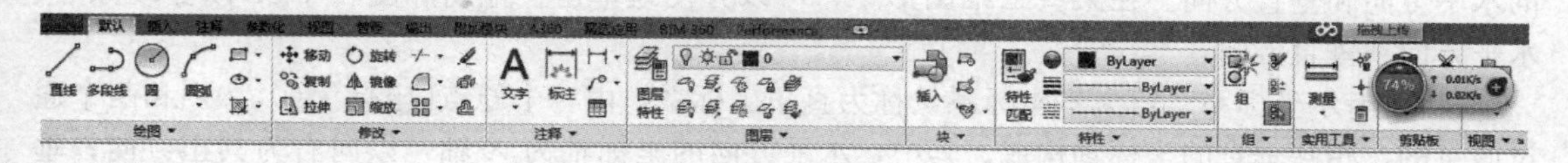

图 7-6　功能区

通过“功能区选项”按钮可以调整功能区显示方式，如图 7-7 所示。

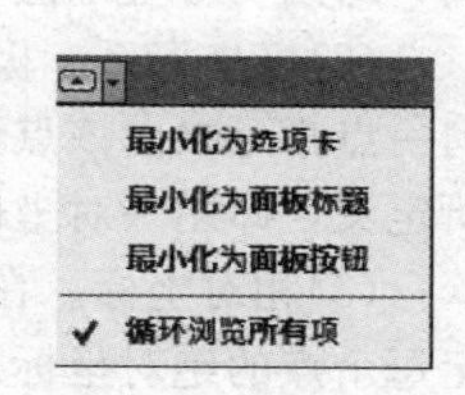

图 7-7　功能区选项

3. 绘图区

绘图区也称为图形窗口，在状态栏最右侧单击“全屏显示”按钮，如图 7-8所示，或按 Ctrl+0 组合键可切换全屏显示，可以最大化图形窗口来查看图形。

图 7-8　“全屏显示”按钮

4. 命令窗口

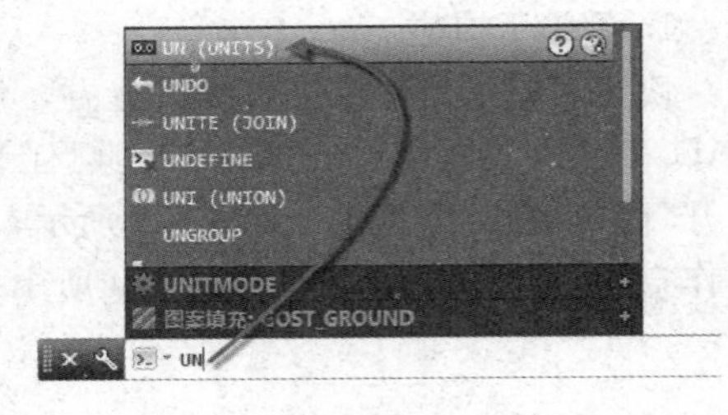

图 7-9　命令窗口(命令行)

命令窗口(命令行)是用户和 AutoCAD 进行对话的窗口，如图 7-9 所示。对于初学者来说，应特别注意这个窗口。在命令窗口用户可使用各种方式输入命令，然后会出现相应的提示，按 Ctrl+9 组合键可显示和关闭命令窗口。按 Ctrl+F2 组合键可打开独立的命令窗口，查询和编辑历史操作记录。

当开始输入命令时，系统会自动提供多个可能的命令，用户可以通过单击或使用上下键并按 Enter 键或 Space 键来进行选择。

5. 状态栏

状态栏位于工作界面的底部，用于显示和设置 AutoCAD 的当前状态，如图 7-10 所示。

图 7-10　状态栏

注意： 在默认情况下，状态栏不会显示所有工具，用户可以通过状态栏上最右侧的“自定义”按钮，在弹出的“自定义”菜单中选择需要显示的工具。状态栏上显示的工具可能会发生变化，具体取决于当前的工作空间以及当前显示的是“模型”选项卡还是“布局”选项卡。

三、AutoCAD 坐标系统

AutoCAD 图形中各点的位置都是由坐标系来确定的。在 AutoCAD 中，有两种坐标系：一种是称为世界坐标系(WCS)的固定坐标系；另一种是称为用户坐标系(UCS)的可移动坐标系。

在 WCS 中，X 轴是水平的，Y 轴是垂直的，Z 轴垂直于 XY 平面，符合右手法则，该坐标系存在于任何一个图形中且不可更改。

在 UCS 中，用户可以在绘图中根据自己的需要定义坐标的方向，并且它还可以定义图形中的水平方向和垂直方向。在某些二维图形中，可以方便地单击、拖动和旋转 UCS 以更改原点、水平方向和垂直方向。

(1)笛卡尔坐标系。笛卡尔坐标系又称为直角坐标系，由一个原点[坐标为(0，0)]和两个通过原点的、相互垂直的坐标轴构成。其中，水平方向的坐标轴为 X 轴，以向右为其正方向；垂直方向的坐标轴为 Y 轴，以向上为其正方向。平面上任何一点都可以由 X 轴和 Y 轴的坐标所定义，即用一对坐标值(x，y)来定义一个点。

(2)极坐标系。极坐标系是由一个极点和一个极轴构成，极轴的方向为水平向右。平面上任何一点都可以由该点到极点的连线长度 $L(>0)$ 和连线与极轴的交角 α(极角，逆时针方向为正)所定义，即用一对坐标值($L<a$，即距离<角度)来定义一个点。

(3)相对坐标。在某些情况下，需要直接通过点与点之间的相对位移来绘制图形，而不是指定每个点的绝对坐标。为此，AutoCAD 提供了使用相对坐标的办法。所谓相对坐标，就是某点与相对点的相对位移值，在 AutoCAD 中相对坐标用“@”标识。使用相对坐标时可以使用笛卡尔坐标，也可以使用极坐标，可根据具体情况而定。

四、AutoCAD 配置绘图系统

1. 设置系统绘图环境

单击“应用程序”按钮，在下拉菜单中选择“执行”命令，系统将弹出“选项”对话框，如

图 7-11所示。在“选项”对话框中，选择各选项卡并根据需要设置选项。要保存设置并继续在对话框中工作，请单击“应用”按钮，要保存设置并关闭对话框，请单击“确定”按钮。

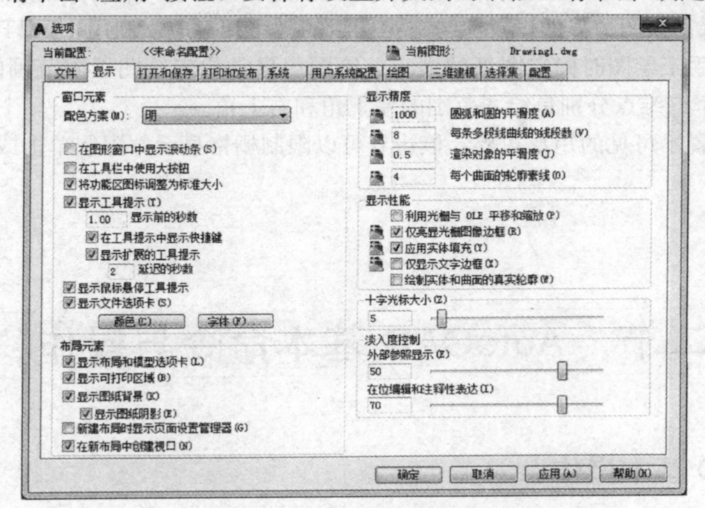

图 7-11　“选项”对话框

微课：基本设置

2. 设置绘图单位

UNITS 命令用于设置绘图单位。在默认情况下，AutoCAD 使用十进制单位进行数据显示或数据输入，可以根据具体情况设置绘图的单位类型和数据精度。

命令行：UNITS。

菜单栏：“格式”→“单位”。

单击“应用程序”按钮，执行“图形实用工具”→“单位”命令，系统将弹出“图形单位”对话框，如图 7-12 所示。对于装饰图形，通常设置长度类型为“小数”，精度为“0”，其他为默认。

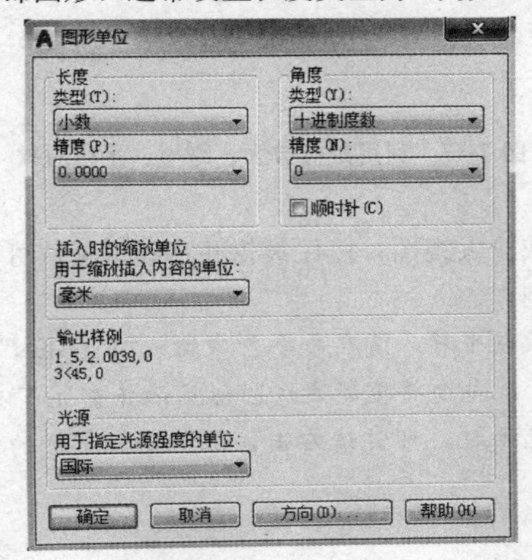

图 7-12　“图形单位”对话框

3. 设置绘图边界

(1)执行方式。

命令行：LIMITS。

菜单栏：“格式”→“图形界限”。

(2)选项说明。绘图边界即设置图形绘制完成后输出的图纸大小。常用图纸规格有 A0～A4，一般称为 0～4 号图纸。绘图边界的设置应与选定图纸的大小相对应。利用 LIMITS 命令可以定义绘图边界，相当于手工绘图时确定图纸的大小。绘图边界是代表绘图极限范围的两个二维点的 WCS 坐标，这两个二维点分别是绘图范围的左下角和右上角。

在绘图区域中设置不可见的矩形边界，该边界可以限制栅格显示并限制单击或输入点位置。

第二节　AutoCAD 基本命令与操作

一、AutoCAD 基本操作

(一)AutoCAD 图形操作

1. 查看图形文件

在图形中平移和缩放，并控制重叠对象的顺序，最简单的方法是通过使用鼠标上的滚轮更改视图，如图 7-13 所示。

平移和缩放
选择对象
快捷菜单
指定位置

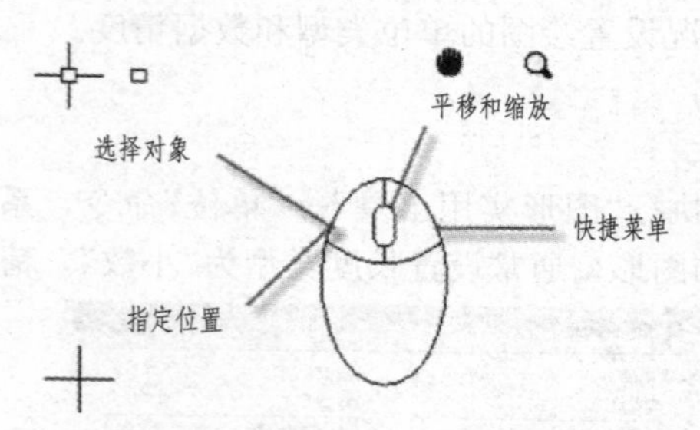

图 7-13　利用鼠标放大、缩小、平移对象

滚动鼠标滚轮可以缩小或放大视图；按住滚轮并移动鼠标，可以任意方向平移视图；双击滚轮，可以缩放至模型的范围。

注意：如果无法继续缩放或平移，请在命令行中输入“REGEN”，然后按 Enter 键。或执“编辑”菜单下“重生成”命令，此命令将重新生成图形显示并重置可以用于平移和缩放的范围。

提示：当需要查找某个选项时，可尝试右击，根据定位光标的位置，不同的菜单将显关的命令和选项。

2. 命令的执行方式

(1)在命令行中输入命令时不分大小写，如输入“CIRCLE”后按 Enter 键，系统执行该后，命令行出现该命令提示选项，如图 7-14 所示。

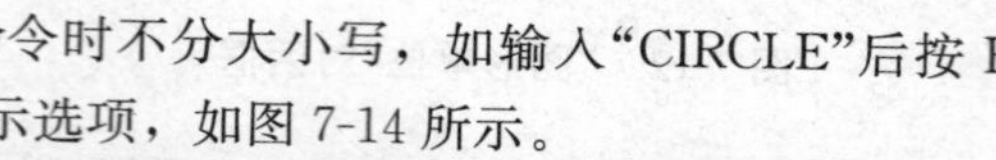

CIRCLE
CIRCLE 指定圆的圆心或 [三点(3P) 两点(2P) 切点、切点、半径(T)]:

图 7-14　命令提示选项

命令提示选项中不带括号的提示为默认选项，如果要选择其他选项，应输入该选项对应的标识字符，如想“三点”画圆，即输入 3P，然后按系统提示输入数据或进行其他操作即可。命令提示选项后面有时还带有尖括号，尖括号内的数值为默认数值。

(2)在命令行中也可以输入命令缩写。常用的命令缩写有 L(LINE)、C(CIRCLE)、A(ARE)、REC(RECTANG)、ML(MLINE)、PL(PLINE)、Z(ZOOM)、M(MOVE)、CO(COPY)、E(ERASE)等。

(3)单击功能区面板或相关工具栏中的工具按钮进行绘图或编辑修改是较为直观的一种执行方式。

(4)执行菜单命令，可以通过选择菜单栏或右键快捷菜单中的菜单命令来进行，然后根据命令行提示进行有关操作。要在当前工作界面显示菜单栏，则单击“快速访问”工具栏的“自定义快速访问工具栏”按钮▾，从打开的下拉菜单中执行“显示菜单栏”命令。

3. 数据的输入方式

在 AutoCAD 2017 中，当命令行提示用户输入点时，用户可以利用鼠标指定点，也可以输入点的绝对坐标和相对坐标。

(1)笛卡尔坐标(也称直角坐标)和极坐标输入方式。笛卡尔坐标系有三个轴，即 X 轴、Y 轴和 Z 轴。输入坐标值时，需要指出沿 X 轴、Y 轴和 Z 轴相对于坐标系原点(0，0，0)的距离及其方向(正或负)。

在二维 XY 平面(也称为工作平面)上指定点。工作平面类似平铺的网格纸。笛卡尔坐标的 X 值指定水平距离，Y 值指定垂直距离，原点(0，0)表示两轴相交的位置。

极坐标使用距离和角度来定位点。使用笛卡尔坐标和极坐标，均可以基于原点(0，0)输入绝对坐标，或基于上一指定点输入相对坐标。

指定点的另一种方法：通过移动光标指示方向，然后输入距离。此方法称为直接距离输入。

要使用极坐标指定一点，应输入以尖括号“＜”分隔的距离和角度，如图 7-15 所示。

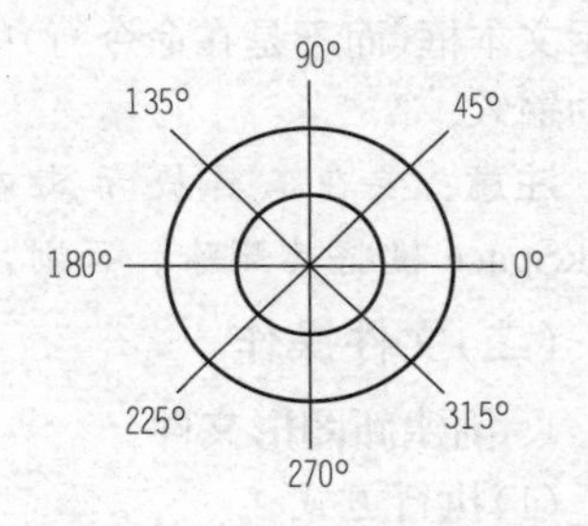

图 7-15　极坐标输入法中角度表示

1)在默认情况下，角度按逆时针方向增大，按顺时针方向减小。要指定顺时针方向，则为角度输入负值。例如，输入“1＜315”和“1＜－45”都代表相同的点。用户可以使用 UNITS 命令改变当前图形的角度约定。绝对极坐标从 UCS 原点(0，0)开始测量，此原点是 X 轴和 Y 轴的交点。当知道点的准确距离和角度坐标时，应使用绝对极坐标。

使用动态输入时，可以使用“＃”前缀指定绝对坐标。如果是在命令行而不是在工具提示文本框中输入坐标，则可以不使用“＃”前缀。例如，输入“＃3＜45”指定一点，此点距离原点有 3 个单位，并且与 X 轴成 45°。

2)相对极坐标：相对坐标是基于上一输入点的坐标。如果知道某点与前一点的位置关系，可以使用相对坐标。

要指定相对极坐标，应在坐标前面添加“@”符号。例如，输入“@1＜45”指定一点，此点距离上一指定点 1 个单位，并且与 X 轴成 45°。

动态输入 - 开
DYNMODE

图 7-16　“动态输入”开关

(2)使用动态输入。“动态输入”开关如图 7-16 所示，当打开动态输入方式后，在绘图区域中的光标附近将出现提供坐标输入的界面。

动态工具提示提供另外一种方法来输入命令。当动态输入处于启用状态时，工具提示将在光标附近动态显示更新信息。当命令正在运行时，可以在工具提示文本框中指定选项和数值。

完成命令或使用夹点所需的动作与命令提示中的动作类似。如果“自动完成”和“自动更正”功能处于启用状态，程序会自动完成命令并提供更正拼写建议，就像其在命令行中所做的一样。区别是用户的注意力可以保持在光标附近。

1)动态输入和命令窗口：动态输入不会取代命令窗口。动态输入可以隐藏命令窗口以增加更多绘图区域，但在有些操作中还是需要显示命令窗口。按 F2 键可根据需要隐藏和显示命令窗口和错误消息。另外，也可以浮动显示命令窗口，并使用“自动隐藏”功能来展开或卷起该窗口。

2)控制动态输入设置：单击状态栏上的“动态输入”按钮，以打开和关闭动态输入。动态输入有三个组件：光标(指针)输入、标注输入和动态提示。在“动态输入”按钮上右击，然后单击“设置”按钮，以控制启用“动态输入”时每个组件所显示的内容。

注意：按 F12 键可以临时关闭动态输入。

指针输入：如果指针(光标)输入处于启用状态且命令正在运行，十字光标的坐标位置将显示在光标附近的工具提示文本框中。可以在工具提示文本框中输入坐标，而不用在命令行中输入数值。

应注意的是，第二个点和后续点的默认设置为相对极坐标(对于 RECTANG 命令，为相对笛卡尔坐标)，不需要输入“@”符号。如果需要使用绝对坐标，应使用“#”符号前缀。例如，要将对象移到原点，则应在提示输入第二个点时，输入“#0，0”。

动态提示：启用动态提示时，提示会显示在光标附近的工具提示文本框中。用户可以在工具提示文本框(而不是在命令行)中输入命令，按方向键可以查看和选择选项，按“↑”键可以显示最近的输入。

注意：要在工具提示文本框中使用粘贴文字，应输入字母，然后在粘贴输入之前按 BackSpace 键将其删除。否则，输入的文字将粘贴到图形中。

(二)文件操作

1. 创建新图形文件

(1)执行方式。

菜单栏：“文件”→“新建”。

命令行：NEW。

工具栏：“快速访问”工具栏→“新建”按钮。

快捷键：Ctrl+N。

单击“应用程序”按钮，执行“新建”→“图形”命令。

执行新建图形文件命令后，系统将弹出“选择样板”对话框，用户可以选择一个样板作为模板建立新的图形文件：

1)对于英制图形，假设单位是英寸，应使用 acad. dwg 或 acadlt. dwg。

2)对于公制单位，假设单位是毫米，应使用 acadiso. dwg 或 acadltiso. dwg。

(2)创建用户自己的图形样板文件。用户可以将任何图形(. dwg)文件另存为图形样板(. dwg)文件，如图 7-17 所示。也可以打开现有图形样板文件，进行修改，然后重新将其保存(如果需要，应使用不同的文件名)。

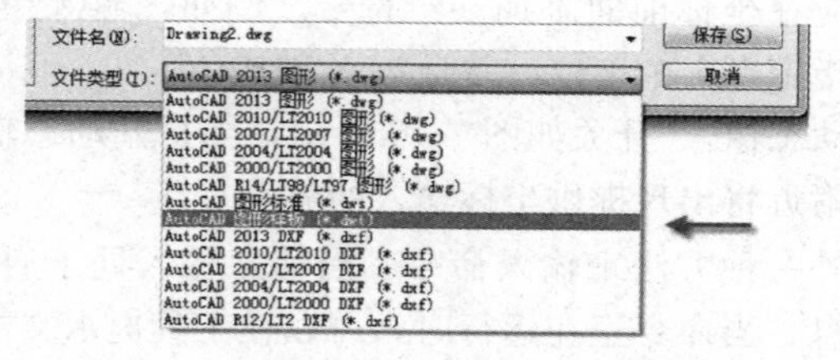

图 7-17 保存为图形样板文件

如果独立工作，可以开发图形样板文件以满足用户的工作偏好，在以后熟悉其他功能时，可以为它们添加设置。

要修改现有图形样板文件，应单击“打开”按钮，如图 7-18 所示。在“选择文件”对话框中指定“图形样板(＊.dwg)”，并选择相应的样板文件。

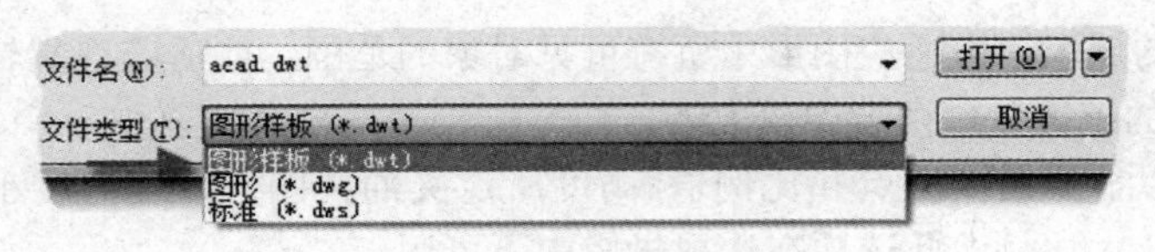

图 7-18 打开图形样板文件

2. 打开文件

菜单栏：“文件”→“打开”。

命令行：OPEN。

工具栏：“快速访问”工具栏→“打开”按钮。

快捷键：Ctrl＋O。

单击“应用程序”按钮，执行“新建”→“打开”命令。

执行打开图形文件命令后，系统将弹出“选择文件”对话框，从中选择要打开的文件，按 Ctrl 键可选择多个文件同时打开。

3. 保存文件

(1)快速保存。

菜单栏：“文件”→“保存”。

命令行：QSAVE。

工具栏：“快速访问”工具栏→“保存”按钮。

快捷键：Ctrl＋S。

单击“应用程序”按钮，执行“保存”命令。

(2)换名保存。

菜单栏：“文件”→“另存为”。

命令行：SAVEAS。

快捷键：Ctrl＋Shift＋S。

单击“应用程序”按钮，执行“另存为”命令。

(三)图形显示工具

1. 图形缩放

使用 ZOOM 命令可以增大或减小当前视口中视图的比例。应注意的是，使用 ZOOM 命令不会更改图形中对象的绝对大小，仅更改视图的比例。

(1)执行方式。

菜单栏：“视图”→“缩放”。

命令行：ZOOM(Z)。

(2)选项说明。按上述方式执行 ZOOM 命令时，命令行的提示如图 7-19 所示。

1)指定窗口的角点：指定一个要放大的区域的角点。

2)全部：缩放以显示所有可见对象和视觉辅助工具。

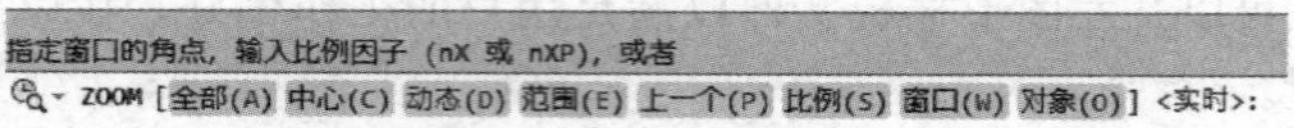

指定窗口的角点，输入比例因子 (nX 或 nXP)，或者

ZOOM [全部(A) 中心(C) 动态(D) 范围(E) 上一个(P) 比例(S) 窗口(W) 对象(O)] <实时>:

图 7-19 “缩放”命令行选项

调整绘图区域的放大，以适应图形中所有可见对象的范围，或适应视觉辅助工具[如栅格界限(LIMITS命令)]的范围，取两者中较大者。

3)中心：缩放以显示由中心点和比例值/高度所定义的视图。高度值较小时增加放大比例，高度值较大时减小放大比例。此选项在透视投影中不可用。

4)动态：使用矩形视图框进行平移和缩放。视图框表示视图，可以更改其大小，或在图形中移动。移动视图框或调整其大小，将其中的视图平移或缩放，以充满整个视口。此选项在透视投影中不可用。

若要更改视图框的大小，可单击后调整其大小，然后单击以接受视图框的新大小。

若要使用视图框进行平移，则将其拖动到所需的位置，然后按 Enter 键。

5)范围：缩放以显示所有对象的最大范围。计算模型中每个对象的范围，并使用这些范围来确定模型应填充窗口的方式。

6)上一个：缩放显示上一个视图。最多可恢复此前的10个视图。

7)比例/比例因子：使用比例因子缩放视图以更改其比例。

若输入的值后面跟着 x，表示根据当前视图指定比例。

若输入值并后跟 xp，表示指定相对于图纸空间单位的比例。

例如，输入“.5x”，表示使屏幕上的每个对象显示为原大小的1/2。

输入“.5xp”，表示以图纸空间单位的1/2显示模型空间。创建每个视口以不同的比例显示对象的布局。

输入值，表示指定相对于图形栅格界限的比例(此选项很少用)。如果缩放到图形界限，则输入“2”，表示将以对象原来尺寸的两倍显示对象。

8)窗口：缩放显示矩形窗口指定的区域。使用光标，可以定义模型区域以填充整个窗口。

9)对象：缩放以便尽可能大地显示一个或多个选定的对象，并使其位于视图的中心，可以在启动 ZOOM 命令前后选择对象。

10)实时：交互缩放以更改视图的比例。

选择“实时”选项，光标将变为带有加号“＋”和减号“－”的放大镜。关于实时缩放时可用选项的说明，请参见缩放快捷菜单。

在窗口的中点按住拾取键并垂直移动到窗口顶部则放大100%。反之，在窗口的中点按住拾取键并垂直向下移动到窗口底部则缩小100%。

达到放大极限时，光标上的加号将消失，表示将无法继续放大；达到缩小极限时，光标上的减号将消失，表示将无法继续缩小。

松开拾取键时缩放终止，可以在松开拾取键后将光标移动到图形的另一个位置，再按住拾取键便可从该位置继续缩放显示。

若要退出缩放命令，则按 Enter 键或 Esc 键。

2. 图形平移

(1)执行方式。

菜单栏：“视图”→“平移”。

命令行：PAN(P)。

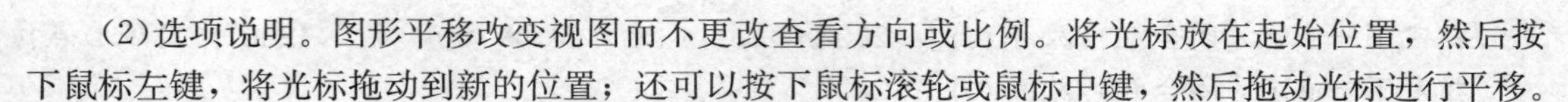

(2)选项说明。图形平移改变视图而不更改查看方向或比例。将光标放在起始位置，然后按下鼠标左键，将光标拖动到新的位置；还可以按下鼠标滚轮或鼠标中键，然后拖动光标进行平移。

(四)视图重画、重生成和全部重生成

REDRAWALL 命令对应“视图”菜单下的“重画”命令，可以刷新所有视口中的显示状态，删除由 VSLIDE 命令和所有视口中的某些操作遗留的临时图形。

REGEN 命令对应“视图”菜单下的“重生成”命令，在当前视口内重新生成图形。REGEN 命令使用以下效果重新生成图形：

(1)重新计算当前视口中所有对象的位置和可见性。

(2)重新生成图形数据库的索引，以获得最优的显示状态和对象选择性能。

(3)重置当前视口中可用于实时平移和缩放的总面积。

REGENALL 命令对应“视图”菜单下的“全部重生成”命令，重生成整个图形并刷新所有视口。REGENALL 命令将使用下列效果为所有视口中的所有对象生成整个图形：

(1)重新计算所有对象的位置和可见性。

(2)重新生成图形数据库的索引，以获得最优的显示状态和对象选择性能。

(3)重置所有视口中可用于实时平移和缩放的总面积。

二、二维图形的绘制

(一)绘制直线

直线是 AutoCAD 图形中最基本和最常用的对象。

1. 执行方式

功能区：在“默认”选项卡“绘图”面板中单击“直线”按钮⁄，如图 7-20 所示。

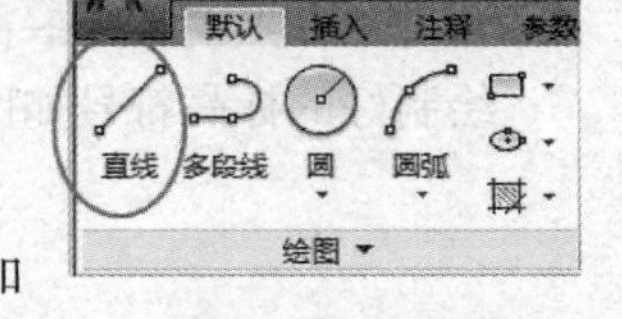

图 7-20 “直线”按钮

命令行：LINE(L)。

菜单栏：“绘图”→“直线”。

2. 选项说明

LINE 命令主要用于在两点之间绘制直线段。用户可以通过鼠标或输入点坐标值来决定线段的起点和端点。使用 LINE 命令，可以创建一系列连续的线段。当用 LINE 命令绘制线段时，AutoCAD 允许以该线段的端点为起点，绘制另一条线段，如此循环直到按 Enter 键或 Esc 键终止命令。要精确定义每条直线端点的位置，用户可以按下列方法操作：

微课：绘制直线(一)

(1)使用绝对坐标或相对坐标输入端点的坐标值。

(2)指定相对于现有对象的对象捕捉，如可以将圆心指定为直线的端点。

(3)打开栅格捕捉并捕捉到一个位置，从最近绘制的直线的端点延长它。

微课：绘制直线(二)

3. 利用直线绘制图形

命令：L↙

LINE

指定第一个点：100，100↙ (利用绝对坐标定位直线起点 A)

指定下一点或［放弃(U)］：@ 200，200↙

(打开动态输入时，直接输入“200，200”，相对于 A 点定位 B 点)

指定下一点或［放弃(U)］：100↙ (光标指向 0°，输入“100”，定位 C 点)

指定下一点或［闭合(C)/放弃(U)］：200↙　　　　(光标指向 - 90°，输入“200”，定位 D 点)
指定下一点或［闭合(C)/放弃(U)］：C↙
(输入“C”，系统会自动连接起始点和最后一个端点，绘制封闭图形。如果输入“U”会放弃删除直线序列中最近绘制的线段，多次输入“U”按绘制次序的逆序逐个删除线段)
完成的图形如图 7-21 所示。

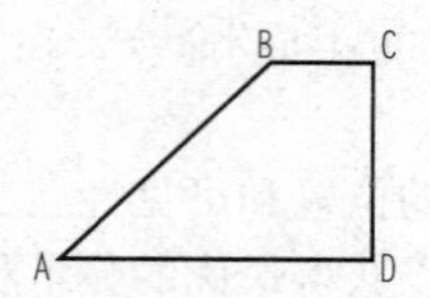

图 7-21　利用“直线”命令绘制图形

4. 绘制标高符号
命令：L↙
LINE
指定第一个点：　　　　(在绘图区任意指定一点 A)
指定下一点或［放弃(U)］：@ 40<- 135↙　　　　(利用相对极坐标定位 B 点)
指定下一点或［放弃(U)］：@ 40<135↙　　　　(利用相对极坐标定位 C 点)
指定下一点或［闭合(C)/放弃(U)］：180↙　　　　(光标指向 0°，输入“180”，定位 D 点)
绘制好的标高符号如图 7-22 所示。

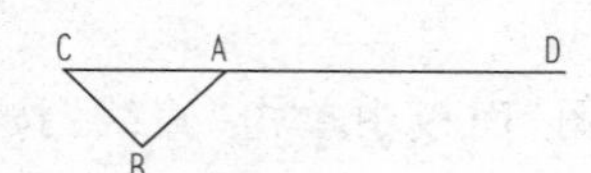

图 7-22　绘制标高符号

(二)绘制构造线

构造线通常在绘图过程中作为辅助线使用。
1. 执行方式
功能区：在“默认”选项卡“绘图”面板中单击“构造线”按钮⤢。
命令行：XLINE(XL)。
菜单栏：“绘图”→“构造线”。
2. 选项说明
(1)点：用无限长直线所通过的两点定义构造线的位置，如图 7-23 所示。

XLINE
XLINE 指定点或 [水平(H) 垂直(V) 角度(A) 二等分(B) 偏移(O)]:

图 7-23　“构造线”命令行选项

指定通过点：　(指定构造线通过的点，或按 Enter 键结束命令，将创建通过指定点的构造线)
(2)水平：创建一条通过指定点的水平参照线。
指定通过点：　(指定构造线通过的点，或按 Enter 键结束命令，将创建平行于 X 轴的构造线)
(3)垂直：创建一条通过指定点的垂直参照线。
指定通过点：　(指定构造线通过的点，或按 Enter 键结束命令，将创建平行于 Y 轴的构造线)

(4)角度：以指定的角度创建一条参照线。

输入构造线的角度＜0＞或[参照(R)]：　　　　　　　　　　(指定角度或输入“R”)

1)构造线角度：指定放置直线的角度。

指定通过点：　　　　(指定构造线通过的点，将使用指定角度创建通过指定点的构造线)

2)参照：指定与选定参照线之间的夹角。此角度从参照线开始按逆时针方向测量。

选择直线对象：　　　　　　　　　　　　(选择直线、多段线、射线或构造线)

输入构造线的角度＜0＞：

指定通过点：

(指定构造线通过的点，或按Enter键结束命令，将使用指定角度创建通过指定点的构造线)

(5)二等分：创建一条参照线，它经过选定的角顶点，并且将选定的两条线之间的夹角平分。

指定角的顶点：　　　　　　　　　　　　　　　　　　　　　　(指定点)

指定角的起点：　　　　　　　　　　　　　　　　　　　　　　(指定点)

指定角的端点：　　　　　　　　　　　　　　　(指定点或按Enter键结束命令)

此构造线位于由三个点确定的平面中。

(6)偏移：创建平行于另一个对象的参照线。

指定偏移距离或[通过(T)]＜当前＞：　　　(指定偏移距离，输入“T”，或按Enter键)

1)偏移距离：指定构造线偏离选定对象的距离。

选择直线对象：　　　　　　(选择直线、多段线、射线或构造线，或按Enter键结束命令)

指定向哪侧偏移：　　　　　　　　　　　　　　(指定一点或按Enter键退出命令)

2)通过：创建从一条直线偏移并通过指定点的构造线。

选择直线对象：　　　　　　(选择直线、多段线、射线或构造线，或按Enter键结束命令)

指定通过点：　　　　　　　　　　　(指定构造线通过的点，然后按Enter键退出命令)

执行选项中其他绘制构造线方式与上述命令行操作方法类似，读者可自行练习。

3. 绘制构造线的命令方式

(1)方式一。

命令：XLINE↙

指定点或[水平(H)/垂直(V)/角度(A)/二等分(B)/偏移(O)]：h↙　　　(绘制水平构造线)

指定通过点：　　　　　　　　　　(在图形区任意位置指定一点，绘制出最上面第一条构造线)

指定通过点：300↙

(光标指向第一条构造线下方，输入“300”得到第二条构造线，与第一条构造线距离是300，以下同)

指定通过点：200↙

指定通过点：500↙

指定通过点：↙

(2)方式二。

命令：XLINE　　　　　　　　(直接按Space键或按Enter键调用刚才使用过的命令)

指定点或[水平(H)/垂直(V)/角度(A)/二等分(B)/偏移(O)]：v↙

(绘制最左端第一条垂直构造线)

指定通过点：　　　　　　(在绘图区任意位置指定一点，绘制出最上面第一条垂直构造线)

指定通过点：400↙(光标指向第一条垂直构造线右方，输入“400”得到第二条构造线，与第一条构造线距离是400，以下同)

指定通过点：300↙

指定通过点：500↙

完成的结果如图 7-24 所示。

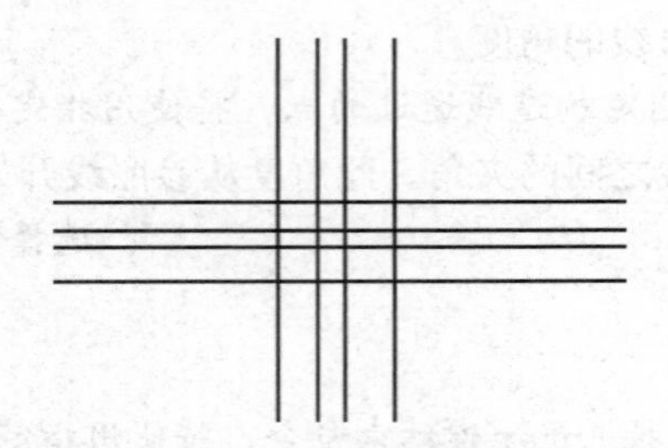

图 7-24 利用“构造线”命令绘制辅助线

(三)绘制矩形

微课：绘制矩形(一)

RECTANG 命令以指定两个对角点的方式绘制矩形，当两角点形成的边相同时则生成正方形。

1. 执行方式

功能区：在“默认”选项卡“绘图”面板中单击“矩形”按钮。

命令行：RECTANG(REC)。

菜单栏：“绘图”→“矩形”。

2. 选项说明

微课：绘制矩形(二)

按上述方式执行 RECTANG 命令时，命令行的提示如图 7-25 所示。

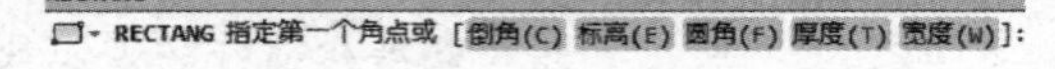

图 7-25 “矩形”命令行选项

(1)指定第一个角点：指定点或输入选项第一个角点，指定矩形的一个角点。

1)一个角点：使用指定的点作为对角点创建矩形。

2)面积：使用面积与长度或宽度创建矩形。如果“倒角”或“圆角”选项被激活，则区域将包括倒角或圆角在矩形角点上产生的效果。

3)尺寸：使用长和宽创建矩形。

4)旋转：按指定的旋转角度创建矩形。

(2)倒角：设定矩形的倒角距离。

(3)标高：指定矩形的标高。

(4)圆角：指定矩形的圆角半径。

(5)厚度：指定矩形的厚度。

(6)宽度：为要绘制的矩形指定多段线的宽度。

注意：标高和厚度是两个不同的概念。设定标高是指在距基面一定高度的面内绘制矩形，而设定厚度则表示可以绘制出具有一定厚度(给定值)的矩形。

3. 绘制矩形的命令方式

根据给出的条件不同，绘制一个长 200、宽 100 的矩形有如下几种命令方式：

(1)方式一。

命令：_ REC↙

RECTANG
指定第一个角点或[倒角(C)/标高(E)/圆角(F)/厚度(T)/宽度(W)]: (任意定位一点)
指定另一个角点或[面积(A)/尺寸(D)/旋转(R)]: @ 200, 100↙
(2)方式二。
命令: _ REC↙
RECTANG
指定第一个角点或[倒角(C)/标高(E)/圆角(F)/厚度(T)/宽度(W)]: (任意定位一点)
指定另一个角点或[面积(A)/尺寸(D)/旋转(R)]: d↙
指定矩形的长度<200.0 000>: 200↙
指定矩形的宽度<100.0 000>: 100↙
(3)方式三。
命令: _ REC↙
RECTANG
指定第一个角点或[倒角(C)/标高(E)/圆角(F)/厚度(T)/宽度(W)]: (任意定位一点)
指定另一个角点或[面积(A)/尺寸(D)/旋转(R)]: a↙
输入以当前单位计算的矩形面积<2 000.0 000>: 20 000↙
计算矩形标注时依据[长度(L)/宽度(W)]<长度>: ↙
输入矩形长度<200.0 000>: 200↙
完成结果如图7-26所示。

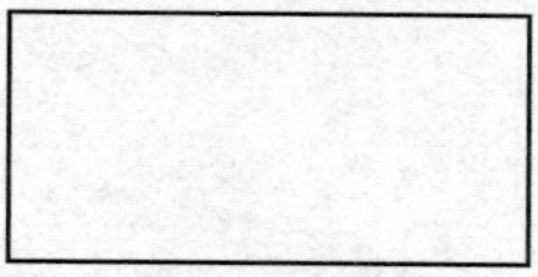

图7-26 利用不同方式绘制的矩形(一)

(4)方式四。
命令: _ REC↙
RECTANG
指定第一个角点或[倒角(C)/标高(E)/圆角(F)/厚度(T)/宽度(W)]: c↙
指定矩形的第一个倒角距离<0.0 000>: 20↙
指定矩形的第二个倒角距离<20.0 000>: ↙
指定第一个角点或[倒角(C)/标高(E)/圆角(F)/厚度(T)/宽度(W)]: (任意定位一点)
指定另一个角点或[面积(A)/尺寸(D)/旋转(R)]: @ 200, 100↙ [图7-27(a)]
(5)方式五。
命令: _ REC↙
RECTANG
指定第一个角点或[倒角(C)/标高(E)/圆角(F)/厚度(T)/宽度(W)]: f↙
指定矩形的圆角半径<20.0 000>: 20↙
指定第一个角点或[倒角(C)/标高(E)/圆角(F)/厚度(T)/宽度(W)]: (任意定位一点)
指定另一个角点或[面积(A)/尺寸(D)/旋转(R)]: @ 200, 100↙ [图7-27(b)]
(6)方式六。

命令：_ REC↙
RECTANG
当前矩形模式：圆角= 20.0 000
指定第一个角点或[倒角(C)/标高(E)/圆角(F)/厚度(T)/宽度(W)]：f↙
指定矩形的圆角半径 <20.0 000>：0↙ (把圆角矩形恢复成直角矩形)
指定第一个角点或[倒角(C)/标高(E)/圆角(F)/厚度(T)/宽度(W)]：w↙
指定矩形的线宽 <0.0 000>：5↙
指定第一个角点或[倒角(C)/标高(E)/圆角(F)/厚度(T)/宽度(W)]： (任意定位一点)
指定另一个角点或[面积(A)/尺寸(D)/旋转(R)]：@ 200，- 100↙ [图 7-27(c)]

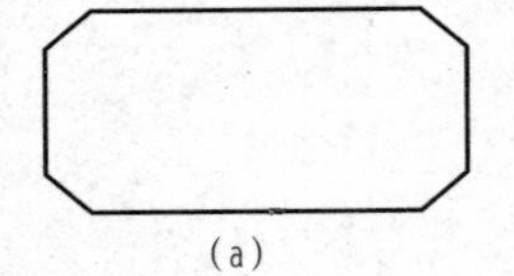
(a)
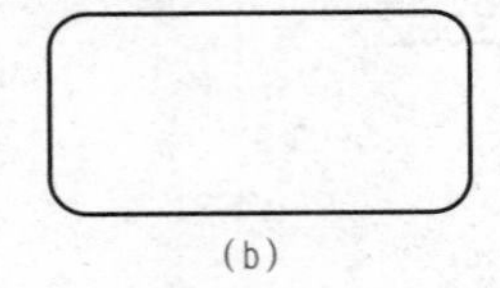
(b)
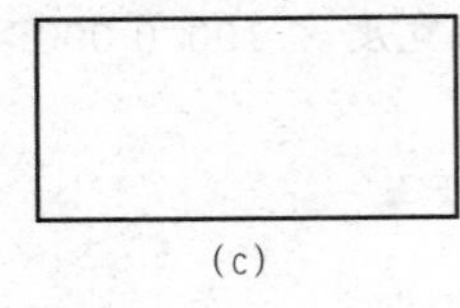
(c)

图 7-27 利用不同方式绘制的矩形(二)

(四)绘制正多边形

POLYGON 命令用来创建等边闭合多段线。

微课：绘制正多边形

1. 执行方式

功能区：在“默认”选项卡“绘图”面板中单击“多边形”按钮⬠。
命令行：POLYGON(POL)。
菜单栏：“绘图”→“多边形”。

2. 选项说明

(1)多边形的中心点：指定多边形的中心点的位置，以及新对象是内接还是外切。
(2)边数：指定多边形的边数(3～1 024)。
(3)内接于圆：指定外接圆的半径，正多边形的所有顶点都在此圆周上。
(4)外切于圆：指定从正多边形圆心到各边中点的距离。
(5)边：通过指定第一条边的端点来定义正多边形。

3. 绘制正多边形的命令方式

(1)方式一。
命令：POL↙
POLYGON
输入侧面数 <4>：6↙
指定正多边形的中心点或[边(E)]： (任意定位一点)
输入选项[内接于圆(I)/外切于圆(C)] <I>：I↙
指定圆的半径：200↙ [图 7-28(a)]
(2)方式二。
命令：POL↙
POLYGON
输入侧面数 <4>：6↙
指定正多边形的中心点或[边(E)]： (任意定位一点)

输入选项［内接于圆(I)/外切于圆(C)］<C>：C↙

指定圆的半径：200↙　　　　　　　　　　　　　　　　　　　　　　　　［图 7-28(b)］

200　　200

(a)　　(b)

图 7-28　绘制多边形

(a)指定外切圆半径；(b)指定内接圆半径

(五)绘制圆类图形

微课：绘制圆

1. 绘制圆

(1)执行方式。

功能区：在“默认”选项卡“绘图”面板中单击“圆”按钮，如图 7-29 所示。

CIRCLE

CIRCLE 指定圆的圆心或［三点(3P) 两点(2P) 切点、切点、半径(T)］:

图 7-29　“圆”命令行选项

命令行：CIRCLE(C)。

菜单栏：“绘图”→“圆”。

(2)选项说明。可以使用多种方法创建圆，默认方法是指定圆心和半径。绘制圆命令选项如图 7-30 所示。

1)圆心：基于圆心和半径或直径值创建圆。

2)半径：输入值，或指定点。

3)三点(3P)：基于圆周上的三点创建圆。

4)两点(2P)：基于直径上的两个端点创建圆。

5)切点、切点、半径(T)：基于指定半径和两个相切对象创建圆。

有时会有多个圆符合指定的条件，程序将绘制具有指定半径的圆，其切点与选定点的距离最近。

6)相切、相切、相切：创建相切于三个对象的圆。要绘制三点相切的圆，应将运行对象捕捉设定为“切点”，并使用三点方法绘制该圆。

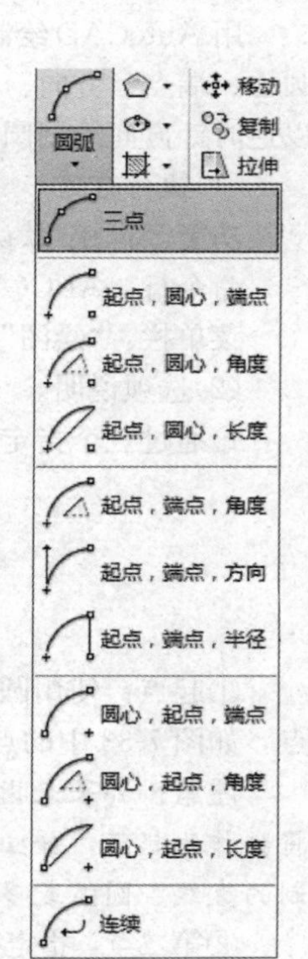

图 7-30　多种绘制圆弧的方法

(3)绘制的同心圆与三条边相切的命令方式。

1)方式一。

命令：C↙

指定圆的圆心或［三点(3P)/两点(2P)/切点、切点、半径(T)］:

指定圆的半径或［直径(D)］：200↙

2)方式二。

命令：C↙

指定圆的圆心或［三点(3P)/两点(2P)/切点、切点、半径(T)］:　（利用捕捉方式选择圆心）

指定圆的半径或［直径(D)］<200.0000>：220↙

3)方式三。

命令：↙ (输入空格，可调用刚刚执行过的命令)

_ CIRCLE

指定圆的圆心或［三点(3P)/两点(2P)/切点、切点、半径(T)］：_ 3 p↙

指定圆上的第一个点：_ tan 到 (利用捕捉方式选择与圆相切的第一条直线)

指定圆上的第二个点：_ tan 到 (利用捕捉方式选择与圆相切的第二条直线)

指定圆上的第三个点：_ tan 到 (利用捕捉方式选择与圆相切的第三条直线)

完成的结果如图 7-31 所示。

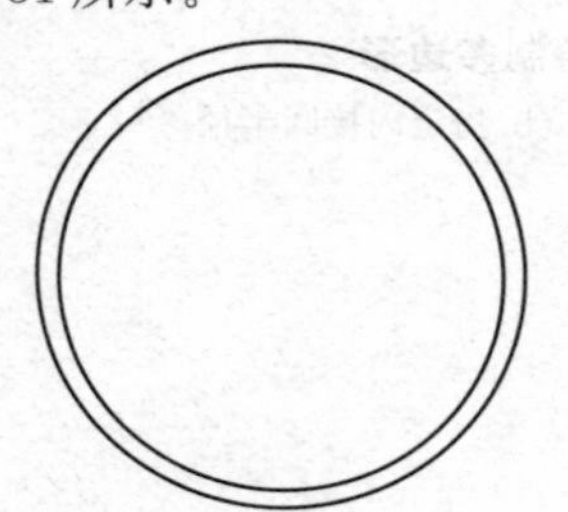
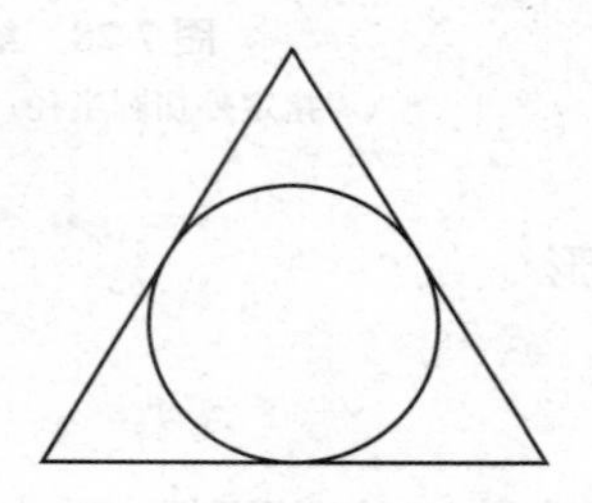

图 7-31 绘制的同心圆与三条边相切

2. 绘制圆弧

用 AutoCAD 绘制圆弧的方法很多，共有 11 种，所有方法都是由起点、圆心、端点、方向、中点、包角、弦长等参数来确定绘制的。在默认情况下，以逆时针方向绘制圆弧；按住 Ctrl 键的同时拖动，以顺时针方向绘制圆弧。

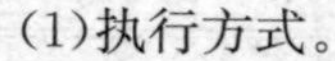

微课：绘制圆弧

(1)执行方式。

功能区：在“默认”选项卡“绘图”面板中单击“圆弧”按钮。

命令行：ARC(A)

菜单栏：“绘图”→“圆弧”。

(2)选项说明。

1)通过三个指定点可以顺时针或逆时针指定圆弧，其命令行选项如图 7-32所示。

指定圆弧的起点或 [圆心(C)]:
ARC 指定圆弧的第二个点或 [圆心(C) 端点(E)]:

图 7-32 三点绘制圆弧的命令行选项

①起点：使用圆弧周线上的三个指定点绘制圆弧。以第一个点为起点，如图 7-33 中的点 1。

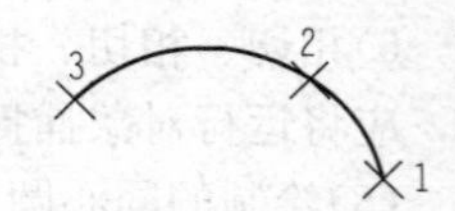

图 7-33 通过三个指定点绘制圆弧(一)

注意：如果未指定点就按 Enter 键，最后绘制的直线或圆弧的端点将会作为起点，并立即提示指定新圆弧的端点。这将创建一条与最后绘制的直线、圆弧或多段线相切的圆弧。

②第二点：指定第二个点(图 7-33 中的点 2)，它是圆弧周线上的一个点。

③端点：指定圆弧上的最后一个点，如图 7-33 中的点 3。

2)通过圆心、起点、端点绘制圆弧。

①圆心：通过指定圆弧所在圆的圆心开始。

②起点：指定圆弧的起点。

③端点：指定圆弧的端点。如图 7-34 所示，使用圆心(点 2)，从起点(点 1)向端点逆时针绘制圆弧。端点将落在从第三点(点 3)到圆心的一条假想射线上。

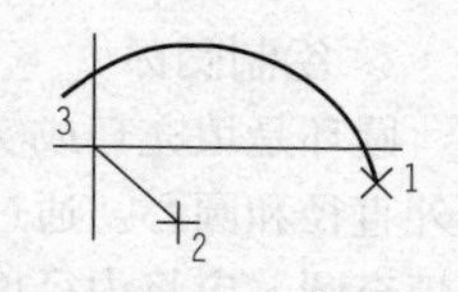

图 7-34　通过三个指定点绘制圆弧(二)

④角度：如图 7-35 所示，使用圆心(点 2)，从起点(点 1)按指定包含角逆时针绘制圆弧；如果角度为负，将顺时针绘制圆弧。

⑤弦长：基于起点和端点之间的直线距离绘制劣弧或优弧。如果弦长为正值，将从起点逆时针绘制劣弧；如果弦长为负值，将逆时针绘制优弧，如图 7-36 所示。

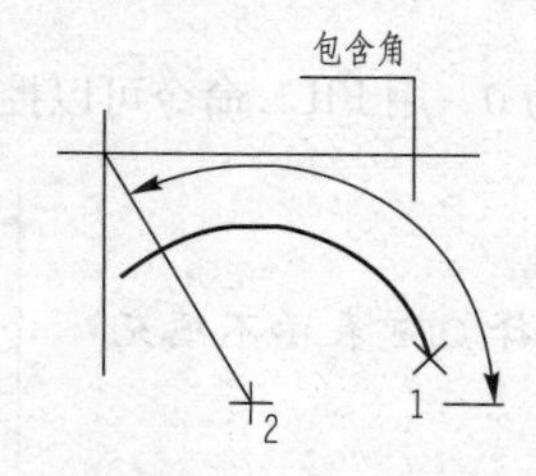

图 7-35　通过指定圆心、角度绘制圆弧

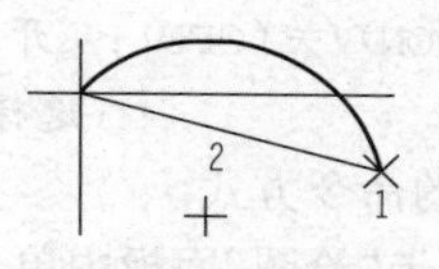

图 7-36　通过指定弦长绘制圆弧

3)以下绘制弧可按上述类似方法操作：

①通过指定起点、端点、角度绘制圆弧。

②通过指定起点、端点、方向绘制圆弧。

③通过指定起点、端点、半径绘制圆弧。

(3)通过三个指定点绘制圆弧

1)方式一。

命令：_ REC↙

指定第一个角点或[倒角(C)/标高(E)/圆角(F)/厚度(T)/宽度(W)]：

指定另一个角点或[面积(A)/尺寸(D)/旋转(R)]：@ 40, - 1 000

(绘制一个 40×1 000 的矩形)

2)方式二。

命令：_ A↙

指定圆弧的起点或[圆心(C)]：　(单击 A 点作为起点)

指定圆弧的第二个点或[圆心(C)/端点(E)]：C↙

指定圆弧的圆心：　(单击 B 点作为起点)

指定圆弧的端点(按住 Ctrl 键以切换方向)或[角度(A)/弦长(L)]：

(按 Ctrl 键可切换方向，指向与 B 点同一水平线上的 C 点，如图 7-37 所示)

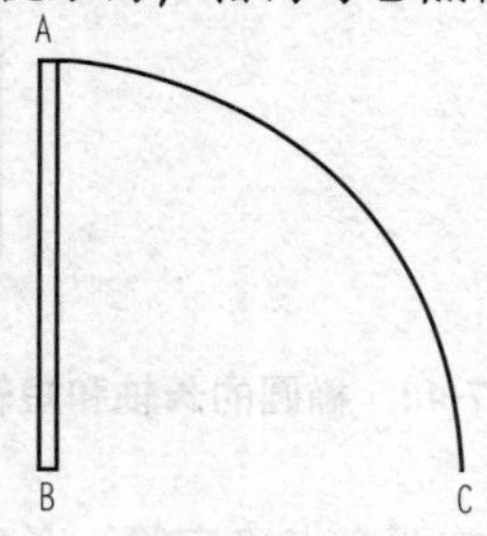

图 7-37　通过三个指定点绘制圆弧

3. 绘制圆环

圆环是填充环或实体填充圆，即带有宽度的实际闭合多段线。要创建圆环，应指定圆环的内外直径和圆心。通过指定不同的中心点，可以继续创建具有相同直径的多个副本。要创建实体填充圆，应将内径值指定为 0。

(1)执行方式。

功能区：在“默认”选项卡“绘图”面板中单击“圆环”按钮◎。

命令行：DONUT(DO)。

菜单栏：“绘图”→“圆环”。

(2)选项说明。要创建实体填充圆，应将内径值指定为 0。用 FILL 命令可以控制圆环是否填充。

命令：FILL↙

输入模式[开(ON)/关(OFF)]＜开＞：

(选择 ON 表示填充，选择 OFF 表示不填充)

(3)绘制圆环的命令方式。

在“默认”选项卡“绘图”面板中单击“圆环”按钮。

1)指定内直径 1。

2)指定外直径 2。

3)指定圆环的圆心 3。

4)指定另一个圆环的中心点，或者按 Enter 键结束命令。

完成结果如图 7-38 所示。

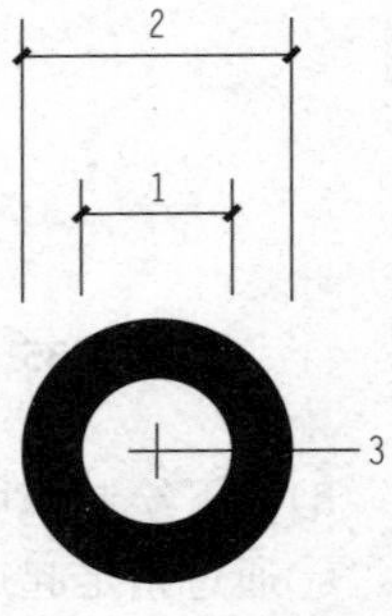

图 7-38　绘制圆环

(六)绘制椭圆及椭圆弧

椭圆由定义其长度和宽度的两条轴决定。

1. 执行方式

功能区：在“默认”选项卡“绘图”面板中单击“椭圆”按钮，如图 7-39 所示。

命令行：ELLIPSE(EL)。

菜单栏：“绘图”→“椭圆”。

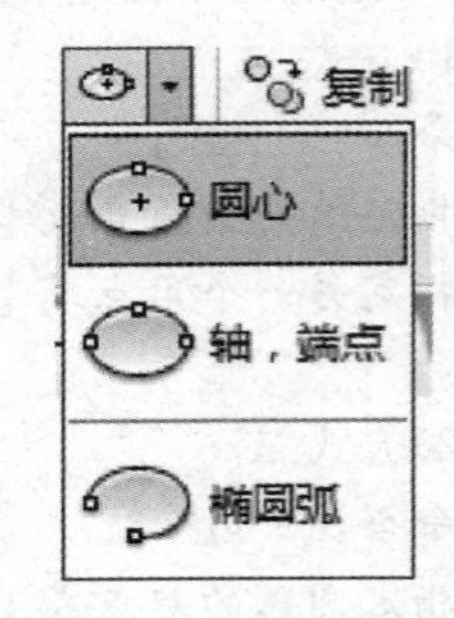

图 7-39　绘制椭圆及椭圆弧

2. 选项说明

当绘制椭圆时，其由定义其长度和宽度的两个轴决定：主(长)轴和次(短)轴，如图 7-40 所示。

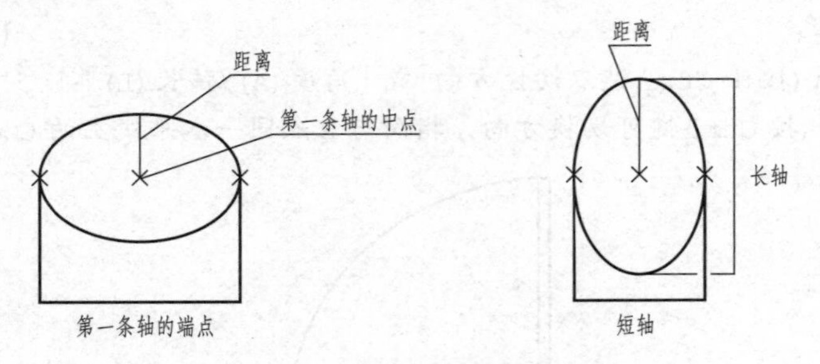

图 7-40　椭圆的长轴和短轴

(1)指定椭圆的轴端点：椭圆上的前两个点确定第一条轴的位置和长度，第三个点确定椭圆的圆心与第二条轴的端点之间的距离。

轴端点：根据两个端点定义椭圆的第一条轴。第一条轴的角度确定整个椭圆的角度。第一条轴既可定义椭圆的长轴也可定义短轴。

旋转：通过绕第一条轴旋转圆来创建椭圆。

(2)圆弧：创建一段椭圆弧。椭圆弧上的前两个点确定第一条轴的位置和长度，第三个点确定椭圆弧的圆心与第二条轴的端点之间的距离，第四个点和第五个点确定起始和终止角度。

第一条轴的角度确定椭圆弧的角度。第一条轴可以根据其大小定义长轴或短轴。

(3)中心：用指定的中心点创建椭圆或椭圆弧，如图 7-41 所示。

```
指定椭圆的轴端点或 [圆弧(A)/中心点(C)]: _c
ELLIPSE 指定椭圆的中心点:
```

图 7-41　指定椭圆圆心的命令行选项

(4)旋转：通过绕第一条轴旋转定义椭圆的长轴和短轴的比例。该值(从 0°到 89.4°)越大，短轴对长轴的比例就越大。89.4°到 90.6°之间的值无效，因为此时椭圆将显示为一条直线。这些角度值的倍数每隔 90°产生一次镜像效果。

输入 0、180 或 180 的倍数将在圆中创建一个椭圆。

(5)角度：定义椭圆弧的终止角度。使用“角度”选项可以从参数模式切换到角度模式。模式用于控制计算椭圆的方法。

(6)参数：需要同样输入作为“起始角度”，但通过以下矢量参数方程式创建椭圆弧：

$$p(u)=c+a*\cos u+b*\sin u$$

式中　c——椭圆的圆心；

a、b——椭圆的长轴和短轴；

u——光标与椭圆中心点连线的夹角。

3. 使用中心法绘制椭圆

命令：_ELLIPSE↙

指定椭圆的轴端点或 [圆弧(A)/中心点(C)]：_c↙

指定椭圆的中心点：

指定轴的端点：300↙

指定另一条半轴长度或 [旋转(R)]：150↙

(绘制出一个指定中心点，半长轴为 300、半短轴为 150 的椭圆)

4. 使用旋转法绘制椭圆弧

命令：_ELLIPSE↙

指定椭圆的轴端点或 [圆弧(A)/中心点(C)]：_a↙　(绘制椭圆弧)

指定椭圆弧的轴端点或 [中心点(C)]：

指定轴的另一个端点：600↙

指定另一条半轴长度或 [旋转(R)]：r↙

指定绕长轴旋转的角度：30↙　(绘制出一个长轴为 600、旋转角度为 30°的椭圆弧)

指定起点角度或 [参数(P)]：

指定端点角度或 [参数(P)/夹角(I)]：

(七)绘制其他图形

1. 绘制多段线

创建二维多段线，其是由直线段和圆弧段组成的单个对象，可创建不同线宽的多段线，弥补了直线和圆弧的不足。

(1)执行方式。

微课：多段线(一)

功能区：在“默认”选项卡“绘图”画板中单击“多段线”按钮。

命令行：PLINE(PL)。

菜单栏：“绘图”→“多段线”。

(2)选项说明。执行“多段线”命令，指定起点后命令行提示信息如图 7-42 所示。

当前线宽为 0.0000

PLINE 指定下一个点或 [圆弧(A) 半宽(H) 长度(L) 放弃(U) 宽度(W)]:

图 7-42 “多段线”命令行选项

微课：多段线(二)

如果选择“圆弧”命令，命令行提示信息如图 7-43 所示。

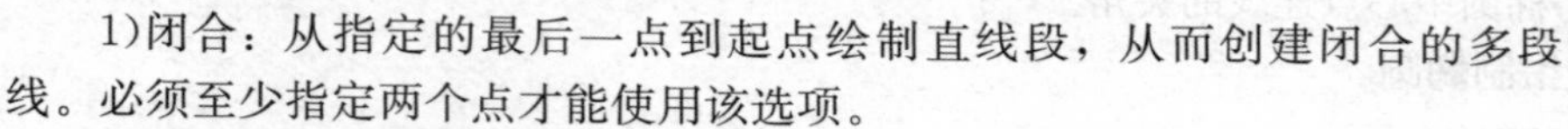

图 7-43 选择“圆弧”命令行选项

起点宽度将成为默认的端点宽度。端点宽度在再次修改宽度之前将作为所有后续线段的统一宽度。宽线线段的起点和端点位于宽线的中心。

微课：绘制雨伞练习

在典型情况下，相邻多段线线段的交点将倒角，但在圆弧段互不相切，有非常尖锐的角或者使用点画线线型的情况下将不倒角。

1)闭合：从指定的最后一点到起点绘制直线段，从而创建闭合的多段线。必须至少指定两个点才能使用该选项。

2)半宽：指定从多段线线段的中心到其一边的宽度。

起点半宽将成为默认的端点半宽。端点半宽在再次修改半宽之前将作为所有后续线段的统一半宽。

3)长度：在与上一线段相同的角度方向上绘制指定长度的直线段。如果上一线段是圆弧，程序将绘制与该圆弧段相切的新直线段。

指定直线的长度：指定距离。

4)放弃：删除最近一次添加到多段线上的直线段。

5)宽度：指定下一条直线段的宽度。

微课：绘制点

2. 绘制点

点作为组成图形实体的部分，具有各种实体属性，且可以被编辑。

(1)设置点样式。指定点对象的显示样式及大小。

1)执行方式。

功能区：在“默认”选项卡“实用工具”面板中单击“点样式”按钮，如图 7-44(a)所示。

命令行：DDPTYPE(PTYPE)。

菜单栏：“格式”→“点样式”。

2)选项说明。按上述方式执行“点样式”命令后，系统将弹出“点样式”对话框，如图 7-44(b)所示。在“点大小”文本框中输入控制点的大小。

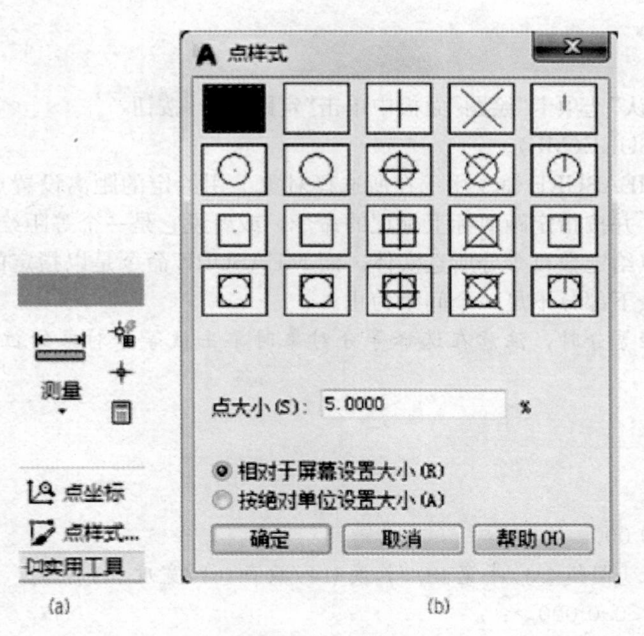

图 7-44　点样式

(a)"点样式"按钮；(b)"点样式"对话框

①"相对于屏幕设置大小"单选按钮用于按屏幕尺寸的百分比设置点的显示大小。当进行缩放时，点的显示大小并不改变。

②"按绝对单位设置大小"单选按钮用于按"点大小"指定的实际单位设置点显示的大小。当进行缩放时，AutoCAD 显示的点的大小随之改变。

(2)绘制点。绘制点的执行方式如下：

1)功能区：在"默认"选项卡"绘图"面板中单击"点"按钮 ·，如图 7-45 所示。

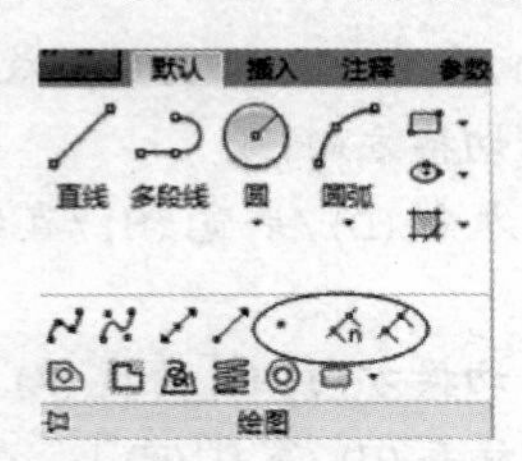

图 7-45　绘制点的三种方式

2)命令行：POINT(PO)。

3)菜单栏："绘图"→"点"。

(3)绘制等分点。

1)执行方式。

功能区：在"默认"选项卡"绘图"面板中单击"定数等分"按钮。

命令行：DIVIDE(DIV)。

2)选项说明。DIVIDE 命令是在某一图形上以等分长度设置点或块。被等分的对象可以是直线、圆、圆弧、多段线等，等分数目由用户指定。

(4)绘制定距点。

1)执行方式。

功能区：在“默认”选项卡“绘图”面板中单击“定距等分”按钮。

命令行：MEASURE(ME)。

2)选项说明。MEASURE命令用于在所选择对象上用给定的距离设置点，实际上是提供了一个测量图形长度，并按指定距离标上标记的命令，或者说它是一个等距绘图命令，与DIVIDE命令相比，后者是以给定数目等分所选实体，而MEASURE命令是以指定的距离在所选实体上插入点或块，直到余下部分不足一个间距为止。

注意：进行定距等分时，注意在选择等分对象时单击被等分对象的位置。单击位置不同，结果可能不同。

3. 绘制箭头

命令：PL↙

指定起点： (任意指定一点)

当前线宽为 0.0 000

指定下一个点或[圆弧(A)/半宽(H)/长度(L)/放弃(U)/宽度(W)]：w↙

指定起点宽度<0.0 000>：↙

指定端点宽度<0.0 000>：10↙

指定下一个点或[圆弧(A)/半宽(H)/长度(L)/放弃(U)/宽度(W)]：@ 12.5<0↙

指定下一点或[圆弧(A)/闭合(C)/半宽(H)/长度(L)/放弃(U)/宽度(W)]：w↙

指定起点宽度<10.0 000>：6↙

指定端点宽度<6.0 000>：↙

指定下一点或[圆弧(A)/闭合(C)/半宽(H)/长度(L)/放弃(U)/宽度(W)]：@ 25<0↙

指定下一点或[圆弧(A)/闭合(C)/半宽(H)/长度(L)/放弃(U)/宽度(W)]：w↙

指定起点宽度<6.0 000>：↙

指定端点宽度<6.0 000>：0↙

指定下一点或[圆弧(A)/闭合(C)/半宽(H)/长度(L)/放弃(U)/宽度(W)]：a↙

指定圆弧的端点(按住Ctrl键以切换方向)或

[角度(A)/圆心(CE)/闭合(CL)/方向(D)/半宽(H)/直线(L)/半径(R)/第二个点(S)/放弃(U)/宽度(W)]：@ 36<120↙

指定圆弧的端点(按住Ctrl键以切换方向)或[角度(A)/圆心(CE)/闭合(CL)/方向(D)/半宽(H)/直线(L)/半径(R)/第二个点(S)/放弃(U)/宽度(W)]：↙。

完成效果如图7-46所示。

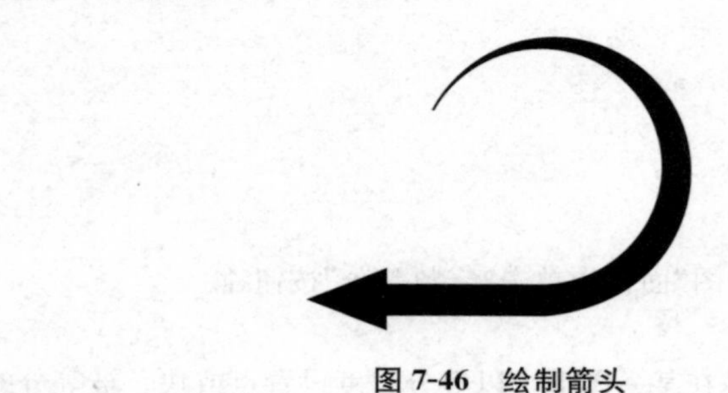

图7-46 绘制箭头

4. 绘制样条曲线

样条曲线是经过或接近影响曲线形状的一系列点的平滑曲线。在默认情况下，样条曲线是一系列 3 阶(也称为“三次”)多项式的过渡曲线段。这些曲线在技术上称为非均匀有理 B 样条(NURBS)，但为简便起见，称为样条曲线。

(1)执行方式。

功能区：在“默认”选项卡“绘图”面板中单击“样条曲线拟合”按钮或“样条曲线控制点”按钮。

命令行：SPLINE(SPL)。

菜单栏：“绘图”→“样条曲线”。

(2)选项说明。按上述方式执行“样条曲线”命令后，命令行提示信息如图 7-47 所示。

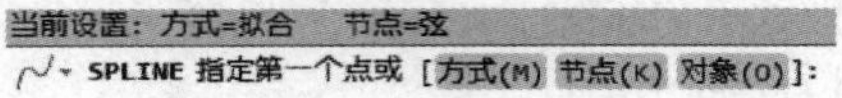

当前设置：方式=拟合 节点=弦
SPLINE 指定第一个点或 [方式(M) 节点(K) 对象(O)]:

图 7-47 “样条曲线”命令行选项

1)方式：是使用拟合点还是使用控制点来创建样条曲线。

2)节点：指定节点参数，它是一种计算方法，用来确定样条曲线中连续拟合点之间的零部件曲线如何过渡。

3)对象：将二维或三维的二次或三次样条曲线拟合多段线转换成等效的样条曲线。

起点方向：指定在样条曲线起点的相切条件。

端点相切：指定在样条曲线终点的相切条件。

公差：指定样条曲线可以偏离指定拟合点的距离。公差值为 0 时则生成的样条曲线直接通过拟合点，公差值适用于所有拟合点(拟合点的起点和终点除外)。

闭合：通过定义与第一个点重合的最后一个点，闭合样条曲线。选择该选项后，系统会提示：

指定切向：用户可以指定切向矢量，或通过使用“切点”和“垂足”对象来捕捉使样条曲线与现有对象相切或垂直。

阶数：该选项指定绘制样条曲线的阶数。

(3)绘制拟合样条曲线。

命令：_ SPLINE
当前设置：方式= 控制点 阶数= 5
指定第一个点或 [方式(M)/阶数(D)/对象(O)]：_ M↙
输入样条曲线创建方式 [拟合(F)/控制点(CV)] <控制点>：_ FIT↙
当前设置：方式= 拟合 节点= 弦
指定第一个点或 [方式(M)/节点(K)/对象(O)]： [图 7-48(a)]
输入下一个点或 [起点切向(T)/公差(L)]：
输入下一个点或 [端点相切(T)/公差(L)/放弃(U)]：
输入下一个点或 [端点相切(T)/公差(L)/放弃(U)/闭合(C)]：
输入下一个点或 [端点相切(T)/公差(L)/放弃(U)/闭合(C)]：
输入下一个点或 [端点相切(T)/公差(L)/放弃(U)/闭合(C)]：
输入下一个点或 [端点相切(T)/公差(L)/放弃(U)/闭合(C)]：
输入下一个点或 [端点相切(T)/公差(L)/放弃(U)/闭合(C)]：

(4)绘制控制点样条曲线。

命令：_SPLINE

当前设置：方式= 拟合 节点= 弦

指定第一个点或［方式(M)/节点(K)/对象(O)］：_M↙

输入样条曲线创建方式［拟合(F)/控制点(CV)］<拟合>：_CV↙

当前设置：方式= 控制点 阶数= 5

指定第一个点或［方式(M)/阶数(D)/对象(O)］： ［图 7-48(b)］

输入下一个点：

输入下一个点或［放弃(U)］：

输入下一个点或［闭合(C)/放弃(U)］：

输入下一个点或［闭合(C)/放弃(U)］：

输入下一个点或［闭合(C)/放弃(U)］：

输入下一个点或［闭合(C)/放弃(U)］：

输入下一个点或［闭合(C)/放弃(U)］：

输入下一个点或［闭合(C)/放弃(U)］：

输入下一个点或［闭合(C)/放弃(U)］：

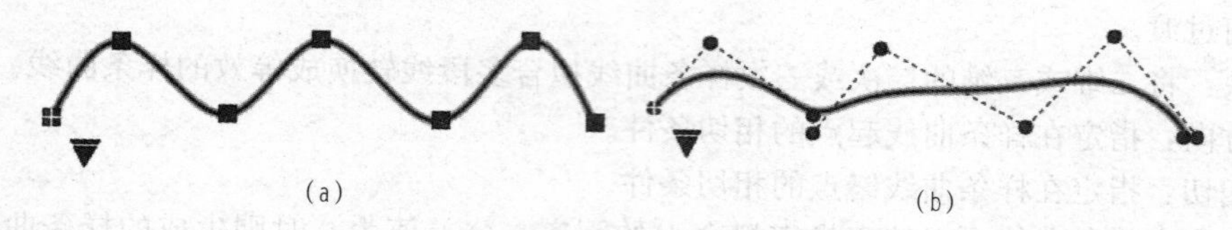

图 7-48 拟合点样条曲线和控制点样条曲线

(a)拟合点样条曲线；(b)控制点样条曲线

5. 修订云线

修订云线是由连续圆弧组成的多段线，用于提醒用户注意图形的某些部分。修订云线是用来构成云线形状的对象。在查看或用红线圈阅读图形时，可以使用修订云线功能亮显标记以提高工作效率。

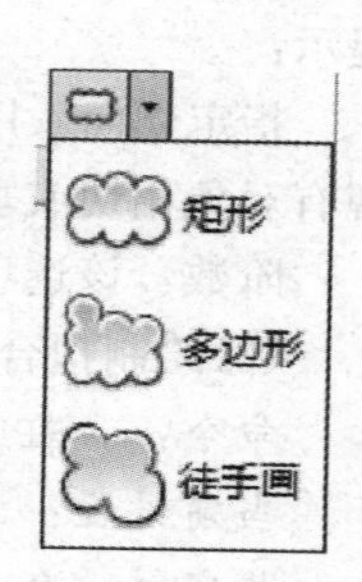

图 7-49 "修订云线"按钮

(1)执行方式。

功能区：在"默认"选项卡"绘图"面板中单击"修订云线"按钮，如图 7-49 所示。

命令行：REVCLOUD(REVC)。

菜单栏："绘图"→"修订云线"。

(2)选项说明。按上述方式执行"修订云线"命令后，命令行提示信息如图 7-50 所示。

最小弧长: 0.5 最大弧长: 0.5 样式: 普通 类型: 矩形

REVCLOUD 指定第一个角点或 [弧长(A) 对象(O) 矩形(R) 多边形(P) 徒手画(F) 样式(S) 修改(M)] <对象>:

图 7-50 "修订云线"命令行选项

1)第一个角点：指定矩形修订云线的一个角点。

①对角点：指定矩形修订云线的对角点。

②反转方向：反转修订云线上连续圆弧的方向。

2)起点：设置多边形修订云线的起点。

①下一点：指定下一点以定义多边形形状的修订云线。

②反转方向：反转修订云线上连续圆弧的方向。

3)第一点：指定徒手画修订云线的第一个点。

4)弧长：默认的弧长最小值和最大值设置为 0.5 000 个单位。所设置的最大弧长不能超过最小弧长的三倍。

5)对象：指定要转换为云线的对象。

6)矩形：使用指定的点作为对角点创建矩形修订云线。

7)多边形：创建非矩形修订云线(由作为修订云线的顶点的三个点或更多点定义)。

8)样式：指定修订云线的样式。

①普通：使用默认字体创建修订云线。

②手绘：像使用画笔绘图一样创建修订云线。

9)修改：从现有修订云线添加或删除侧边。

①选择多段线：指定要修改的修订云线。

②反转方向：反转修订云线上连续圆弧的方向。

(3)操作步骤。

1)创建矩形修订云线。

①单击“默认”选项卡“绘图”面板中“修订云线”→“矩形”按钮。

②指定修订云线第一个角点。

③指定修订云线的另一个角点。

2)创建多边形修订云线。

①单击“默认”选项卡“绘图”面板中“修订云线”→“多边形”按钮。

②指定修订云线的起点。

③单击以指定修订云线的其他顶点。

3)创建徒手画修订云线。

①单击“默认”选项卡“绘图”面板中“修订云线”→“徒手画”按钮。

②沿着云线路径移动十字光标。要想更改圆弧的大小，可以沿着路径单击拾取点，可以随时按 Enter 键停止绘制修订云线。

③要闭合修订云线，应返回到其起点。

④要反转圆弧的方向，应在命令行提示下输入“Y”，然后按 Enter 键。

4)使用画笔样式创建修订云线。

①单击“默认”选项卡“绘图”面板中“修订云线”→“徒手画”按钮。

②在绘图区域右击，然后在快捷菜单中选择“样式”命令。

③选择“手绘”选项。

④按 Enter 键以保存手绘设置并继续该命令，或者按 Esc 键结束命令。

5)将对象转换为修订云线。

①单击“默认”选项卡“绘图”面板中“修订云线”→“徒手画”按钮。

②在绘图区域右击，然后在快捷菜单中选择“对象”命令。

③选择要转换为修订云线的圆、椭圆、多段线或样条曲线。

④按 Enter 键使圆弧保持当前方向。否则，应输入“Y”反转圆弧的方向。

⑤按 Enter 键保存设置。

(八)绘制多线

多线由多条平行线组成，这些平行线称为元素。

1. 设置多线样式

(1)执行方式。

菜单栏："格式"→"多线样式"。

命令行：MLSTYLE(MLST)。

(2)选项说明。按上述方式执行"多线样式"命令后，系统弹出"多线样式"对话框，如图 7-51 所示。在"多线样式"对话框中单击"新建"按钮，系统将弹出"创建新的多线样式"对话框。

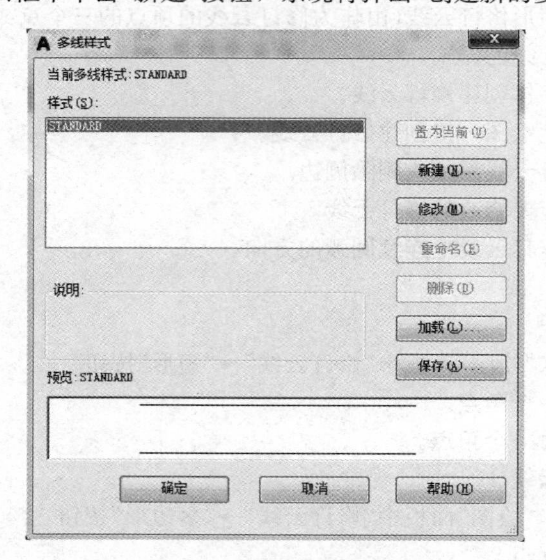

图 7-51 "多线样式"对话框

在"创建新的多线样式"对话框中，输入多线样式的名称，并选择开始绘制的多线样式，单击"继续"按钮，系统将弹出"新建多线样式"对话框。

在"新建多线样式"对话框中，选择多线样式的参数并单击"确定"按钮，系统将返回"多线样式"对话框。

在"多线样式"对话框中，单击"保存"按钮将多线样式保存到文件(默认文件为"acad. mln")，可以将多个多线样式保存到同一个文件中。单击"置为当前"按钮，可把刚创建的样式作为当前绘制多线的样式。

如果要创建多个多线样式，应在创建新样式之前保存当前样式，否则，将丢失对当前样式所做的更改。

2. 绘制多线

(1)执行方式。

功能区：在"默认"选项卡"绘图"面板中单击"多线"按钮 (如面板中没有"多线"命令，可以根据前面所讲的自定义用户界面中的自定义工具栏，把"多线"命令放置到"绘图"选项卡中)。

命令行：MLINE(ML)。

菜单栏："绘图"→"多线"。

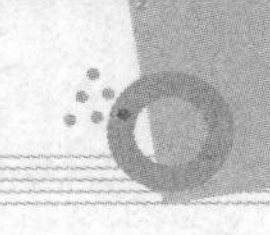

(2)选项说明。

1)对正：该选项用于给定绘制多线的对正方式，分为上、中、下三种，“上”代表以多线上侧的线为基准，建筑装饰图通常选用“中”，与墙体中心线居中对齐。

2)比例：用来设置平行线的间距。输入值为 0 时，平行线重合。

3)样式：该选项用来设置当前使用的多线样式。

(3)操作步骤。

命令：ML↙

当前设置：对正= 上，比例= 20.00，样式= STANDARD

指定起点或[对正(J)/比例(S)/样式(ST)]：st↙　　　　(选择样式)

输入多线样式名或[?]:? ↙　　　　(查找样式名)

已加载的多线样式如图 7-52 所示：

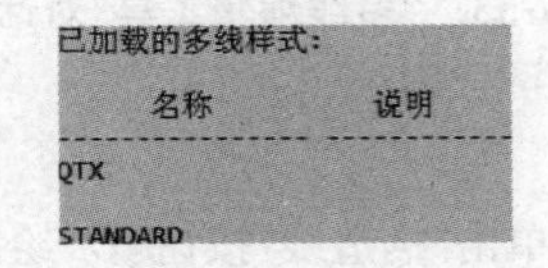

已加载的多线样式:

名称	说明
QTX	
STANDARD	

图 7-52　查找多线样式名的文本窗口

输入多线样式名或[?]：qtx↙　　　　(把 QTX 作为当前多线的样式)

当前设置：对正= 上，比例= 20.00，样式= QTX

指定起点或[对正(J)/比例(S)/样式(ST)]：s↙　　　　(设置多线的比例)

输入多线比例＜20.00＞：100↙　　　　(设置多线的比例为 100)

当前设置：对正= 上，比例= 100.00，样式= QTX

指定起点或[对正(J)/比例(S)/样式(ST)]：j↙

输入对正类型[上(T)/无(Z)/下(B)]＜上＞：z↙　　　　(设置多线的对正方式为 Z)

当前设置：对正= 无，比例= 100.00，样式= QTX

指定起点或[对正(J)/比例(S)/样式(ST)]：　　　　(指定起点)

指定下一点：　　　　(继续指定下一点)

指定下一点或[放弃(U)]：

指定下一点或[闭合(C)/放弃(U)]：

指定下一点或[闭合(C)/放弃(U)]：c↙　　　　(闭合线段，结束命令)

3. 编辑多线

(1)执行方式。

命令行：MLEDIT(MLED)。

菜单栏：“修改”→“对象”→“多线”。

(2)选项说明。按上述方式执行“多线”命令后，系统将弹出如图 7-53 所示的“多线编辑工具”对话框。该对话框将显示多线编辑工具，并以四列显示样例图像。第一列控制交叉的多线；第二列控制 T 形相交的多线；第三列控制角点结合和顶点；第四列控制多线中的打断。

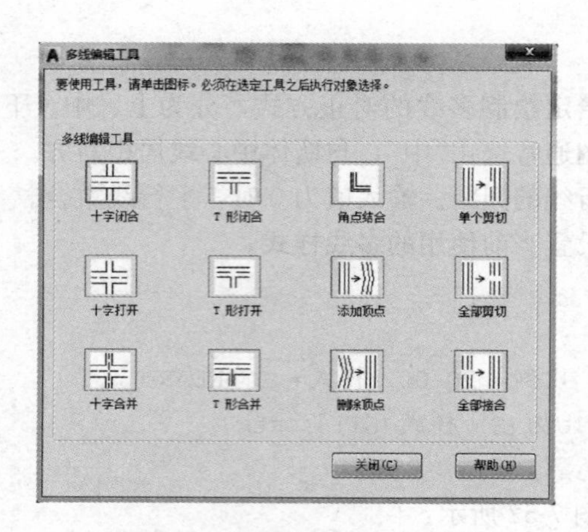

图 7-53 “多线编辑工具”对话框

4. 应用多线绘制墙体

(1)在“默认”选项卡“绘图”面板中单击“构造线”按钮，绘制一条水平构造线和一条竖直构造线。

(2)利用“构造线”命令中的“偏移”选项，将水平构造线依次向上偏移 3 000、600、1 000、2 200，重复该命令，将竖直构造线依次向右偏移 3 800、1 000、1 800、2 400、3 600。

(3)操作步骤。

命令：ML↙

当前设置：对正= 上，比例= 20.00，样式= QTX

指定起点或[对正(J)/比例(S)/样式(ST)]：s↙

输入多线比例<20.00>：100↙

当前设置：对正= 上，比例= 100.00，样式= QTX

指定起点或[对正(J)/比例(S)/样式(ST)]：j↙

输入对正类型[上(T)/无(Z)/下(B)]<上>：z↙

当前设置：对正= 无，比例= 100.00，样式 = QTX

指定起点或[对正(J)/比例(S)/样式(ST)]：

指定下一点：

指定下一点或[放弃(U)]：

指定下一点或[闭合(C)/放弃(U)]：

根据辅助线网格，用相同方法绘制其他多线，如图 7-54 所示。

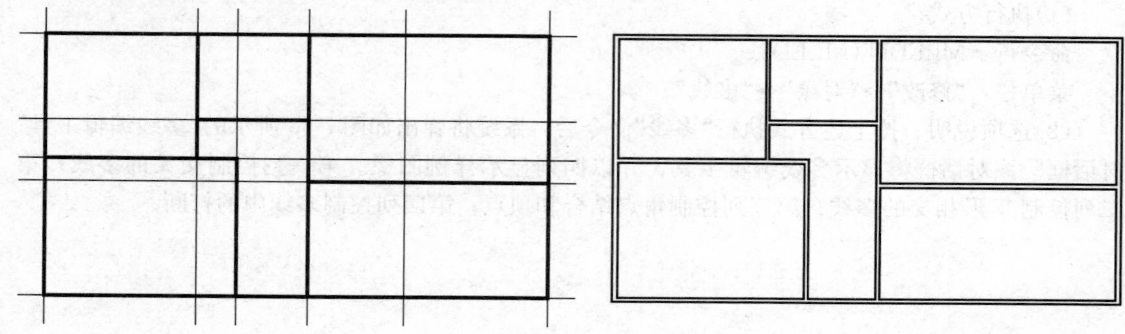

图 7-54 绘制墙体

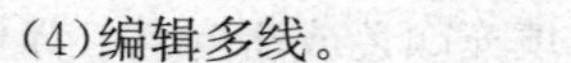

(4)编辑多线。

命令：MLEDIT↙　　　　(出现“多线编辑工具”对话框，选择“T 形打开”或“T 形合并”等命令)

选择第一条多线：　　　　(选择要进行编辑的多线)

选择第二条多线：　　　　(依次选择要进行编辑的多线)

(九)图案填充

AutoCAD 对于绘制好的二维图形，可以进行图案填充，在实际工作中，不同的填充图案代表不同的材料。

微课：图案填充(一)

1. 执行方式

功能区：在“默认”选项卡“绘图”面板中单击“图案填充”按钮▦，在功能区打开如图 7-55 所示的“图案填充创建”选项卡。

命令行：HATCH(H)。

菜单栏：“绘图”→“图案填充”。

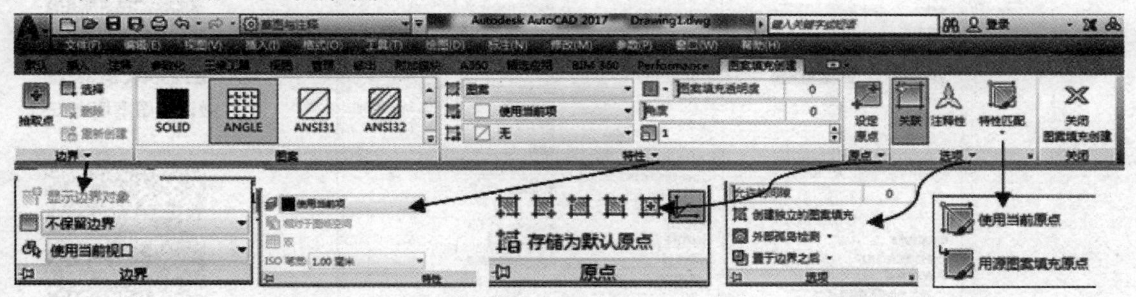

图 7-55　“图案填充创建”选项卡

2. 选项说明

微课：图案填充(二)

(1)填充方式。

1)预定义的填充图案。从提供的 70 多种符合 ANSI、ISO 和其他行业标准的填充图案中进行选择，或添加由其他公司提供的填充图案库。

2)用户定义的填充图案。基于当前的线型以及使用指定的间距、角度、颜色和其他特性来定义填充图案。

3)自定义填充图案。填充图案在 acad. pat 和 acadiso. pat(对于 AutoCAD LT，则为 acadlt. pat 和 acadltiso. pat)文件中定义，可以将自定义填充图案定义添加到这些文件中。

4)实体填充。使用纯色填充区域。

5)渐变填充。以一种渐变色填充封闭区域。渐变填充可显示为明(一种与白色混合的颜色)、暗(一种与黑色混合的颜色)或两种颜色之间的平滑过渡。

(2)面板说明。

1)“边界”面板。“拾取点”工具用于通过选择由一个或多个对象形成的封闭区域内的点来确定图案填充边界；“选择”工具用于指定基于选定对象的图案填充边界，使用此选项时，不会自动检测内容对象，为了在文字周围创建不填充的空间，会将文字包括的选择集中；“删除”工具用于从边界定义中删除之前添加的任何对象；“重新创建”工具则用于围绕选定的图案填充或填充对象创建多段线或面域，并使其与图案填充对象相关联(可选)。

2)“图案”面板。显示所有预定义和自定义图案的预览图像，用户从中选择所需的图案。当选择实体填充图案时，可以实现实体填充。

3)“特性”面板。在该面板中可查看并设置图案填充类型、图案填充颜色或渐变色、背景色或渐变色、图案填充透明度、图案填充角度、填充图案缩放、图案填充间距和图层名等。

4)“原点”面板。该面板用于控制填充图案生成的起始位置。某些图案填充(例如砖块图案)需要与图案填充边界上的一点对齐，在默认情况下，所有图案填充原点都对应于当前的 UCS 原点。

5)“选项”面板。该面板用于控制几个常用的图案填充或填充选项，如关联、注释性、特性匹配、允许的间隙和孤岛检测选项等。如选中“关联”，则指定图案填充或为关联图案填充，关联的图案填充或填充在用户修改其边界时将会更新。孤岛检测方式如图 7-56 所示。单击“选项”面板右下角 ↘ 按钮，可打开“图案填充和渐变色”对话框(图 7-56)，在对话框中的所有操作和功能区选项卡上进行图案填充的操作是一致的。

图 7-56 “图案填充和渐变色”对话框

微课：图案填充(三)

微课：图案填充(四)

6)“关闭”面板。在该面板中单击“关闭图案填充创建”按钮，则退出 HATCH 命令并关闭“图案填充创建”选项卡。

3. 图案填充命令操作

(1)在“默认”选项卡“绘图”面板中单击“图案填充”按钮，系统打开“图案填充创建”选项卡。

(2)在“特性”面板 “图案填充类型”列表中，选择要使用的图案填充类型。

(3)在“图案”面板上，单击选择一种填充图案。

(4)在“边界”面板上，指定如何选择图案边界：

1)拾取点：插入图案填充或布满以一个或多个对象为边界的封闭区域。使用此方法，可在边界内单击以指定区域。

2)选择边界对象：在闭合对象(如圆、闭合的多段线，或者一组具有接触和封闭某一区域的端点的对象)内插入图案填充或填充。

(5)单击要进行图案填充的区域或对象。

(6)在功能区“图案填充创建”选项卡中，可以根据需要进行任何调整：

1)在“特性”面板中，可以更改图案填充类型和颜色，或者修改图案填充的透明度级别、角度或比例。

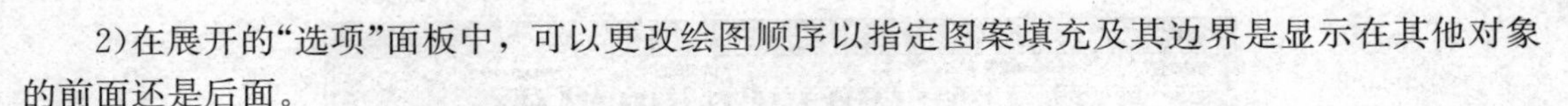

2)在展开的“选项”面板中，可以更改绘图顺序以指定图案填充及其边界是显示在其他对象的前面还是后面。

(7)按 Enter 键应用图案填充并退出命令。

三、二维图形的编辑

(一)选择对象

AutoCAD 2017 提供了两种编辑图形的方法：一是先执行编辑命令，然后选择要编辑的对象；二是先选择要编辑的对象，然后执行编辑命令。

1. 利用鼠标选择对象的方法

(1)通过单击单个对象来进行选择，选择多个对象时，只需用鼠标逐个单击这些对象，即可完成选择。

(2)也可通过使用窗口或窗交方法来选择对象。

要指定矩形选择区域，请单击，然后移动光标并再次单击鼠标。

要创建套索选择，请按住鼠标左键拖动，如图 7-57 所示。

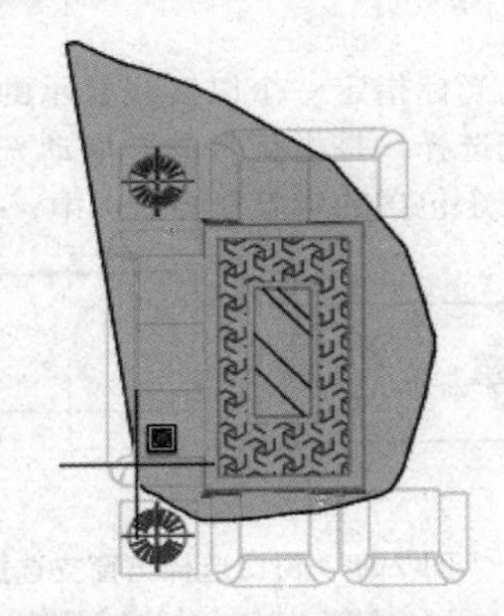

命令：*取消*

窗口(W) 套索 按空格键可循环浏览选项

图 7-57　按住鼠标拖动时可作为“套索工具”选择对象

从左到右拖动光标以选择完全封闭在选择矩形或套索(窗口选择)中的所有对象。

从右到左拖动光标以选择由选择矩形或套索(窗交选择)相交的所有对象。

按 Enter 键结束对象选择。

通过按住 Shift 键并单击单个对象，或跨多个对象拖动，来取消选择对象。按 Esc 键以取消选择所有对象。

注意：使用套索选择时，可以按 Space 键在“窗口”“窗交”和“栏选”对象选择模式之间切换。

2. 窗口选择与交叉选择

在 AutoCAD 2017 中，系统默认启用“按住并拖动套索选择对象”模式，用户也可关闭该模式，启用传统的窗口选择与窗交选择模式，方法是单击“应用程序”按钮，在下拉菜单中单击“选项”按钮，在弹出的“选项”对话框中选择“选择集”选项卡，在“选择集模式”选项区域中取消勾选“允许按住并拖动套索”复选框，如图 7-58 所示。单击“应用”按钮，便可使用窗口选择与窗交选择的方式来选择图形对象。

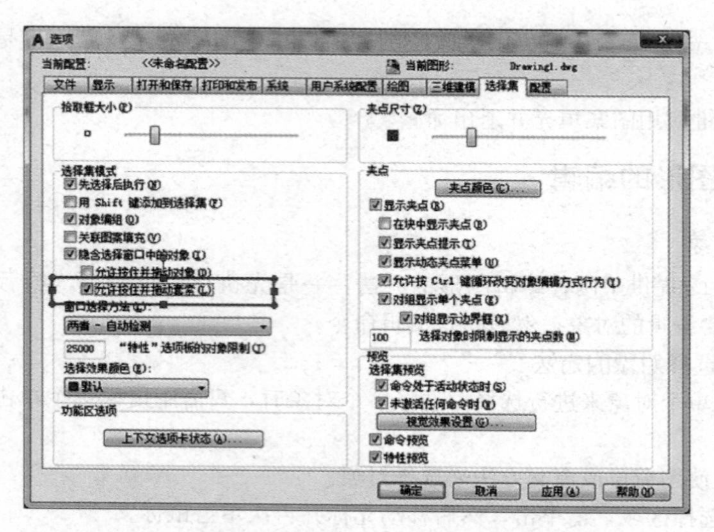

图 7-58　取消勾选“允许按住并拖动套索”复选框

窗口选择是指从左到右拖动光标指定一个以实线显示的矩形选择框，以选择完全封闭在该矩形选择框中的所有对象。窗交选择，是指从右向左拖动光标指定一个以虚线显示的矩形选择框，与该矩形选择框相交或被完全包含的对象都将被选中，如图 7-59 所示。

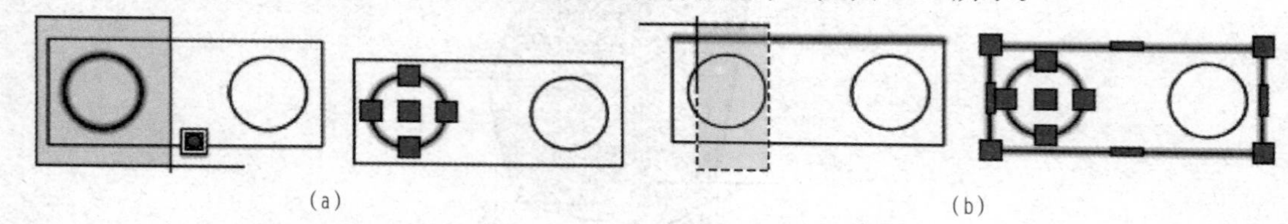

图 7-59　窗口选择与窗交选择

(a)窗口选择；(b)窗交选择

3. SELECT 命令的自动调用

SELECT 命令用于将选定对象置于“上一个”选择集中，其既可以单独使用，也可以在执行其他编辑命令时被自动调用。

(1)执行方式。

命令行：SELECT(SEL)。

(2)选项说明。执行 SELECT 命令后，命令行提示如下：

SELECT：选择对象：

输入“?”可查看这些选择方式，各选项说明如下：

1)点：直接通过点取的方式选择对象，可通过单击或从左向右或从右向左拖动选择框，选中的对象高亮显示，与直接单击或拖动鼠标选择对象不同的是没有夹点。

2)窗口：此时，无论从左向右，还是从右向左拖出的都是实线的矩形选择框，只有全部包含在内的对象才能被选中。

3)上一个：系统会自动选择最后绘出的一个对象。

4)窗交：此时，无论从左向右，还是从右向左拖出的都是虚线的矩形选择框，只要与选择框相交的对象都会被选中。

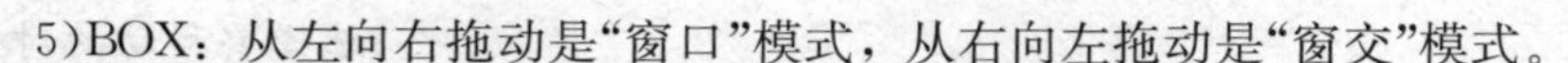

5)BOX：从左向右拖动是“窗口”模式，从右向左拖动是“窗交”模式。

6)全部：选取图中的所有对象。

7)栏选：用户临时绘制一些直线，不必是封闭的图形，凡是与这些直线相交的对象均被选中，绘制结果如图 7-60 所示。

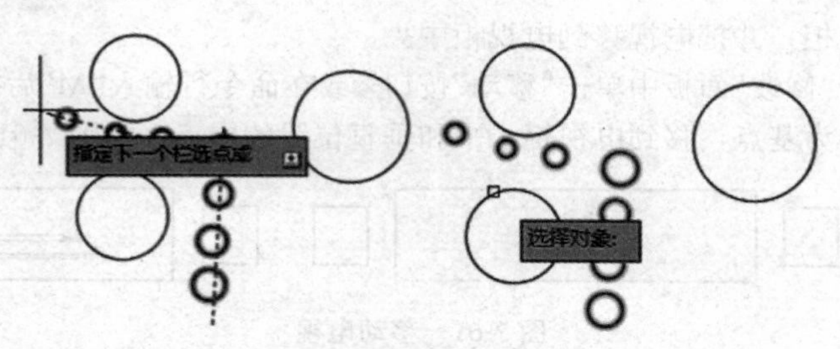

图 7-60 “栏选”对象

8)圈围：利用不规则的多边形选择对象，最后按 Enter 键结束，系统将自动连接第一个顶点到最后一个顶点形成封闭图形，被多边形全部包围的对象会被选中。

9)圈交：与圈围模式类似，利用不规则的多边形选择对象，最后按 Enter 键结束，系统将自动连接第一个顶点到最后一个顶点形成封闭图形，与多边形边界相交的对象会被选中。

(二)删除与恢复对象

微课：删除与复制

1. 删除对象

功能区：在“默认”选项卡“修改”面板中单击“删除”按钮。

命令行：ERASE(E)。

菜单栏：“修改”→“删除”。

快捷菜单：选择要删除的对象，右击，在弹出的快捷菜单中选择“删除”命令。

注意： 选中对象后右击弹出的快捷菜单，包含了大多数常用编辑命令。

2. 恢复命令

若进行了错误的操作，可使用“恢复”命令恢复。

命令行：OOPS(U)。

快速工具栏：“放弃”。

快捷键：Ctrl＋Z。

可以使用“重做”命令恢复用以上命令放弃的效果。

3. 清除命令

菜单栏：“编辑”→“清除”。

快捷键：Del。

(三)移动对象

微课：移动

1. 执行方式

功能区：在“默认”选项卡“修改”面板中单击“移动”按钮。

命令行：MOVE(M)。

菜单栏：“修改”→“移动”。

2. 操作步骤

命令：M↙

选择对象：　　　　　　　　　　　　　　　　　　　　　　　　(选择要移动的对象)
指定基点或［位移(D)］<位移>：　　　　　　　　　　　　　　　　(指定基点或位移)
指定第二个点或<使用第一个点作为位移>：

3. 操作实例

绘制电视及电视柜，并把电视移到电视柜中央。

在“默认”选项卡“修改”面板中单击“移动”按钮或在命令行输入“M”后按 Enter 键，选择电视，以电视后边中心为基点，移到电视柜水平和垂直位置的中点，如图 7-61 所示。

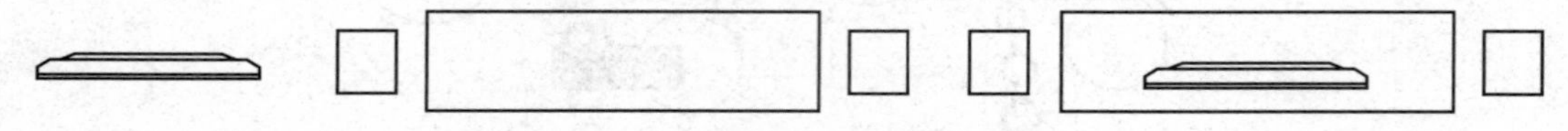

图 7-61　移动电视

(四)复制对象

微课：木地板绘制

1. 制定对象的复制

(1)执行方式。

功能区：在“默认”选项卡“修改”面板中单击“复制”按钮。

命令行：COPY(C)。

菜单栏：“修改”→“复制”。

(2)选项说明。

1)位移：使用坐标指定相对距离和方向。

指定的两点定义一个矢量，指示复制对象的放置离原位置有多远以及以哪个方向放置。

如果在“指定第二个点”提示下按 Enter 键，则第一个点将被认为是相对 X、Y、Z 方向的位移。例如，如果指定基点为(2，3)，并在下一个提示下按 Enter 键，对象将被复制到距其当前位置在 X 方向上 2 个单位、在 Y 方向上 3 个单位的位置。

2)模式：控制命令是否自动重复(COPYMODE 系统变量)。

①单一：创建选定对象的单个副本，并结束命令。

②多个：替代“单个”模式设置。在命令执行期间，将 COPY 命令设定为自动重复。

③阵列：指定在线性阵列中排列的副本数量。

要进行阵列的项目数：指定阵列中的项目数，包括原始选择集。

(3)操作步骤。

命令：COPY
选择对象：　　　　　　　　　　　　　(使用对象选择方法并在完成选择后按 Enter 键)
指定基点或［位移(D)/模式(O)/多个(M)］<位移>：　　　　　　　(指定基点或输入选项)
指定第二个点或［阵列(A)］<使用第一个点作为位移>：　　　(指定第二个点或输入选项)

2. “编辑”菜单下剪切、复制对象

(1)“剪切”命令。

菜单栏：“编辑”→“剪切”。

快捷键：Ctrl+X。

快捷菜单：在绘图区域右击，从弹出的快捷菜单中选择“剪切”命令。

执行上述命令后，所选择的实体从当前图形上剪切到剪贴板上，同时从原图形中消失。

(2)“复制”命令。

菜单栏："编辑"→"复制"。

快捷键：Ctrl＋C。

快捷菜单：在绘图区域右击，从弹出的快捷菜单中选择"复制"命令。

执行上述命令后，所选择的对象从当前图形上复制到剪贴板上，原图形不变。

注意：使用"剪切"和"复制"功能复制对象时，已复制到目标文件的对象与源对象毫无关系，源对象的改变不会影响复制得到的对象。

(3)"带基点复制"命令。

菜单栏："编辑"→"带基点复制"。

快捷键：Ctrl＋Shift＋C。

快捷菜单：在绘图区域右击，从弹出的快捷菜单中选择"带基点复制"命令。

(4)复制链接对象。

菜单栏："编辑"→"复制链接"。

链接对象和嵌入的操作过程与用剪贴板粘贴的操作类似，但其内部运行机制有很大的差异。链接对象与其创建应用程序始终保持联系。例如，Word 文档中包含一个 AutoCAD 图形对象，在 Word 中双击该对象，Windows 自动将其装入 AutoCAD，以供用户进行编辑。如果对原始 AutoCAD 图形做了修改，则 Word 文档中的图形也随之发生相应的变化。如果是用剪贴板粘贴上的图形，则它只是 AutoCAD 图形的一个复制图形，粘贴之后，就不再与 AutoCAD 图形保持任何联系，原始图形的变化不会对它产生任何作用。

(5)"粘贴"命令。

菜单栏："编辑"→"粘贴"。

快捷键：Ctrl＋V。

快捷菜单：在绘图区域右击，从弹出的快捷菜单中选择"粘贴"命令。

执行上述命令后，保存在剪贴板上的对象被粘贴到当前图形中。

(6)选择性粘贴对象。

菜单栏："编辑"→"选择性粘贴"。

系统弹出"选择性粘贴"对话框，在该对话框中进行相关参数设置。

(7)粘贴为块。

菜单栏："编辑"→"粘贴为块"。

快捷键：Ctrl＋Shift＋V。

快捷菜单：终止所有活动命令，在绘图区域右击，然后选择"粘贴为块"命令。

将复制到剪贴板的对象作为块粘贴到图形中指定的插入点。

3. 操作实例

本实例利用前面所学绘制工具绘制接待台及座椅，利用"复制"命令将座椅复制三个，如图 7-62 所示。

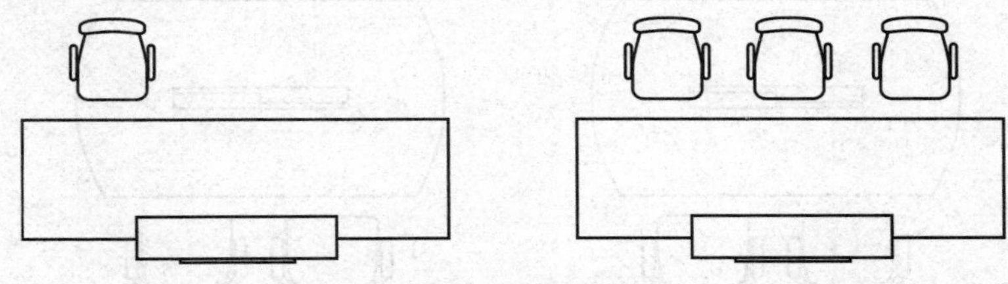

图 7-62　绘制接待台及座椅

(1)单击“绘图”工具栏中的“直线”“矩形”“圆弧”等按钮绘制一个接待台及座椅。

(2)单击“修改”工具栏中的“复制”按钮，复制另外两个座椅，命令提示行与操作如下：

命令：C↙

选择对象：指定对角点：找到 28 个，1 个编组 (选择座椅)

选择对象：↙

当前设置：复制模式= 多个

指定基点或[位移(D)/模式(O)]<位移>： (指定一点为基点)

指定第二个点或[阵列(A)]<使用第一个点作为位移>： (指定适当位置)

指定第二个点或[阵列(A)/退出(E)/放弃(U)]<退出>： (指定适当位置)

指定第二个点或[阵列(A)/退出(E)/放弃(U)]<退出>：↙

(五)镜像对象

利用“镜像”命令可以绕指定轴翻转对象，创建对称的镜像图像。绕轴(镜像线)翻转对象创建镜像图像，要指定临时镜像线，应输入两点。镜像图像时可以选择删除原对象还是保留原对象。在默认情况下，镜像文字、图案填充、属性和属性定义时，它们在镜像图像中不会翻转或倒置。文字的对齐和对正方式在镜像对象前后相同。如果确实要翻转文字，应将 MIRRTEXT 系统变量设置为 1。

1. 执行方式

功能区：在“默认”选项卡“修改”面板中单击“镜像”按钮。

命令行：MIRROR(MI)。

菜单栏：“修改”→“镜像”。

微课：镜像

2. 操作步骤

命令：MIRROR↙

选择对象： (用一种对象选择方法来选择要镜像的对象，按 Enter 键完成)

指定镜像线的第一个点：

指定镜像线的第二个点：

(指定的两个点将成为直线的两个端点，选定对象相对于这条直线被镜像)

要删除源对象吗？[是(Y)否(N)]<否>：

(确定在镜像原始对象后，是删除还是保留它们)

3. 操作实例

本实例先绘制会议桌和一把椅子，先通过镜像复制得到另一把椅子，再选中一侧的两把椅子，镜像到会议桌的另一侧，如图 7-63 所示。

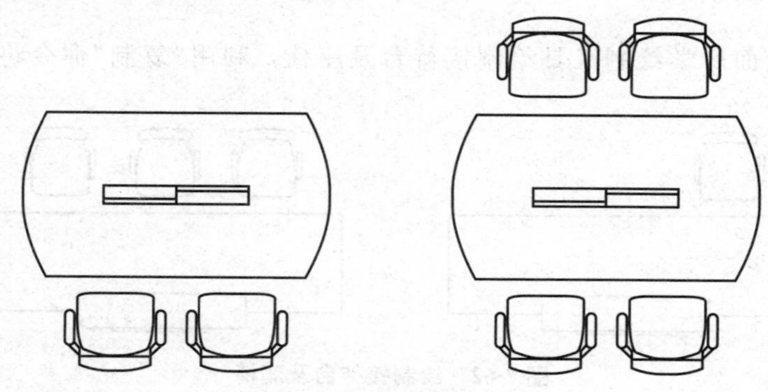

图 7-63 绘制会议桌

(1)利用“绘图”工具栏中的“直线”“矩形”“圆弧”等命令绘制会议桌和一把椅子。

(2)选中绘制好的椅子，执行“修改”→“镜像”命令，以会议桌直边的中点到另一直边的中点为镜像轴镜像得到另一把椅子。命令提示行如下：

命令：_ MIRROR

找到 34 个

指定镜像线的第一点：　　(选中会议桌直边的中点)

指定镜像线的第二点：　　(选中会议桌另一直边的中点)

要删除源对象吗？[是(Y)/否(N)]＜否＞：↙

(3)选中一侧的两把椅子，执行“修改”→“镜像”命令，以会议桌弯边左右两侧的中点连线为镜像轴镜像得到另一侧的两把椅子。命令提示行如下：

命令：_ MIRROR↙

选择对象：指定对角点：找到 68 个，2 个编组

选择对象：指定镜像线的第一点：　　(选中会议桌弯边的中点)

指定镜像线的第二点：　　(选中会议桌另一弯边的中点)

要删除源对象吗？[是(Y)/否(N)]＜否＞：↙

(六)偏移对象

利用偏移对象可创建同心圆、平行线和平行曲线，可以在指定距离或通过一个点偏移对象。偏移对象后，可以使用修剪和延伸这种有效的方式来创建包含多条平行线和曲线的图形。

1. 执行方式

功能区：在“默认”选项卡“修改”面板中单击“偏移”按钮。

命令行：OFFSET(O)。

菜单栏：“修改”→“偏移”。

微课：偏移

2. 选项说明

(1)偏移距离：在距现有对象指定的距离处创建对象，即指定要偏移的距离值。

(2)通过：创建通过指定点的对象。

(3)退出：退出 OFFSET 命令。

(4)多个：输入“多个”偏移模式，这将使用当前偏移距离重复进行偏移操作。

(5)放弃：恢复前一个偏移。

微课：衣柜绘制

3. 操作步骤

命令：OFFSET↙

当前设置：删除源＝否　图层＝源　OFFSETGAPTYPE＝0

指定偏移距离或[通过(T)/删除(E)/图层(L)]＜通过＞：

(可以输入值或使用定点设备，以通过两点确定距离。或输入“t”，选择要偏移的对象，指定偏移对象将要通过的点)

选择要偏移的对象，或[退出(E)/放弃(U)]＜退出＞：

指定要偏移的那一侧上的点，或[退出(E)/多个(M)/放弃(U)]＜退出＞：

(指定某个点以指示在原始对象的内部还是外部偏移对象)

选择要偏移的对象，或[退出(E)/放弃(U)]＜退出＞：↙

4. 操作实例

命令：_ CIRCLE↙

指定圆的圆心或[三点(3P)/两点(2P)/切点、切点、半径(T)]：

指定圆的半径或[直径(D)]<100.0 000>：500↙ (绘制半径是500的圆)

命令：O↙

OFFSET

当前设置：删除源=否 图层=源 OFFSETGAPTYPE=0

指定偏移距离或[通过(T)/删除(E)/图层(L)]<通过>：30↙ (指定偏移距离是30)

选择要偏移的对象，或[退出(E)/放弃(U)]<退出>： (选择绘制好的圆)

指定要偏移的那一侧上的点，或[退出(E)/多个(M)/放弃(U)]<退出>：

(在圆内侧任意位置单击一下)

选择要偏移的对象，或[退出(E)/放弃(U)]<退出>：↙

完成效果如图7-64所示。

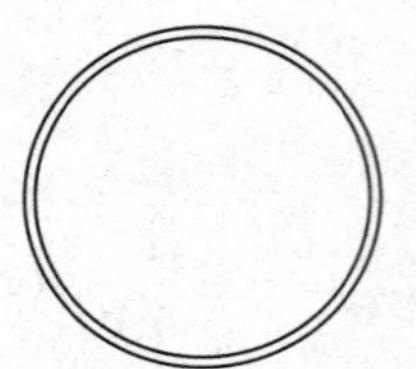 

图7-64 绘制圆餐桌和茶几

命令：_ REC↙

RECTANG

指定第一个角点或[倒角(C)/标高(E)/圆角(F)/厚度(T)/宽度(W)]：

指定另一个角点或[面积(A)/尺寸(D)/旋转(R)]：@ 1 200，800↙

(绘制长1 200、宽800的矩形)

命令：O↙

OFFSET

当前设置：删除源=否 图层=源 OFFSETGAPTYPE=0

指定偏移距离或[通过(T)/删除(E)/图层(L)]<30.0 000>：45↙ (指定偏移距离是45)

选择要偏移的对象，或[退出(E)/放弃(U)]<退出>：

指定要偏移的那一侧上的点，或[退出(E)/多个(M)/放弃(U)]<退出>：

(在矩形内侧任意位置单击)

(七)旋转对象

利用“旋转”命令可以绕指定基点旋转图形中的对象。

微课：旋转

1. 执行方式

功能区：在“默认”选项卡“修改”面板中单击“旋转”按钮○。

命令行：ROTATE(RO)。

菜单栏：“修改”→“旋转”。

2. 选项说明

(1)旋转角度：决定对象绕基点旋转的角度。旋转轴通过指定的基点，并且平行于当前UCS坐标的Z轴。

(2)复制：创建要旋转的选定对象的副本。

(3)参照：将对象从指定的角度旋转到新的绝对角度。旋转视口对象时，视口的边框仍然保持与绘图区域的边界平行。

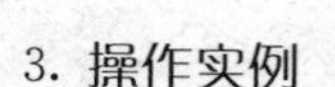

3. 操作实例

命令：_ ROTATE↙

UCS 当前的正角方向：ANGDIR= 逆时针　ANGBASE= 0

选择对象：指定对角点：找到 2 个

选择对象：　　　　　　　　　　　　　　　　　　　　　　　　（选择左边的单扇门）

指定基点：　　　　　　　　　　　　　　　　　　　　　　　　（选择 A 点作为基点）

指定旋转角度，或［复制(C)/参照(R)］<0>：90↙　　（输入旋转角度得到右边的单扇门）

完成效果如图 7-65 所示。

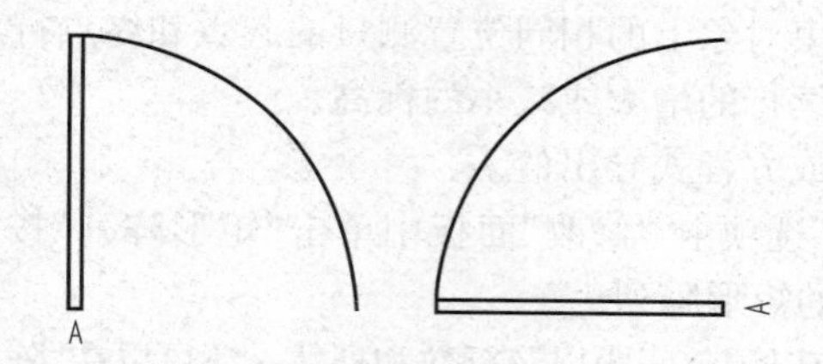

图 7-65　旋转单扇门

(八)阵列对象

微课：阵列(一)

1. 矩形阵列对象

(1)执行方式。

功能区：在“默认”选项卡“修改”面板中单击“矩形阵列”按钮。

命令行：ARRAYRECT。

菜单栏：“修改”→“阵列”→“矩形阵列”。

(2)选项说明。

1)选择对象：选择要在阵列中使用的对象，命令行中提示的信息如图 7-66 所示。

类型 = 矩形　关联 = 是

ARRAYRECT 选择夹点以编辑阵列或 [关联(AS) 基点(B) 计数(COU) 间距(S) 列数(COL) 行数(R) 层数(L) 退出(X)] <退出>:

图 7-66　“矩形阵列”命令行选项

微课：阵列(二)

2)关联：指定阵列中的对象是关联的还是独立的。

是：包含单个阵列对象中的阵列项目，类似块。使用关联阵列，可以通过编辑特性和源对象在整个阵列中快速传递更改。

否：创建阵列项目作为独立对象，更改一个项目不影响其他项目。

3)基点：定义阵列基点和基点夹点的位置，指定用于在阵列中放置项目的基点。

关键点：对于关联阵列，在源对象上指定有效的约束(或关键点)以与路径对齐。如果编辑生成的阵列的源对象或路径，阵列的基点保持与源对象的关键点重合。

4)计数：指定行数和列数，并使用户在移动光标时可以动态观察结果(一种比“行和列”选项更快捷的方法)。

表达式：基于数学公式或方程式导出值。

5)间距：指定行间距和列间距，并使用户在移动光标时可以动态观察结果。

行间距：指定从每个对象的相同位置测量的每行之间的距离。

列间距：指定从每个对象的相同位置测量的每列之间的距离。

单位单元：通过设置等同于间距的矩形区域的每个角点来同时指定行间距和列间距。

6)列数：编辑列数和列间距。

列数：设置阵列中的列数。

列间距：指定从每个对象的相同位置测量的每列之间的距离。

全部：指定从开始和结束对象上的相同位置测量的起点和终点列之间的总距离。

7)行数：指定阵列中的行数、它们之间的距离以及行之间的增量标高。

行间距：指定从每个对象的相同位置测量的每行之间的距离。

全部：指定从开始和结束对象上的相同位置测量的起点和终点行之间的总距离。

增量标高：设置每个后续行的增大或减小的标高。

表达式：基于数学公式或方程式导出值。

(3)操作步骤。在"默认"选项卡"修改"面板中单击"矩形阵列"按钮，选择要排列的对象，并按 Enter 键，将显示默认的矩形阵列。

在阵列预览中，拖动夹点以调整间距以及行数和列数，还可以在"阵列"上下文功能区中修改值。

(4)操作实例。

1)利用绘图工具栏命令绘制(3 750×1 500)会议桌，绘制一把椅子，如图 7-67 所示。

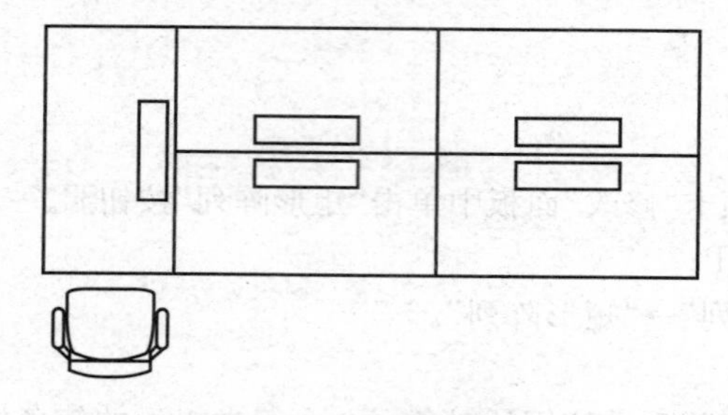

图 7-67　绘制会议桌

2)选中椅子，在"默认"选项卡"修改"面板中单击"矩形阵列"按钮，出现"阵列"选项卡，设置选项如图 7-68 所示，单击"关闭阵列"按钮后得到如图 7-69 所示的矩形阵列。

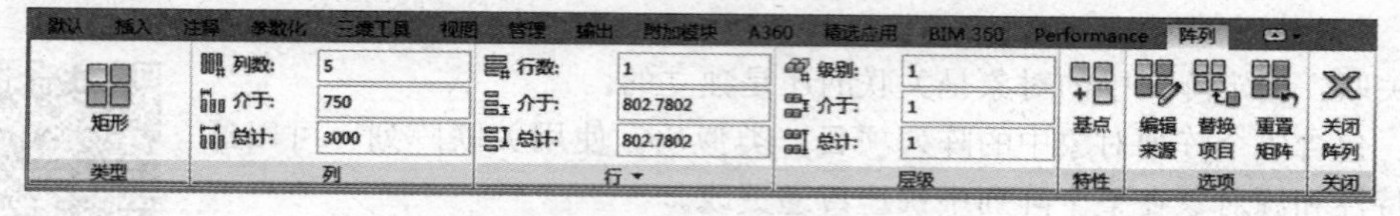

图 7-68　"阵列"选项卡设置选项

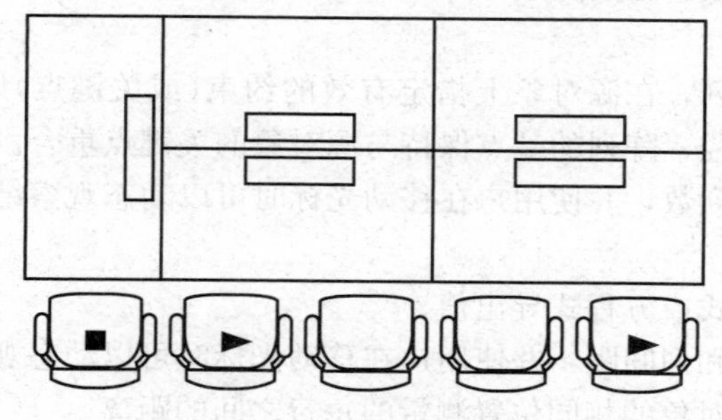

图 7-69　矩形阵列

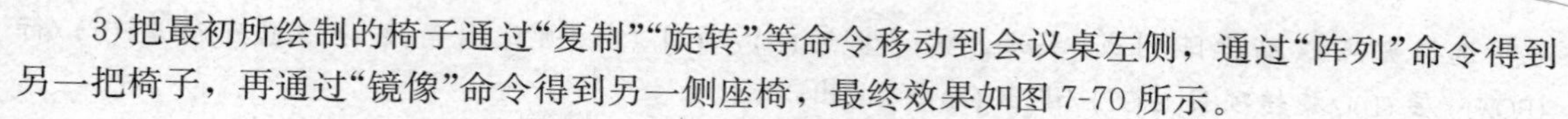

3)把最初所绘制的椅子通过“复制”“旋转”等命令移动到会议桌左侧，通过“阵列”命令得到另一把椅子，再通过“镜像”命令得到另一侧座椅，最终效果如图 7-70 所示。

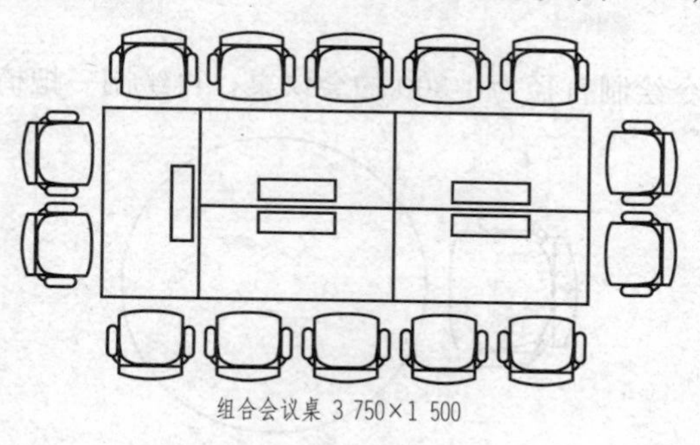

图 7-70　完成绘制会议桌

2. 环形阵列对象

(1)执行方式。

功能区：在“默认”选项卡“修改”面板中单击“环形阵列”按钮。

命令行：ARRAYPOLAR。

菜单栏：“修改”→“阵列”→“环形阵列”。

微课：阵列(三)

(2)选项说明。

1)选择对象：选择要在阵列中使用的对象，命令行中提示的信息如图 7-71 所示。

指定阵列的中心点或 [基点(B)/旋转轴(A)]:

ARRAYPOLAR 选择夹点以编辑阵列或 [关联(AS) 基点(B) 项目(I) 项目间角度(A) 填充角度(F) 行(ROW) 层(L) 旋转项目(ROT) 退出(X)] <退出>:

图 7-71　“环形阵列”命令行选项

2)圆心：指定分布阵列项目所围绕的点。旋转轴是当前 UCS 坐标系的 Z 轴。

3)基点：指定阵列的基点，指定用于在阵列中放置对象的基点。

4)关键点：对于关联阵列，在源对象上指定有效的约束(或关键点)以用作基点。如果编辑生成的阵列的源对象，阵列的基点保持与源对象的关键点重合。

5)旋转轴：指定由两个指定点定义的自定义旋转轴。

6)项目：使用值或表达式指定阵列中的项目数。

注意：当在表达式中定义填充角度时，结果值中的(十或一)数学符号不会影响阵列的方向。

7)项目间角度：使用值或表达式指定项目之间的角度。

8)填充角度：使用值或表达式指定阵列中第一个和最后一个项目之间的角度。

9)层：指定(三维阵列的)层数和层间距。

10)旋转项目：控制在排列项目时是否旋转项目。

(3)操作步骤。

微课：多段线偏移阵列图形

命令：_ ARRAYPOLAR↙

选择对象：找到 1 个

选择对象：

类型= 极轴　关联= 是

指定阵列的中心点或[基点(B)/旋转轴(A)]:

选择夹点以编辑阵列或[关联(AS)/基点(B)/项目(I)/项目间角度(A)/填充角度(F)/行(ROW)/层(L)/旋转项目(ROT)/退出(X)]<退出>:

(4)操作实例。

1)利用绘图工具栏命令绘制直径为 1 300 的会议桌，再绘制一把椅子，如图 7-72 所示。

微课：月亮阵列

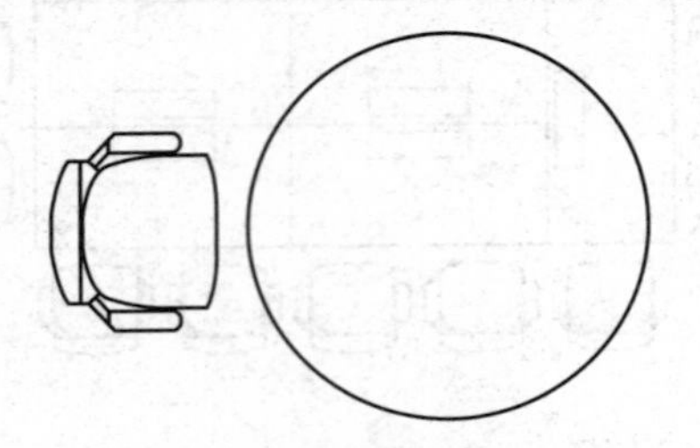

图 7-72　绘制圆形会议桌

2)选中椅子，在“默认”选项卡“修改”面板中单击“环形阵列”按钮，出现“阵列创建”选项卡，设置选项如图 7-73 所示，单击“关闭阵列”按钮后得到如图 7-74 所示的效果。

默认　插入　注释　参数化　三维工具　视图　管理　输出　附加模块　A360　精选应用　BIM 360　Performance　阵列创建

类型	项目		行		层级		特性	关闭
极轴	项目数:	6	行数:	1	级别:	1	关联　基点　旋转项目　方向	关闭阵列
	介于:	60	介于:	1950	介于:	1		
	填充:	360	总计:	1950	总计:	1		

图 7-73　“阵列创建”选项卡

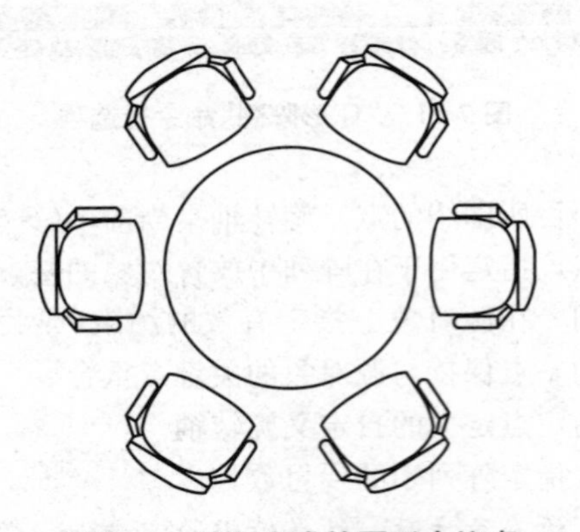

图 7-74　绘制完成的圆形会议桌

3. 路径阵列对象

利用“路径阵列”命令可以沿路径或部分路径均匀分布对象副本，路径可以是直线、多段线、三维多段线、样条曲线、螺旋、圆弧、圆或椭圆等。

(1)执行方式。

功能区：在“默认”选项卡“修改”面板中单击“路径阵列”按钮。

命令行：ARRAYPATH。

菜单栏：“修改”→“阵列”→“路径阵列”。

(2)选项说明。

1)选择对象：选择要在阵列中使用的对象，命令行中提示的信息如图 7-75 所示。

指定行数:
ARRAYPATH 选择夹点以编辑阵列或 [关联(AS) 方法(M) 基点(B) 切向(T) 项目(I) 行(R) 层(L) 对齐项目(A) z 方向(Z) 退出(X)] <退出>:

图 7-75 “路径阵列”命令行选项

2)路径曲线：指定用于阵列路径的对象。

3)关联：指定是否创建阵列对象，或者是否创建选定对象的非关联副本。

是：创建单个阵列对象中的阵列项目，类似块。使用关联阵列，可以通过编辑特性和源对象在整个阵列中快速传递更改。

否：创建阵列项目作为独立对象，更改一个项目不影响其他项目。

4)方法：控制如何沿路径分布项目。

定数等分：将指定数量的项目沿路径的长度均匀分布。

测量：以指定的间隔沿路径分布项目。

5)基点：定义阵列的基点，路径阵列中的项目相对于基点放置，指定用于在相对于路径曲线起点的阵列中放置项目的基点。

关键点：对于关联阵列，在源对象上指定有效的约束(或关键点)以与路径对齐。如果编辑生成的阵列的源对象或路径，阵列的基点保持与源对象的关键点重合。

6)切向：指定阵列中的项目如何相对于路径的起始方向对齐。

两点：指定表示阵列中的项目相对于路径的切线的两个点。两个点的矢量建立阵列中第一个项目的切线。“对齐项目”设置控制阵列中的其他项目是否保持相切或平行方向。

普通：根据路径曲线的起始方向调整第一个项目的 Z 方向。

7)项目：根据“方法”设置，指定项目数或项目之间的距离。

沿路径的项目数(当“方法”为“定数等分”时可用)：使用值或表达式指定阵列中的项目数。

沿路径的项目之间的距离(当“方法”为“定距等分”时可用)：使用值或表达式指定阵列中的项目的距离。

在默认情况下，使用最大项目数填充阵列，这些项目使用输入的距离填充路径。用户可以指定一个更小的项目数(如果需要)，也可以启用“填充整个路径”，以便在路径长度更改时调整项目数。

8)行：指定阵列中的行数、它们之间的距离以及行之间的增量标高。

行数：设定行数。

行间距：指定从每个对象的相同位置测量的每行之间的距离。

全部：指定从开始和结束对象上的相同位置测量的起点和终点行之间的总距离。

增量标高：设置每个后续行的增大或减小的标高。

表达式：基于数学公式或方程式导出值。

9)层：阵列中的标高指示沿 Z 轴方向拉伸阵列的行样式和列样式。

层数：指定阵列中的三维标高。

层间距：指定三维标高之间的距离。

全部：指定第一层和最后一层之间的总距离。

表达式：使用数学公式或方程式获取值。

10)对齐项目：指定是否对齐每个项目以与路径的方向相切。对齐相对于第一个项目的方向。

11)Z 方向：控制是否保持项目的原始 Z 方向或沿三维路径自然倾斜项目。

(3)操作步骤。在“默认”选项卡“修改”面板中单击“路径阵列”按钮，选择要排列的对象，并按 Enter 键，选择某个对象(如直线、多段线、三维多段线、样条曲线、螺旋、圆弧、圆或椭圆)作为阵列的路径，按 Enter 键完成阵列。

指定沿路径分布对象的方法如下：

要沿整个路径长度均匀地分布项目，应单击“阵列创建”选项卡“特性”面板中的“定数等分”按钮。

要以特定间隔分布对象，应单击“阵列创建”选项卡“特性”面板中的“定距等分”按钮。

(4)操作实例。选中小汽车，在“默认”选项卡“修改”面板中单击“路径阵列”按钮，选中曲线作为路径曲线，设置路径“阵列创建”选项卡选项如图 7-76 所示，选中“对齐项目”，指定对齐每个项目与路径的方向相切，设置项目数为 6 个，单击“关闭阵列”按钮后得到如图 7-77 所示的路径阵列，取消选中“对齐项目”得到的效果如图 7-78 所示。

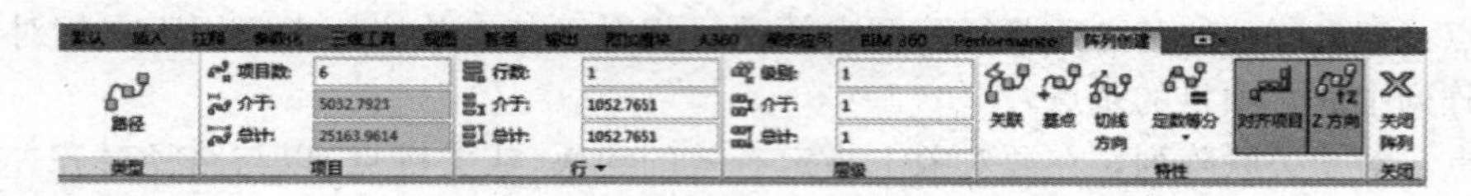

图 7-76　路径“阵列创建”选项卡

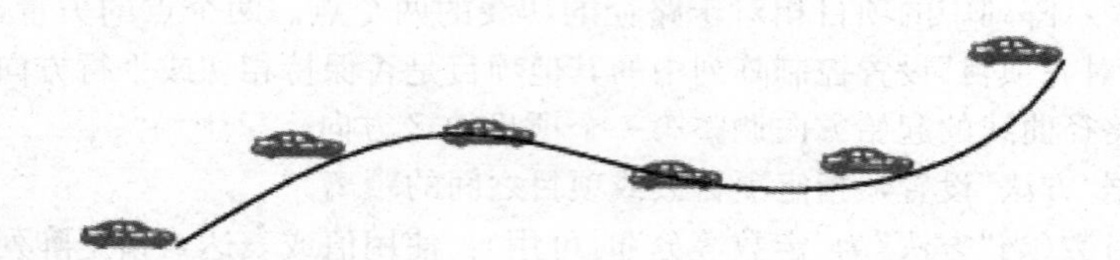
图 7-77　沿路径阵列的小汽车

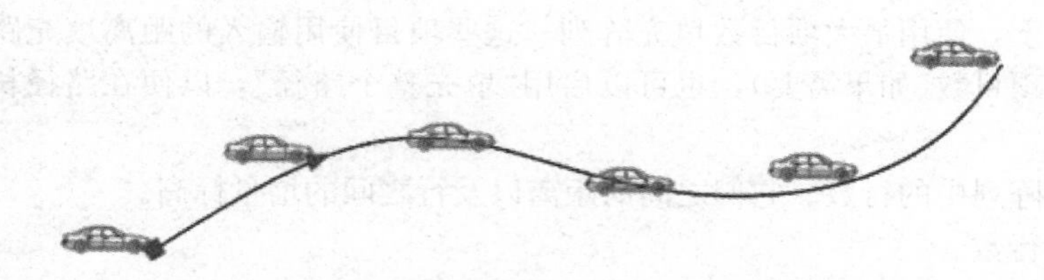
图 7-78　取消选中“对齐项目”得到的效果

(九)缩放对象

要缩放对象，应指定基点和比例因子。基点将作为缩放操作的中心，并保持静止。比例因子可缩放对象。

1. 执行方式

功能区：在“默认”选项卡“修改”面板中单击“缩放”按钮。

命令行：SCALE(SC)。

菜单栏：“修改”→“缩放”。

2. 选项说明

(1)选择对象：指定要调整其大小的对象。

微课：缩放

(2)基点：指定缩放操作的基点，指定的基点表示选定对象的大小发生改变(从而远离静止基点)时位置保持不变的点。

注意：当使用具有注释性对象的SCALE命令时，对象的位置将相对于缩放操作的基点进行缩放，但对象的尺寸不会更改。

(3)比例因子：按指定的比例放大选定对象的尺寸。大于1的比例因子使对象放大，介于0和1之间的比例因子使对象缩小，还可以拖动光标使对象变大或变小。

(4)复制：创建要缩放的选定对象的副本。

(5)参照：按参照长度和指定的新长度缩放所选对象。

3. 操作步骤

(1)按比例因子缩放对象的步骤：在"默认"选项卡"修改"面板中单击"缩放"按钮，选择要缩放的对象，指定基点，输入比例因子或拖动并单击指定新比例。

(2)利用参照缩放对象的步骤：在"默认"选项卡"修改"面板中单击"缩放"按钮，选择要缩放的对象，选择基点，输入"R"(参照)，选择第一个和第二个参照点，或输入参照长度的值。

4. 操作实例

(1)绘制1 000大小的单扇门。

命令：_ RECTANG↙

指定第一个角点或[倒角(C)/标高(E)/圆角(F)/厚度(T)/宽度(W)]：

指定另一个角点或[面积(A)/尺寸(D)/旋转(R)]：@ 60, 1 000

命令：_ ARC↙

指定圆弧的起点或[圆心(C)]： (指定B点作为圆弧的起点)

指定圆弧的第二个点或[圆心(C)/端点(E)]：C↙

指定圆弧的圆心： (指定A点作为圆弧的圆心)

指定圆弧的端点(按住Ctrl键以切换方向)或[角度(A)/弦长(L)]：

(按Ctrl键确定圆弧的方向，绘制1 000的单扇门)

指定对角点或[栏选(F)/圈围(WP)/圈交(CP)]：↙

然后复制三个得到如图7-79所示的单扇门。

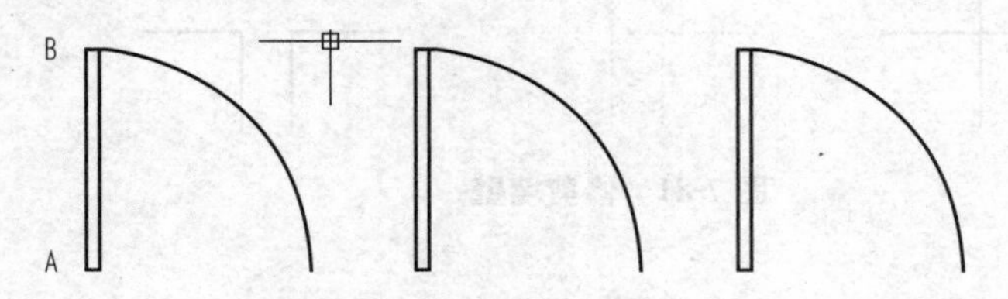

图7-79 1 000大小的单扇门

(2)选中单扇门，执行"修改"→"缩放"命令。

命令：_ SCALE↙

选择对象：找到1个

选择对象：

指定基点： (以A点为基点)

指定比例因子或[复制(C)/参照(R)]：0.9↙ (输入比例因子"0.9"，即缩小为原来的90%)

得到如图7-80(b)所示的单扇门。

命令：_ SCALE↙
选择对象：找到 1 个
选择对象：
指定基点： （以 A 点为基点）
指定比例因子或[复制(C)/参照(R)]：0.8↙ （输入比例因子“0.8”，即缩小为原来的 80%）
得到如图 7-80(c)所示的单扇门。

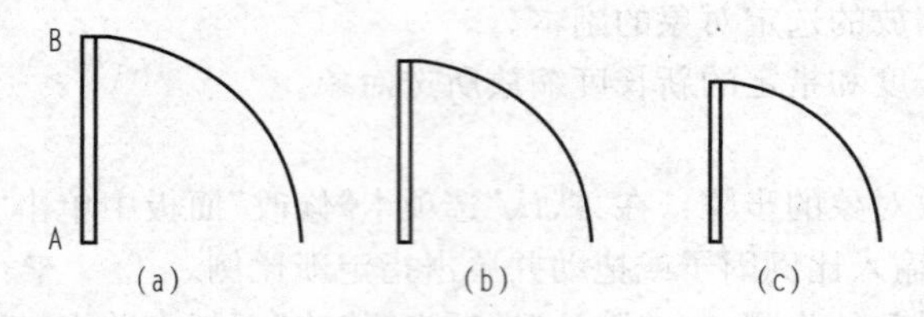

图 7-80　单扇门的绘制效果

(a)1 000 大小的单扇门；(b)比例为 0.9，即 900 的单扇门；(c)比例为 0.8，即 800 的单扇门

(十)修剪和延伸对象

1. 修剪对象

用户可以通过修剪对象，使其精确地终止于由其他对象定义的边界。如通过修剪可以平滑地清除两墙壁相交处，如图 7-81 所示。

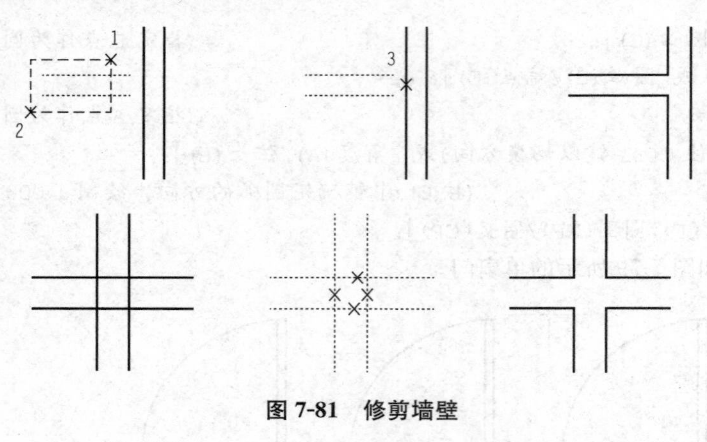

微课：修剪和延伸

图 7-81　修剪墙壁

(1)执行方式。

功能区：在“默认”选项卡“修改”面板中单击“修剪”按钮-/--。

命令行：TRIM(TR)。

菜单栏：“修改”→“修剪”。

(2)选项说明。

1)选择剪切边：指定一个或多个对象以用作修剪边界。TRIM 将剪切边和要修剪的对象投影到当前用户坐标系(UCS)的 *XY* 平面。

注意：要选择包含块的剪切边，只能使用单个选择、“窗交”“栏选”和“全部选择”选项。

2)选择对象：分别指定对象。

3)全部选择：指定图形中的所有对象都可以用作修剪边界。

4)要修剪的对象：指定修剪对象。如果有多个可能的修剪结果，那么第一个选择点的位置将决定结果。

5)按住 Shift 键选择要延伸的对象：延伸选定对象而不是修剪它们。此选项提供了一种在修剪和延伸之间切换的简便方法。

6)栏选：选择与选择栏相交的所有对象。选择栏是一系列临时线段，它们是用两个或多个栏选点指定的。选择栏不构成闭合环。

7)窗交：选择矩形区域(由两点确定)内部或与之相交的对象。

注意： 某些要修剪的对象的窗交选择不确定。TRIM 将沿着矩形窗交窗口从第一个点以顺时针方向选择遇到的第一个对象。

8)投影：指定修剪对象时使用的投影方式。

①无：指定无投影。该命令只修剪与三维空间中的剪切边相交的对象。

②UCS：指定在当前用户坐标系 XY 平面上的投影。该命令将修剪不与三维空间中的剪切边相交的对象。

③视图：指定沿当前观察方向的投影。该命令将修剪与当前视图中的边界相交的对象。

9)边：确定对象是在另一对象的延长边处进行修剪，还是仅在三维空间中与该对象相交的对象处进行修剪。

①扩展：沿自身自然路径延伸剪切边使其与三维空间中的对象相交。

②不延伸：指定对象只在三维空间中与其相交的剪切边处修剪。

注意： 修剪图案填充时，不要将“边”设定为“延伸”。否则，修剪图案填充时将不能填补修剪边界中的间隙，即使将允许的间隙设定为正确的值。

10)删除：删除选定的对象。此选项提供了一种用来删除不需要的对象的简便方式，而无须退出 TRIM 命令。

11)放弃：撤销由 TRIM 命令所做的最近一次更改。

(3)操作步骤。在“默认”选项卡“修改”面板中单击“修剪”按钮，选择作为剪切边的对象，完成选择剪切边后，按 Enter 键。若要选择显示的所有对象作为可能剪切边，应在未选择任何对象的情况下按 Enter 键。选择要修剪的对象，然后在完成选择要修剪的对象后，再次按 Enter 键。

2. 延伸对象

延伸与修剪的操作步骤相同。用户可以通过延伸对象，使其精确地延伸至由其他对象定义的边界。

注意： 延伸对象时可以不退出 TRIM 命令。按住 Shift 键，同时选择要延伸的对象。当 COMMANDPREVIEW 系统变量处于打开状态时，将显示命令结果的交互式预览。

(1)执行方式。

功能区：在“默认”选项卡“修改”面板中单击“延伸”按钮。

命令行：EXTEND(EX)。

菜单：“修改”→“延伸”。

(2)选项说明。

1)边界对象选择：使用选定对象来定义对象延伸到的边界，如图 7-82 所示。

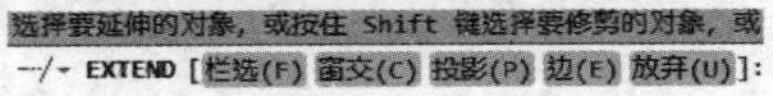

选择要延伸的对象，或按住 Shift 键选择要修剪的对象，或
--/- EXTEND [栏选(F) 窗交(C) 投影(P) 边(E) 放弃(U)]:

图 7-82 “延伸对象”命令行选项

2)要延伸的对象：指定要延伸的对象，按 Enter 键结束选择。

3)按住 Shift 键选择要修剪的对象：将选定对象修剪到最近的边界而不是将其延伸。这是在修剪和延伸之间切换的简便方法。

4)栏选：选择与选择栏相交的所有对象。选择栏是一系列临时线段，它们是用两个或多个栏选点指定的。选择栏不构成闭合环。

5)窗交：选择矩形区域(由两点确定)内部或与之相交的对象。

注意：某些要延伸的对象的窗交选择不明确。通过沿矩形窗交窗口以顺时针方向从第一点到遇到的第一个对象，将 EXTEND 融入选择。

6)投影：指定延伸对象时使用的投影方法。

①无：指定无投影。只延伸与三维空间中的边界相交的对象。

②UCS：指定到当前用户坐标系(UCS)*XY* 平面的投影。延伸未与三维空间中的边界对象相交的对象。

③视图：指定沿当前观察方向的投影。

7)边：将对象延伸到另一个对象的隐含边，或仅延伸到三维空间中与其实际相交的对象。

①扩展：沿其自然路径延伸边界对象以和三维空间中另一对象或其隐含边相交。

②不延伸：指定对象只延伸到在三维空间中与其实际相交的边界对象。

8)放弃：放弃最近由 EXTEND 所做的更改。

9)修剪和延伸宽多段线：在二维宽多段线的中心线上进行修剪和延伸。宽多段线的端点始终是正方形的。以某一角度修剪宽多段线会导致端点部分延伸出剪切边。如果修剪或延伸锥形的二维多段线线段，应更改延伸末端的宽度以将原锥形延长到新端点。如果此修正给该线段指定一个负的末端宽度，则末端宽度被强制为 0，如图 7-83 所示。

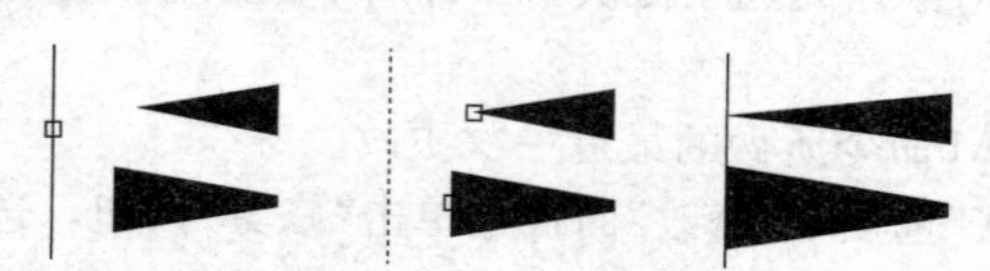

图 7-83　选择边界对象要延伸的多段线延伸后的效果

(3)操作步骤。在“默认”选项卡“修改”面板中单击“延伸”按钮，选择作为边界边的对象，选择完边界的边后，按 Enter 键。若要选择显示的所有对象作为可能边界边，应在未选择任何对象的情况下按 Enter 键。选择要延伸的对象，然后在选择完对象后，再按 Enter 键一次。

(十一)拉伸与拉长对象

1. 拉伸对象

利用“拉伸”命令，用户可以拉伸窗交窗口部分包围的对象，也可以移动(而不是拉伸)完全包含在窗交窗口中的对象或单独选定的对象。应注意的是，某些对象类型(例如圆、椭圆和块)无法拉伸。

微课：拉伸和分解

(1)执行方式。

功能区：在“默认”选项卡“修改”面板中单击“拉伸”按钮。

命令行：STRETCH(STR)。

菜单：“修改”→“拉伸”。

(2)选项说明。

1)选择对象：指定对象中要拉伸的部分。使用“圈交”选项或交叉对象选择方法。完成选择后按 Enter 键，命令行提示信息如图 7-84 所示。

选择对象:
STRETCH 指定基点或 [位移(D)] <位移>:

图 7-84 “拉伸”命令行选项

STRETCH 命令仅移动位于窗交选择内的顶点和端点，不会更改那些位于窗交选择外的顶点和端点。STRETCH 命令不会修改三维实体、多段线宽度、切向或者曲线拟合的信息。

2)基点：指定基点，将计算自该基点的拉伸的偏移。此基点可以位于拉伸的区域的外部。

3)第二点：指定第二个点，该点定义拉伸的距离和方向。从基点到此点的距离和方向将定义对象的选定部分拉伸的距离和方向。

4)使用第一个点作为位移：指定拉伸距离和方向将基于从图形中的(0，0，0)坐标到指定基点的距离和方向。

5)位移：指定拉伸的相对距离和方向。

若要基于从当前位置的相对距离设置位移，请以(X，Y，Z)格式输入距离。例如，输入(5，4，0)可将选择拉伸到距离原点 5 个单位(沿 X 轴)和 4 个单位(沿 Y 轴)的点。

若要基于图形中相对于(0，0，0)坐标的距离和方向设置位移，则应单击绘图区域中的某个位置。例如，单击(1，2，0)处的点以将选择拉伸到距离其当前位置 1 个单位(沿 X 轴)和 2 个单位(沿 Y 轴)的点。

(3)操作步骤。在“默认”选项卡“修改”面板中单击“拉伸”按钮，使用窗选方式来选择对象。窗选必须至少包含一个顶点或端点，执行以下操作之一：

以相对笛卡尔坐标、极坐标、柱坐标或球坐标的形式输入位移。无须包含“@”符号，因为相对坐标是假设的。

在输入第二个位移点提示下，按 Enter 键；指定拉伸基点，然后指定第二点，以确定距离和方向。

拉伸至少有一个顶点或端点包含在窗选内的任何对象，将移动(而不会拉伸)完全包含在窗选内的或单独选定的任何对象。

2. 拉长对象

利用“拉长”命令可以将更改指定为百分比、增量或最终长度或角度。

(1)执行方式。

功能区：在“默认”选项卡“修改”面板中单击“拉长”按钮。

命令行：LENGTHEN(LEN)。

菜单栏：“修改”→“拉长”。

(2)选项说明。

1)对象选择：显示对象的长度和包含角(如果对象有包含角)，如图 7-85 所示。

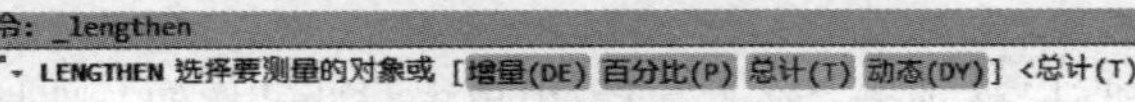

命令: _lengthen
LENGTHEN 选择要测量的对象或 [增量(DE) 百分比(P) 总计(T) 动态(DY)] <总计(T)>:

图 7-85 “拉长”命令行选项

LENGTHEN 命令不影响闭合的对象，选定对象的拉伸方向不需要与当前用户坐标系(UCS)的 Z 轴平行。

2)增量：以指定的增量修改对象的长度，该增量从距离选择点最近的端点处开始测量。差值还以指定的增量修改圆弧的角度，该增量从距离选择点最近的端点处开始测量。正值扩展对象，负值修剪对象。

①长度差值：以指定的增量修改对象的长度。

②角度：以指定的角度修改选定圆弧的包含角。

3)百分比：通过指定对象总长度的百分数设定对象长度。

4)全部：通过指定从固定端点测量的总长度的绝对值来设定选定对象的长度。“全部”选项也按照指定的总角度设置选定圆弧的包含角。

①总长度：将对象从离选择点最近的端点拉长到指定值。

②角度：设定选定圆弧的包含角。

5)动态：打开动态拖动模式。通过拖动选定对象的端点之一来更改其长度。其他端点保持不变。

(3)操作步骤。在“默认”选项卡“修改”面板中单击“拉长”按钮，输入“DY”(动态拖动模式)，选择要拉长的对象，拖动端点接近选择点，指定一个新端点。

(十二)打断对象与打断于点

1. 打断对象

利用“打断”命令，可以在两点之间打断选定对象。可以在对象上的两个指定点之间创建间隔，从而将对象打断为两个。如果这些点不在对象上，则会自动投影到该对象上。

(1)执行方式。

微课：绘制窗花

功能区：在“默认”选项卡“修改”面板中单击“打断”按钮。

命令行：BREAK(BR)。

菜单栏：“修改”→“打断”。

(2)选项说明。显示的提示取决于选择对象的方式，如图 7-86 所示。

选择对象:
BREAK 指定第二个打断点 或 [第一点(F)]:

图 7-86 “打断”命令行选项

本命令将选择对象并将选择点视为第一个打断点，在下一个提示中，用户可以通过指定第二个点或替代第一个点继续操作。

1)第一点：使用用户指定的新点替代原来的第一个点(用户在该点上选定了对象)。

2)第二点：指定第二个点。两个指定点之间的对象部分将被删除。如果第二个点不在对象上，将选择对象上与该点最接近的点；因此，若要打断直线、圆弧或多段线的一端，可以在要删除的一端附近指定第二个打断点。

直线、圆弧、圆、多段线、椭圆、样条曲线、圆环以及其他几种对象类型都可以拆分为两个对象或将其中的一端删除。

程序将按逆时针方向删除圆上第一个打断点到第二个打断点之间的部分，从而将圆转换成圆弧。

(3)操作步骤。在“默认”选项卡“修改”面板中单击“打断”按钮，选择要打断的对象。

默认情况下，在其上选择对象的点为第一个打断点，要选择其他断点，应输入“F”(第一个)，然后指定第一个断点。

指定第二个打断点

要打断对象而不创建间隙，可以输入“@0，0”以指定上一点。

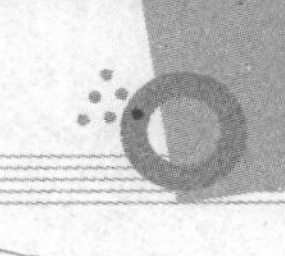

2. 打断于点

“打断于点”命令是指在对象上指定一点，从而把对象在此点拆分成两部分。

功能区：在“默认”选项卡“修改”面板中单击“打断于点”按钮。

命令行：BREAK(BR)。

(十三)合并对象

1. 执行方式

功能区：在“默认”选项卡“修改”面板中单击“合并”按钮。

命令行：JOIN(JO)。

菜单栏：“修改”→“合并”。

2. 选项说明

使用JOIN命令将直线、圆弧、椭圆弧、多段线、三维多段线、样条曲线等通过其端点合并为单个对象。合并操作的结果因选定对象的不同而相异。典型的应用程序如下：

(1)使用单条线替换两条共线。

(2)闭合由BREAK命令产生的线中的间隙。

(3)将圆弧转换为圆或将椭圆弧转换为椭圆。要访问“闭合”选项，应选择单个圆弧或椭圆弧。

(4)在地形图中合并多个长多段线。

(5)连接两个样条曲线，在它们之间保留扭折。

3. 操作步骤

在“默认”选项卡“修改”面板中单击“合并”按钮，选择源对象或选择多个对象以合并在一起。

有效对象包括直线、圆弧、椭圆弧、多段线、三维多段线和样条曲线。

(十四)圆角、倒角与光顺曲线

1. 圆角

(1)执行方式。

功能区：在“默认”选项卡“修改”面板中单击“圆角”按钮。

命令行：FILLET。

菜单栏：“修改”→“圆角”。

(2)选项说明。按上述方式执行“圆角”命令后，命令行提示的信息如图7-87所示。

当前设置：模式 = 修剪，半径 = 0.0000
FILLET 选择第一个对象或 [放弃(U) 多段线(P) 半径(R) 修剪(T) 多个(M)]:

图7-87 “圆角”命令行选项

1)放弃：恢复在命令中执行的上一个操作。

2)多段线：在二维多段线中，两条直线段相交的每个顶点处插入圆角。圆角成为多段线的新线段(除非“修剪”选项设置为“不修剪”)。

选择二维多段线：选择要在每个顶点处插入圆角的二维多段线。

如果圆弧段将两条直线段隔开，将删除该圆弧段并将其替换为圆角。

注意：不会修改长度不足以容纳圆角半径的线段。

3)半径：设置后续圆角的半径。更改此值不会影响现有圆角。

注意： 零半径值可用于创建锐角。为两条直线、射线、参照线或二维多段线的直线段创建半径为零的圆角会延伸或修剪对象以使其相交。

4)修剪：控制是否修剪选定对象从而与圆角端点相接。将修剪选定对象或线段以与圆角端点相接。不修剪：在添加圆角之前，不修剪选定对象或线段。当前值存储在 TRIMMODE 系统变量中。

5)多个：允许为多组对象创建外圆角。

(3)操作步骤。

1)设置圆角半径。圆角半径由 FILLET 命令创建的圆弧的大小确定，该圆弧用于连接两个选定对象或二维多段线中的线段。在更改圆角半径之前，它将应用于所有后续创建的圆角。

注意： 如果将圆角半径设置为 0，将修剪或延伸选定对象直到它们相交，而不创建圆弧。

在“默认”选项卡“修改”面板中单击“圆角”按钮。

在命令行提示下，输入“R”(半径)。

输入新的圆角半径值。

在设置圆角半径后，选择用于定义生成圆弧的切点的对象或直线段，或按 Enter 键结束命令。

提示： 选择对象或线段时按住 Shift 键，以替代当前值为 0 的圆角半径。

2)在两个对象或二维多段线的线段之间添加圆角。

在“默认”选项卡“修改”面板中单击“圆角”按钮。

在绘图区域中，选择将定义生成圆弧的切点的第一个对象或第一条线段。

选择第二个对象或第二条线段。

提示： 选择前两个对象或前两条线段后，在 FILLET 命令提示下，使用“多个”选项继续添加圆角。当“多重”选项无法使用时，命令将于选取第二个对象或线段之后结束。

3)加入圆角而不修剪选取的对象或线条线段。

在“默认”选项卡“修改”面板中单击“圆角”按钮。

在命令行提示下，输入“T”(修剪)或输入“N”(不修剪)。

在绘图区域中，选择用于定义生成圆弧的切点的对象或线段。

微课：绘制单人沙发

4)在二维多段线的每个顶点插入圆弧。

在“默认”选项卡“修改”面板中单击“圆角”按钮。

在命令行提示下，输入“P”(多段线)。

在绘图区域中，选择一条多段线。

2. 倒角

微课：倒直角和倒圆角

倒角或斜角使用成角的直线连接两个二维对象，可以使用 CHAMFER 命令来创建倒角或斜角。

(1)执行方式。

功能区：在“默认”选项卡“修改”面板中单击“倒角”按钮。

命令行：CHAMFER(CHA)。

菜单栏：“修改”→“倒角”。

(2)选项说明。

1)放弃：恢复在命令中执行的上一个操作，如图 7-88 所示。

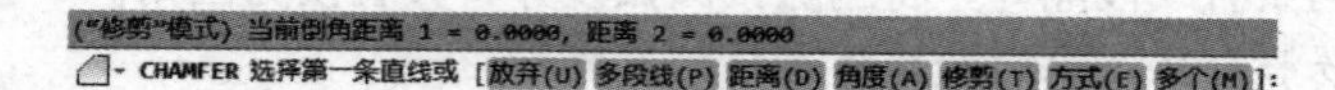

图 7-88 “倒角”命令行选项

2)多段线：在二维多段线中，两条直线段相交的每个顶点处插入倒角线。倒角线将成为多段线的新线段，除非“修剪”选项设置为“不修剪”。

注意：系统不会修改长度不足以容纳倒角距离的线段。

3)距离：设置距第一个对象和第二个对象的交点的倒角距离。

如果这两个距离值均设置为0，则选定对象或线段将被延伸或修剪，以使其相交，如图7-89所示。

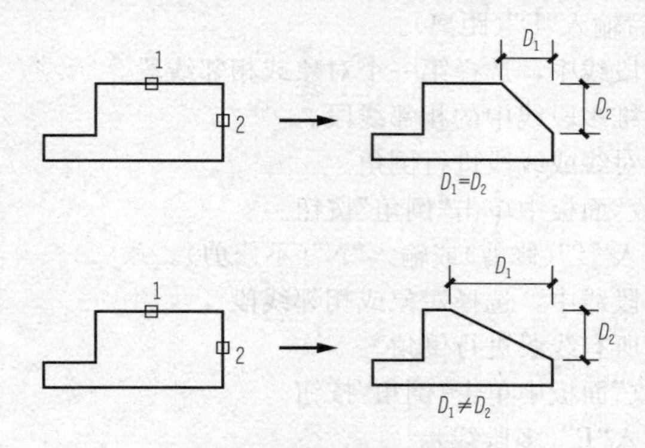

图7-89　设置“倒角”距离

4)角度：设置距选定对象的交点的倒角距离，以及与第一个对象或线段所成的XY角度。

如果这两个值均设置为0，则选定对象或线段将被延伸或修剪，以使其相交。

5)修剪：控制是否修剪选定对象以与倒角线的端点相交。

①修剪。选定的对象或线段将被修剪，以与倒角线的端点相交。如果选定的对象或线段不与倒角线相交，则在添加倒角线之前，将对它们进行延伸或修剪。

②不修剪。在添加倒角线前，选定的对象或线段不会被修剪。

6)方式：控制如何根据选定对象或线段的交点计算出倒角线。

①距离。倒角线由两个距离定义。

②角度。倒角线由一个距离和一个角度定义。

7)多个：允许为多组对象创建斜角。

(3)操作步骤。

1)创建一个由长度和角度定义的倒角。倒角的大小由长度和角度定义。长度值根据两个选定对象或相邻的二维多段线线段的相交点，来定义倒角的第一条边，而角度值用于定义倒角的第二条边。

在“默认”选项卡“修改”面板中单击“倒角”按钮。

在命令行提示下，输入“A”(角度)。

在第一条直线上输入新的倒角长度。

输入距第一条直线的新倒角角度。

输入“E”(方法)，然后输入“A”(角度)。

在绘图区域的二维多段线中，选择第一个对象或相邻线段。

注意：可以选择直线、射线或参照线。

选择第二个对象或二维多段线中的相邻线段。

注意：如果第二条选定线段不与第一条线段相邻，则所选线段之间的线段将被删除并替换为倒角。

2)创建由两个距离定义的倒角。

在“默认”选项卡“修改”面板中单击“倒角”按钮。

在命令行提示下，输入“D”(距离)。

为第一个倒角距离输入一个新值。

为第二个倒角距离输入一个新值。

输入“E”(方法)，然后输入“D”(距离)。

在绘图区域的二维多段线中，选择第一个对象或相邻线段。

选择第二个对象或二维多段线中的相邻线段。

3)在不修剪的情况下对线或线段进行倒角。

在“默认”选项卡“修改”面板中单击“倒角”按钮。

在命令行提示下，输入“T”(修剪)或输入“N”(不修剪)。

在绘图区域的二维多段线中，选择对象或相邻线段。

4)对二维多段线中的所有线段进行倒角。

在“默认”选项卡“修改”面板中单击“倒角”按钮。

在命令行提示下，输入“P”(多段线)。

在绘图区域中，选择一条多段线，或输入一个选项来定义倒角的大小。

在输入选项时，应为该选项提供值，然后选择二维多段线。

3. 光顺曲线

在两条选定直线或曲线之间的间隙中创建样条曲线。选择端点附近的每个对象，生成的样条曲线的形状取决于指定的连续性，选定对象的长度保持不变。有效对象包括直线、圆弧、椭圆弧、螺旋、开放的多段线和开放的样条曲线。

(1)执行方式。

功能区：在“默认”选项卡“修改”面板中单击“光顺曲线”按钮。

命令行：BLEND(BLE)。

菜单栏：“修改”→“光顺曲线”。

连续性 = 相切
BLEND 选择第一个对象或 [连续性(CON)]:

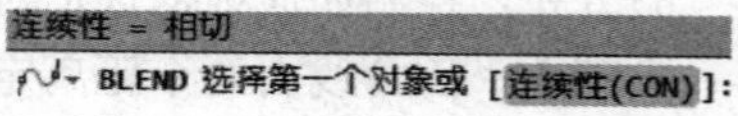

图 7-90 “光顺曲线”命令行选项

(2)选项说明。按上述方式执行“光顺曲线”命令后，命令行提示信息如图 7-90 所示。

1)选择第一个对象或连续性：选择样条曲线起点附近的直线或开放曲线。

2)第二个对象：选择样条曲线端点附近的另一条直线或开放的曲线。

3)连续性：在两种过渡类型中指定一种。

①相切：创建一条 3 阶样条曲线，在选定对象的端点处具有相切(G1)连续性。

②平滑：创建一条 5 阶样条曲线，在选定对象的端点处具有曲率(G2)连续性。

如果使用“平滑”选项，请勿将显示从控制点切换为拟合点。此操作将样条曲线更改为 3 阶，这会改变样条曲线的形状。

(3)操作步骤。

命令：_ BLEND

连续性= 相切

选择第一个对象或[连续性(CON)]: (选择左边的曲线对象)

选择第二个点: (选择右边的直线对象)

在两者之间产生如图 7-91 所示的光顺曲线。

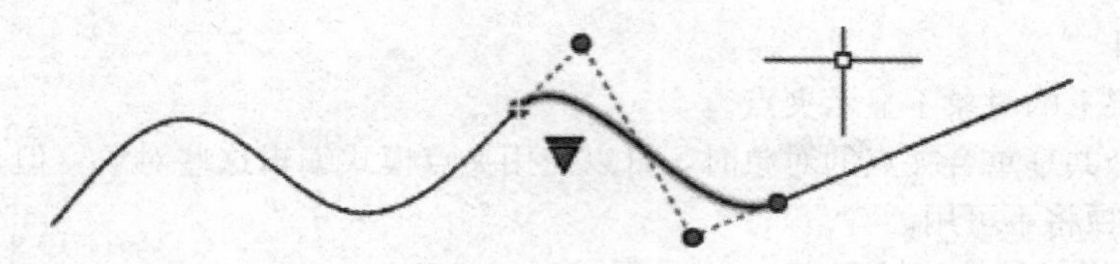

图 7-91　绘制光顺曲线

(十五)分解对象

1. 执行方式

功能区：在“默认”选项卡“修改”面板中单击“分解”按钮。

命令行：EXPLODE(EXPL)。

菜单栏：“修改”→“分解”。

2. 操作步骤

在“默认”选项卡“修改”面板中单击“分解”按钮。

选择要分解的对象

对于大多数对象，分解的效果并不是看得见的，允许分解多个对象。

(十六)关键点编辑方式

在 AutoCAD 中，可以使用不同类型的夹点和夹点模式以其他方式重新塑造、移动或操纵对象。在没有执行“选择对象”命令下使用鼠标选择对象时，在所选对象上将显示默认的小方格，有些对象还显示小三角形，这便是夹点，如图 7-92 所示。选中夹点后，用户可以使用默认夹点模式(拉伸)编辑对象，也可在夹点上右击选择夹点的其他编辑选项，如“拉伸”“移动”“旋转”“缩放”和“镜像”等。

遥者工作室

图 7-92　不同对象上的夹点显示

夹点是否显示及如何显示，可通过“选项”对话框进行设置。单击“应用程序”按钮，在下拉菜单中单击“选项”按钮，系统将弹出“选项”对话框。在该对话框中选择“选择集”选项卡，在“夹点尺寸”选项区域中进行设置，如图 7-93 所示。

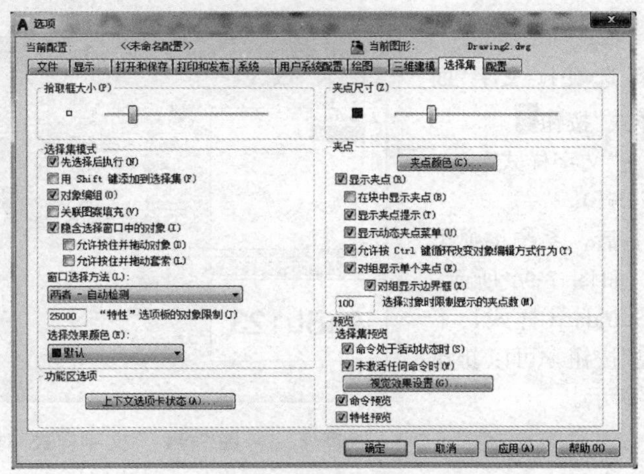

图 7-93　“选择集”选项卡

1. 选项说明

(1)锁定图层上的对象不显示夹点。

(2)选择多个共享重合夹点的对象时，可以使用夹点模式编辑这些对象；但是，任何特定于对象或夹点的选项将不可用。

2. 使用夹点进行拉伸的技巧

(1)当选择对象上的多个夹点来拉伸对象时，选定夹点间的对象的形状将保持原样。要选择多个夹点，应按住 Shift 键，然后选择适当的夹点。

(2)文字、块参照、直线中点、圆心和点对象上的夹点将移动对象而不是拉伸它。

(3)当二维对象位于当前 UCS 之外的其他平面上时，将在创建对象的平面上(而不是当前 UCS 平面上)拉伸对象。

(4)如果选择象限夹点来拉伸圆或椭圆，然后在“输入新半径”命令提示下指定距离(而不是移动夹点)，此距离是指从圆心而不是从选定的夹点测量的距离。

3. 操作步骤

选择要编辑的对象，执行以下一项或多项操作：

选择并移动夹点来拉伸对象

按 Enter 键或 Space 键循环到“移动”“旋转”“缩放”或“镜像”夹点模式，或在选定的夹点上右击以查看快捷菜单，该菜单包含所有可用的夹点模式和其他选项。

将光标悬停在夹点上以查看和访问多功能夹点菜单(如果有)，然后按 Ctrl 键循环浏览可用的选项。

移动定点设备并单击

注意：要复制对象，应按住 Ctrl 键，直到单击鼠标以重新定位该夹点。

四、文字输入与文字样式设置

微课：文字

在绘制建筑工程图样时，文字是必不可少的组成部分。文字可对图样中不便于表达的内容进行说明，使图形清晰、完整。在进行文字标注前，需要对文字样式(如样式名、字体等)进行设置，从而进行快捷、准确的标注。

(一)文字样式

AutoCAD 2017 提供了“文字样式”对话框，通过该对话框可以设置新文字样式，或对已存在文字样式进行修改。

(1)执行方式。

功能区：在“注释”选项卡“文字”面板右下角单击“文字样式”按钮。

菜单栏：“格式”→“文字样式”。

命令行：STYLE(ST)。

执行上述操作之一后，系统将弹出“文字样式”对话框，如图 7-94 所示。默认的文字样式是 Standard 样式，不可以删除。单击“新建”按钮，可以新建文字样式，如图 7-95 所示。

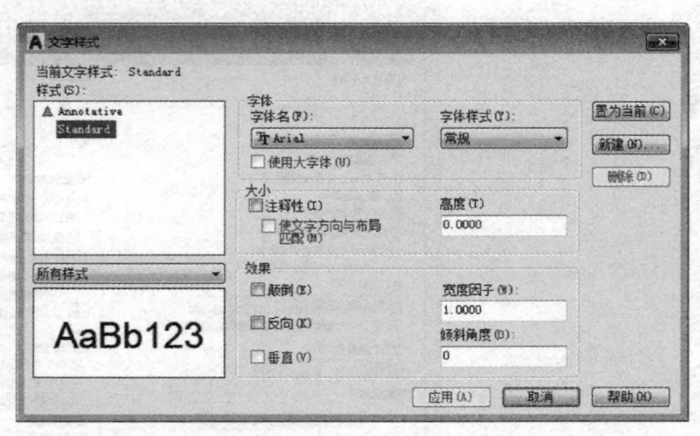

图 7-94 “文字样式”对话框

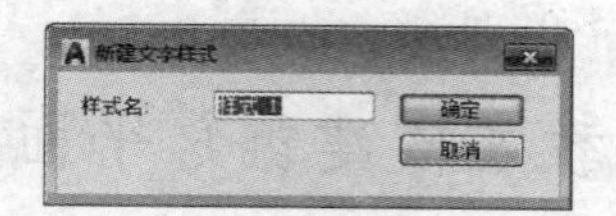

图 7-95 “新建文字样式”对话框

(2)选项说明。

1)样式：显示图形中的样式列表，系统默认的文字样式是 Standard 样式，用户可根据需要设置新的文字样式或对文字样式进行修改。

2)字体名：AutoCAD 2017 为用户提供了 SHX 字体(固有字体)和 TrueType 字体(Windows 字体，如宋体、仿宋体等)两种字体，字体名下拉列表中列出了 Fonts 文件夹中所有注册的 TrueType 字体和编译的 SHX 字体的字体族名。

3)字体样式：用于指定字体格式，如粗体、斜体等。字体名选择 SHX 字体后，选定使用大字体，则用于选择大字体文件。

4)注释性：指定文字为注释性。减少在非 1∶1 比例出图的时候对文字高度、标注等的调整。

注意：注释性必须和布局配合使用。

5)高度：根据输入的值设置文字高度。

6)效果：根据选中的复选框设置文字的显示样式。

7)宽度因子：设置宽度系数，确定输入文字的高宽比。

8)置为当前：将在“样式”下选定的样式置为当前。

9)新建：显示新建文字样式并自动设置为“样式 n”(其中 n 为样式编号)。

10)删除：删除未使用的文字样式。

(二)单行文本

(1)执行方式。

功能区：在“注释”选项卡“文字”面板中单击“单行文字”按钮。

菜单栏：“绘图”→“文字”→“单行文字”。

命令行：TEXT 或 DTEXT。

(2)选项说明。

1)指定文字的起点：用于指定文字的插入位置，可以直接在绘图区拾取一点作为插入文本的起始点。

2)对正(J)：用于指定输入的单行文本的对齐方式。

3)样式(S)：用于指定当前创建的单行文本采用的文字样式。

提示：用 TEXT 命令输入文本时，文本将直接显示在屏幕上，并且文本输入完成后可以不退出命令，直接在另一处需要输入文字的地方单击即可。

注意：在输入单行文字时，按 Enter 键不会结束文字输入，而表示换行。按两次 Enter 键则表示完成文本输入。

(3)操作步骤。

命令行：T↙

指定第一角点： (指定单行文本的起点)

指定对角点或[高度(H)/对正(J)/行距(L)/旋转(R)/样式(S)/宽度(W)/栏(C)]：

(指定单行文本的对角点)

创建完成的单行文本效果如图 7-96 所示。

某教学楼建筑总平面图

图 7-96 单行文本

(三)特殊符号输入

在实际绘制图样中，有些符号是不能直接输入的，如直径符号、温度符号等，因此，AutoCAD 提供了相应的特殊符号控制符来实现相应文本的注写要求。特殊符号控制符由两个百分号(%%)和一个字符构成，常用的特殊符号控制符及功能见表 7-1。

表 7-1 常用的特殊符号控制符及功能

符号	功能
%%O	上画线
%%U	下画线
%%D	“度数”符号
%%P	“正/负”符号
%%C	“直径”符号
%%%	百分号(%)
\U+00B2	平方

%%O 和%%U 是上画线和下画线的开关，第一次出现此符号时打开上画线和下画线，再次出现时则是关闭上画线和下画线。同时，在提示下输入特殊符号控制符时，特殊符号控制符输入完即显示相应的特殊符号。特殊符号也可使用快捷方式输入，采用命令行输入时，在文本框中右击，在“符号”子菜单中选择需要的特殊符号即可。也可右击，执行“符号”→“其他”命令，在弹出的“字符映射表”对话框中选择，如图 7-97 所示。

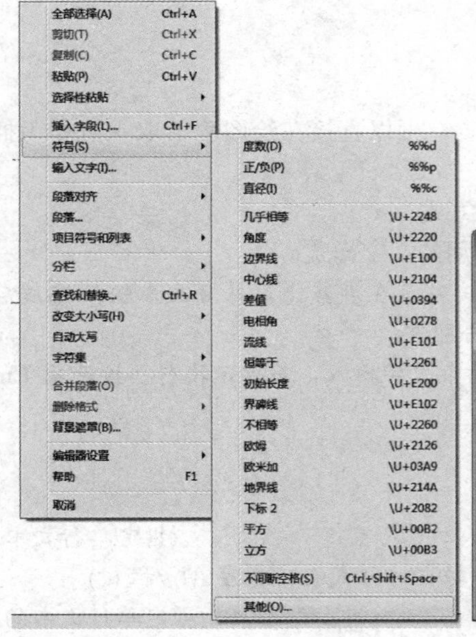

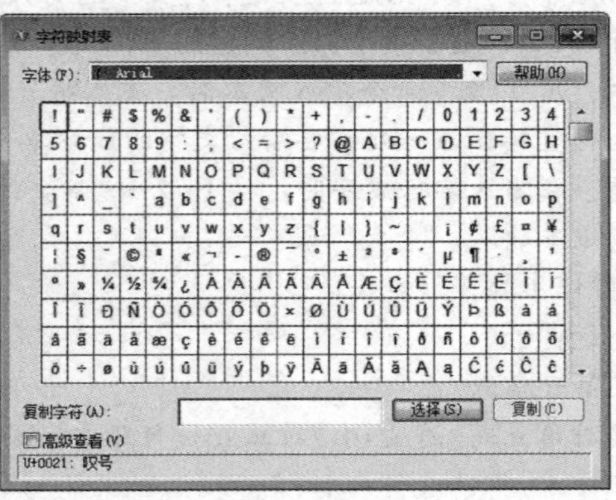

图 7-97 “字符映射表”对话框

(四)多行文本

(1)执行方式。

功能区：在“注释”选项卡“文字”面板中单击“多行文字”按钮 A 。

菜单栏：“绘图”→“文字”→“多行文字”。

工具栏：“绘图”→ “多行文字”。

命令行：MTEXT。

(2)选项说明。

1)指定对角点：在绘图区任意位置拾取一个点作为矩形文本框的第二点，其宽度将作为输入多行文本框的宽度。

2)对正(J)：与单行文本中的对齐方式相同。

3)行距(L)：确定多行文本的行间距，即相邻两文本行基线之间的垂直距离。

4)旋转(R)：确定文本行的倾斜角度。

5)样式(S)：确定当前的文字样式。

6)宽度(W)：指定多行文本的宽度。在创建多行文本时，指定文本宽度后，AutoCAD 会打开如图 7-98 所示的多行文字编辑器，用户可以设置文字高度、文字样式及倾斜角度等。

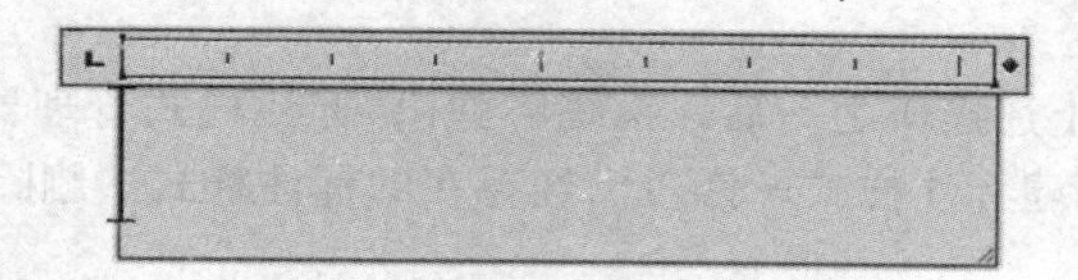

图 7-98　多行文字编辑器

7)栏(C)：可以将多行文本对象的格式设置为多栏，多行文本栏分为不分栏、静态栏和动态栏三种形式。多行文本可以设置栏数、栏宽和栏高等。

提示：多行文字编辑器的界面与 Microsoft 的 Word 编辑器界面类似，在功能使用上趋于一致。多行文字主要用于创建较长、较复杂的内容，常用于编辑设计总说明、施工要求等。

注意：多行文本是一个整体，不能进行单独的编辑。

(五)文本编辑

菜单栏：“修改”→“对象”→“文字”→“编辑”。

命令行：DDEDIT。

选中单行文本，右击，在弹出的快捷菜单中执行“编辑”命令，对单行文本内容进行编辑。如果要对多行文本进行编辑，则选中多行文本，右击，在弹出的快捷菜单中执行“编辑多行文字”命令，启动多行文字编辑器，对文本内容、文字样式等进行编辑、修改等。

注意：有时打开 CAD 文件，发现文字显示为“?”或者乱码，一般情况下是由以下原因造成的：

第一个原因：当前的文字库中没有所需的文字字体，无法显示文字。解决方法：在浏览器下载所需的文字样式，在 CAD 字体库 fonts 文件夹中进行添加。

第二个原因：字体设置不当。解决方法：在格式文字样式里新建一个样式名，选中使用大字体，在 SHX 字体里选择 gbenor. shx 字体，在大字体里选择 gbcbig. shx 字体，设定一个字体高度，单击应用就可以了，再输入的文字就是国标文字了。在 AutoCAD 2000 以后的版本中，提供了中国用户专用的符合国家标准要求的中西文工程形字体，其中有两种西文字体和一种中文长仿宋体，两种西文字体的名称是“gbenor. shx”和“gbeitc. shx”，前者是正体，后者是斜体。中文长仿宋体的字体名称是“gbcbig. shx”。

五、尺寸样式设置与标注

建筑工程施工是根据图纸上的尺寸进行的，因此，尺寸标注在建筑工程图样中占有重要地位，对于所标注的尺寸要求完整、清晰和准确。尺寸由尺寸界线、尺寸线、尺寸起止符号和尺寸文字组成，尺寸标注样式决定了尺寸标注的形式，用户可以在“标注样式管理器”对话框中设置需要采用的标注样式。尺寸文字标注的是图样的实际尺寸，与比例无关。同一张图纸上，标注的文字大小、样式要一致。

(一)尺寸样式

在进行尺寸标注时，要建立尺寸的标注样式，默认的尺寸标注样式为Standard样式。

(1)执行方式。

功能区：在“注释”选项卡“标注”面板中单击“标注样式”按钮。

菜单栏：“格式”→“标注样式”或“标注”→“标注样式”。

工具栏：“标注”→“标注样式”。

命令行：DIMSTYLE。

(2)选项说明。执行上述操作之一后，系统将弹出“标注样式管理器”对话框，如图7-99所示。在该对话框内可以新建标注样式、修改已经存在的标注样式、删除标注样式和将设置的标注样式置为当前样式等。

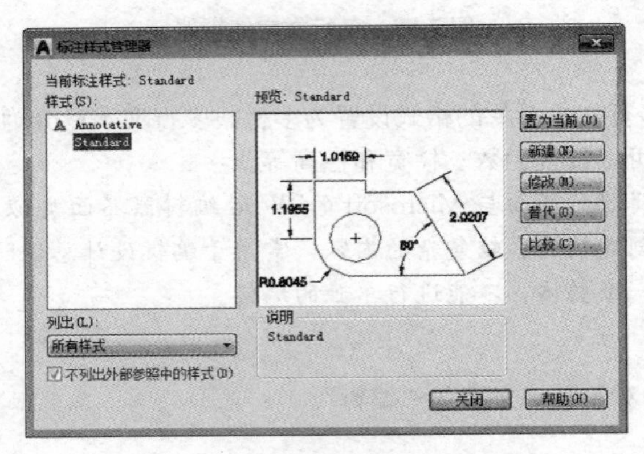

图7-99 “标注样式管理器”对话框

1)置为当前：将“样式”列表框中选中的样式设置成当前的样式。

2)新建：定义一个新的标注样式。单击该按钮，系统将弹出“创建新标注样式”对话框，如图7-100所示。利用该对话框可以创建一个新的尺寸标注样式。

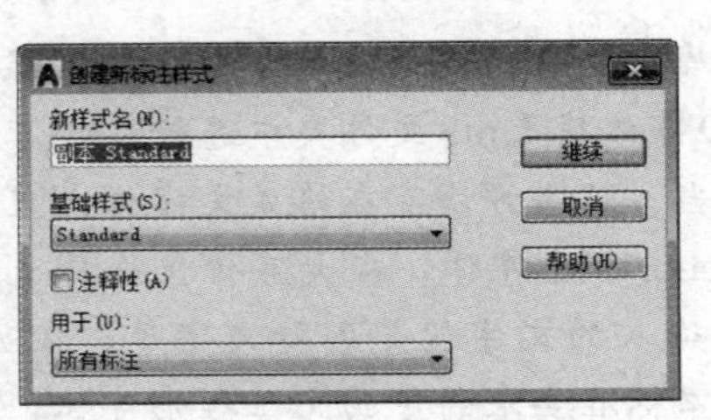

图7-100 “创建新标注样式”对话框

3)修改：修改已经存在的尺寸标注样式。“修改标注样式”对话框与“创建新标注样式”对话框中内容完全一致，用户可对已有标注样式进行修改。

4)替代：单击“替代”按钮，系统将弹出“替代当前样式”对话框，用户可以在该对话框内设置当前样式的临时替代样式。该操作只对指定的尺寸对象进行修改，修改后并不影响原来系统量的设置。

5)比较：比较两个尺寸标注样式在参数上的区别或浏览一个尺寸标注样式的参数设置。

下面对“新建标注样式”对话框中的主要选项卡进行说明：

1)“线”选项卡：“新建标注样式”对话框中的“线”选项卡主要对尺寸标注的尺寸线、尺寸界线的特性进行设置，如图 7-101 所示。

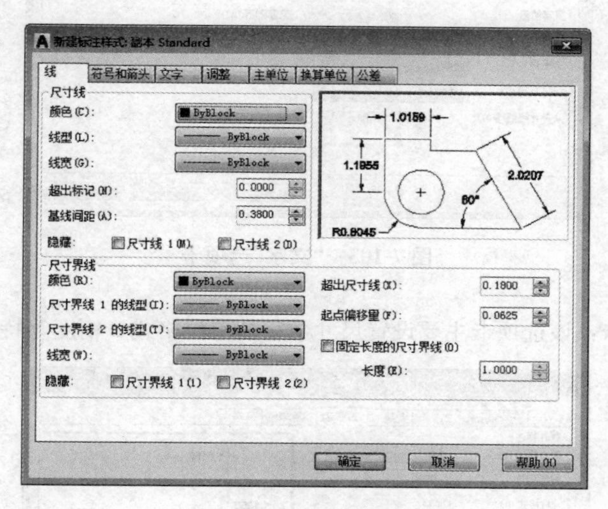

图 7-101 “线”选项卡

“尺寸线”选项区域：用于设置尺寸标注中尺寸线的特性。

“尺寸界线”选项区域：用于设置尺寸标注中尺寸界线的特性。

2)“符号和箭头”选项卡：该选项卡主要设置尺寸起止符号的样式和大小等特性，如图 7-102 所示。

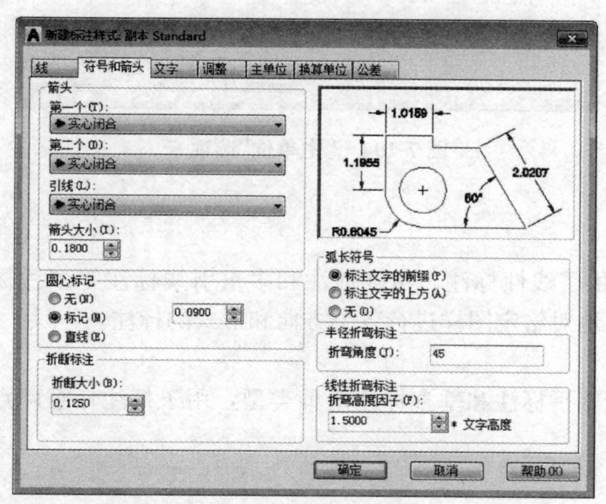

图 7-102 “符号和箭头”选项卡

3)“文字”选项卡：该选项卡主要设置尺寸文字的文字样式、位置和对齐方式等特性，如图 7-103所示。

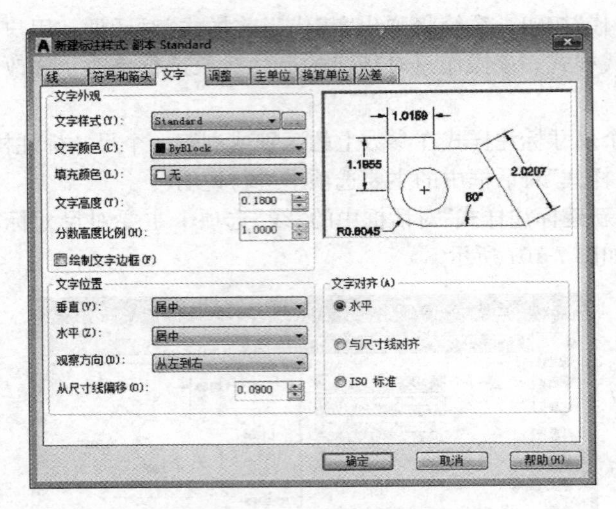

图 7-103 “文字”选项卡

4)“主单位”选项卡：该选项卡主要设置尺寸数字的单位格式、精度等特性，如图 7-104 所示。

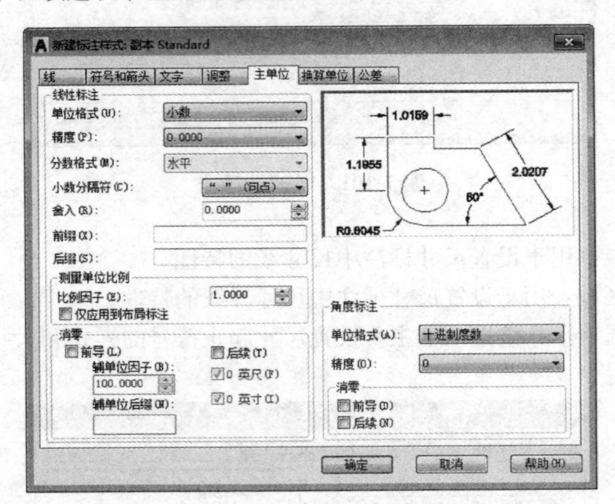

图 7-104 “主单位”选项卡

(二)尺寸标注

微课：尺寸标注(一)

AutoCAD 2017 提供了线性标注、角度标注和多重引线标注等多种标注类型，可以快捷、方便地对给定图样进行各个方向和形式的标注。

1. 线性标注

线性标注主要用于水平标注和垂直标注两种类型，用于标注任意两点之间的距离。

(1)执行方式。

功能区：在“注释”选项卡“标注”面板中单击“线性”按钮。

命令行：DIMLINEAR(DLI)。

(2)选项说明。执行上述操作之一后，在命令行提示下指定第一条尺寸界线，在指定第二条尺寸界线后，命令行提示如下：

指定尺寸线位置或[多行文字(M)/文字(T)/角度(A)/水平(H)/垂直(V)/旋转(R)]：

1)多行文字：选择该选项，则进入多行文字编辑模式，其中“< >”内值为系统测量值。

2)文字：以单行文本形式输入尺寸文字。

3)角度：设置输入尺寸文字的旋转角度。

4)水平和垂直：标注水平尺寸和垂直尺寸。

5)旋转：旋转标注对象的尺寸线。

图 7-105 所示为对图形进行线性尺寸标注的效果。

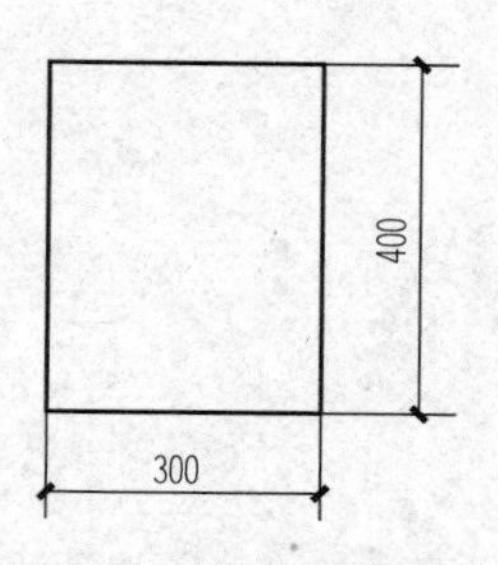

图 7-105 线性尺寸标注

2. 对齐标注

使用“对齐标注”命令标注的尺寸线与所标注的轮廓线平行，标注的是起始点和终止点之间的线性尺寸。

功能区：在“注释”选项卡“标注”面板中单击“已对齐”按钮。

命令行：DIMALIGNED。

图 7-106 所示为对齐标注的效果。

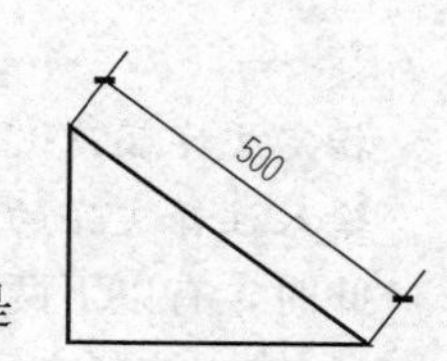

图 7-106 对齐标注

3. 基线标注

基线标注用于产生一系列基于同一条尺寸界线的尺寸标注，适用于长度标注、角度标注和坐标标注。

功能区：在“注释”选项卡“标注”面板中单击“基线”按钮。

命令行：DIMBASELINE。

图 7-107 所示为基线标注的效果。

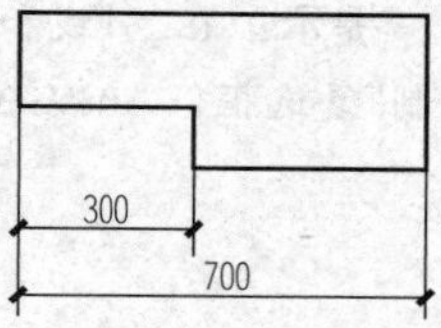

图 7-107 基线标注

4. 连续标注

连续标注又称尺寸链标注，用于产生一系列连续的尺寸标注，在进行连续标注之前，应该先标注一个相关的尺寸。

功能区：在“注释”选项卡“标注”面板中单击“连续”按钮。

命令行：DIMCONTINUE。

图 7-108 所示为连续标注的效果。

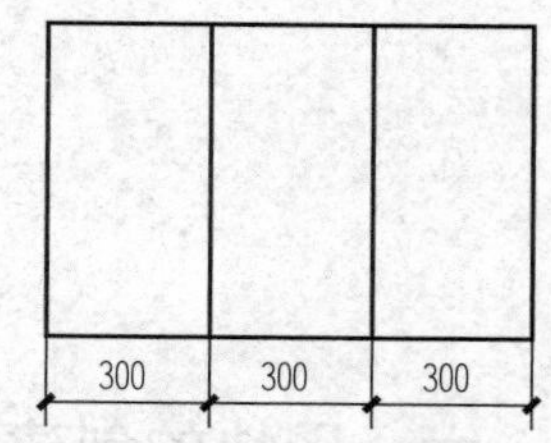

图 7-108 连续标注

5. 引线标注

引线标注不仅可以标注特定的尺寸，如圆角、倒角等，还可以在图中添加多行旁注、说明。在引线标注中，指引线可以是折线，也可以是曲线。指引线端部可以有箭头，也可以没有箭头。

命令行：QLEADER。

执行上述操作后，命令行提示如下：

指定第一引线点或[设置(S)]<设置>： (确定一点作为指引线的第一点)

指定下一点： (输入指引线的第二点)

指定下一点： (输入指引线的第三点)

AutoCAD 提示用户输入点的数目由“引线设置”对话框确定，如图 7-109 所示。输入指引线的点后，命令行的提示如下：

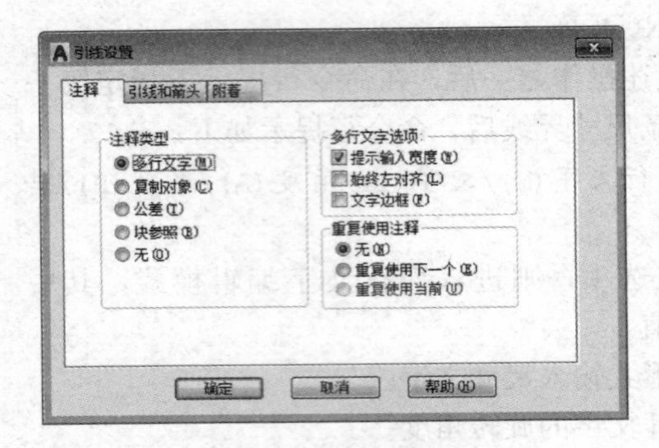

图 7-109 “引线设置”对话框

(输入多行文本的宽度)

指定文字高度＜0.0000＞：

输入注释文字的第一行＜多行文字(M)＞：

此时，有以下两种方式进行输入选择：

(1)输入注释文字的第一行：在命令行中输入第一行文本。

(2)多行文字(M)：打开多行文字编辑器，输入、编辑多行文字。

微课：尺寸标注(二)

如果在命令行提示下按 Enter 键或输入“S”，系统将弹出“引线设置”对话框，可以对引线标注进行设置。

提示： 在“引线和箭头”选项卡中设置输入点的数目比用户期望的指引线段数多 1。如果勾选“无限制”复选框，AutoCAD 会一直提示用户输入点直到连续按 Enter 键两次为止，如图 7-110 所示。

微课：尺寸标注(三)

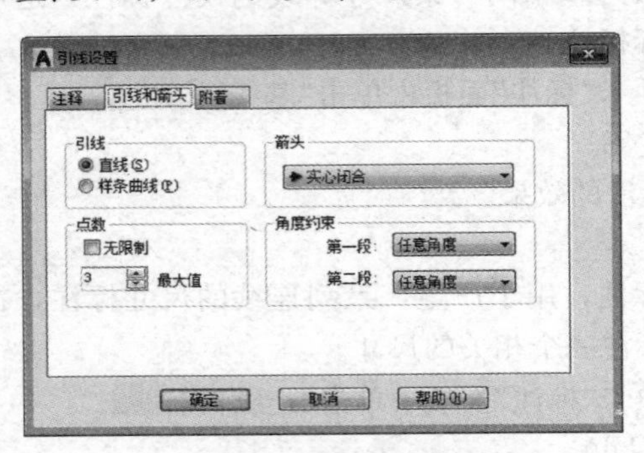

图 7-110 “引线和箭头”选项卡

六、图块的创建与编辑

图块是一个或多个对象组成的集合，简称块。图块可以作为一个整体以任意比例和旋转角度插入当前图形的任意位置，常用于绘制复杂、重复的图形，可以提高绘图效率，节省存储空间，同时便于修改图形。

(一)创建内部块

内部块跟随定义它的图形文件一起保存，存储在图形文件的内部，因此只能在当前文件中调用，不能在其他图形中调用。

(1)执行方式。

菜单栏：“绘图”→“块”→“创建”。

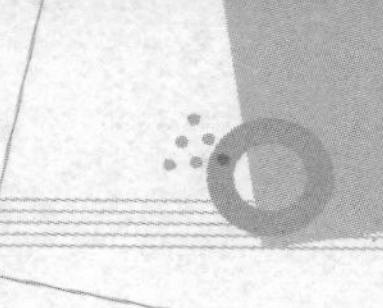

工具栏："绘图"→"创建块"。

命令行：BLOCK(B)。

(2)操作步骤。执行上述操作之一后，系统将弹出如图7-111所示的对话框。利用该对话框指定定义对象和基点及其他参数，图块插入基点位置设置在具有一定特征的位置上，以便插入时定位、缩放等。

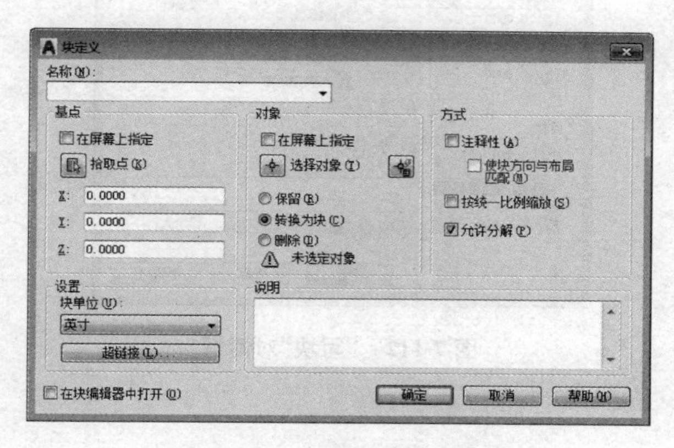

图7-111 "块定义"对话框

(3)选项说明。

1)名称：用于输入块的名称，最多可使用255个字符，当其中包含多个块时，还可在此选择已有的块。

2)"在屏幕上指定"复选框：勾选该复选框，可以在关闭对话框时，提示用户指定基点或指定对象。

3)"拾取点"按钮：单击该按钮，可以暂时关闭对话框，在当前图形中指定插入基点。

4)"*X*/*Y*/*Z*"文本框：用于指定*X*/*Y*/*Z*的坐标。

5)"选择对象"按钮：单击该按钮，可以暂时关闭"块定义"对话框，允许用户选择块对象。选择完对象后，按Enter键确认可返回"块定义"对话框。

6)"保留"单选按钮：勾选该单选按钮，可以在创建块以后，将选定对象仍保留在图形中。

7)"转换为块"单选按钮：勾选该单选按钮，可以在创建块以后，将选定对象以块的形式存在。

8)"删除"单选按钮：勾选该单选按钮，可以在创建块以后，将选定对象从图形中删除。

9)"注释性"复选框：指定块为注释性。

10)"允许分解"复选框：指定块参照是否可以被分解。

(二)创建动态块

BLOCK命令创建的内部块只能在定义该图块的文件内部使用，要想让所有的AutoCAD文档都能使用创建的图块，就要调用WBLOCK(写块)命令。

(1)执行方式。

命令行：WBLOCK(W)。

(2)操作步骤。执行上述操作后，系统将弹出如图7-112所示的对话框。利用该对话框指定定义对象存储路径和基点及其他参数，图块插入基点位置设置在具有一定特征的位置上，以便插入时定位、缩放等。

图 7-112 “写块”对话框

(3)选项说明。

1)“源”选项区域：选择另存为指定文件的块、现有图形和对象。

2)“基点”选项区域：拾取插入基点，默认值为(0，0，0)。

3)“对象”选项区域：设置创建块对象后选定图形的创建效果。

4)“目标”选项区域：指定文件的新名称和新存储位置及插入块所使用的测量单位。

注意：(1)如果希望插入块时灵活改变块所具有的“图层”“颜色”“线型”和“线宽”等特性，在创建块时应将选定对象驻留在 0 图层上，并将颜色、线型和线宽均设置成 ByBlock。

(2)如果希望插入的块驻留在指定的图层上，并由该图层控制特性，则在创建图块时将选定的对象驻留在指定的图层上，并将颜色、线型和线宽等特性均设置成 ByBlayer。

(三)插入块

1. 插入单个块

(1)执行方式。

菜单栏：“插入”→“块”。

工具栏：“绘图”→“插入块”。

命令行：INSERT(I)。

(2)操作步骤。执行上述操作之一后，系统将弹出如图 7-113 所示的对话框。利用该对话框将选定图块按指定基点插入当前图形，图块可以缩放、旋转等。

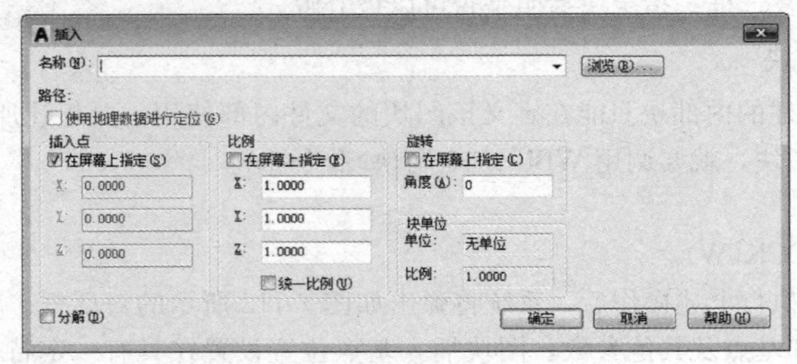

图 7-113 “插入”对话框

(3)选项说明。

1)“名称”文本框：指定要插入块的名称，当其中包含多个块时，还可在此选择已有的块。

2)“浏览”按钮：可以打开“选择图形文件”对话框，从中选择要插入的块或者图形。

3)“路径”选项区域：指定块的路径。

4)“插入点”选项区域：指定块的插入点。

5)“比例”选项区域：指定块的缩放比例。若 $X/Y/Z$ 比例因子为负，则插入块的镜像图像。

6)“旋转”选项区域：指定插入块的旋转角度。

7)“分解”复选框：分解块并插入分解后的图形。

2. 插入阵列块

对于室内柱子、灯具等常用阵列插入，执行方式如下：

命令行：MINSERT。

插入的矩形阵列块为一个整体。

(四)创建及使用块属性

属性是块的非图形信息，是图块的组成部分，定义块属性必须在定义块之前进行。

(1)执行方式。

菜单栏：“绘图”→“块”→“定义属性”。

命令行：ATTDEF(ATT)。

(2)操作步骤。执行上述操作之一后，系统将弹出如图 7-114 所示的对话框。

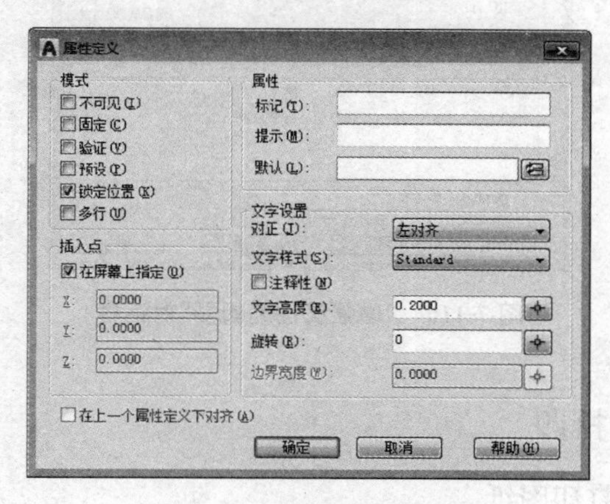

图 7-114 “属性定义”对话框

(3)选项说明。

1)“标记”文本框：输入属性标签。属性标签由除空格和感叹号以外的所有字符组成。

2)“提示”文本框：输入属性提示。属性提示是插入带有属性的图块时系统要求输入属性值的提示。

3)“默认”文本框：设置默认的属性值。可以把使用次数较多的属性值作为默认值，也可以不设置默认值。

(五)编辑块属性

1. 修改属性定义

(1)执行方式。

菜单栏：“修改”→“对象”→“文字”→“编辑”。

命令行：DDEDIT。

(2)操作步骤。执行上述操作之一后，选择注释对象，系统将弹出如图 7-115 所示的对话框，可以在该对话框中修改属性定义。

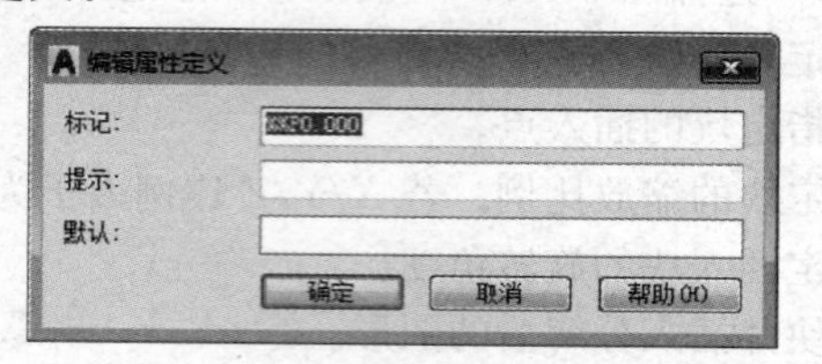

图 7-115 “编辑属性定义”对话框

2. 图块属性编辑

(1)执行方式。

菜单栏：“修改”→“对象”→“属性”→“单个”。

工具栏：“修改Ⅱ”→“编辑属性”。

命令行：EATTEDIT。

(2)操作步骤。执行上述操作之一后，选择带属性图块，系统将弹出如图 7-116 所示的对话框。该对话框可以编辑图块属性值，也可以编辑属性文字选项和图层、线型和颜色等特性值。

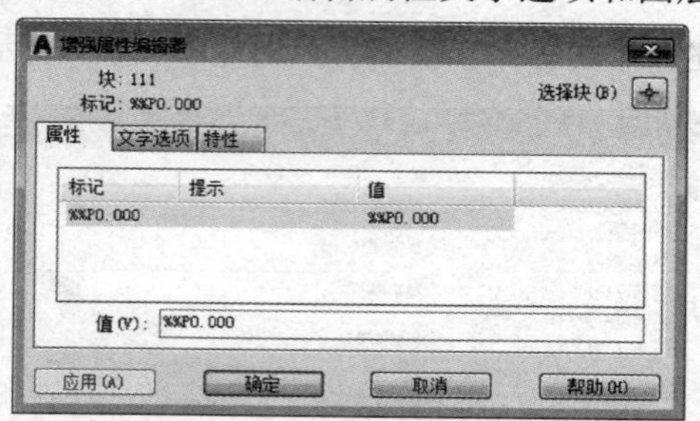

图 7-116 “增强属性编辑器”对话框

七、图纸布局和打印

(一)在模型空间中打印图纸

图形绘制完成后，需要通过打印机或者绘图仪在模型空间或者布局空间将图样输出到图纸上。模型空间是用户绘制和编辑图形的工作空间，AutoCAD 2017 中，用户可以在模型空间中打印或输出图纸。

1. 模型空间打印设置

(1)执行方式。

功能区：在“输出”选项卡“打印”面板中单击“打印”按钮。

菜单栏：“文件”→“打印”。

命令行：PLOT。

快捷键：Ctrl＋P。

(2)选项说明。执行上述操作之一后，系统将弹出“打印－模型”对话框，如图 7-117 所示。在该对话框内设置好参数后，单击“确定”按钮即可打印。

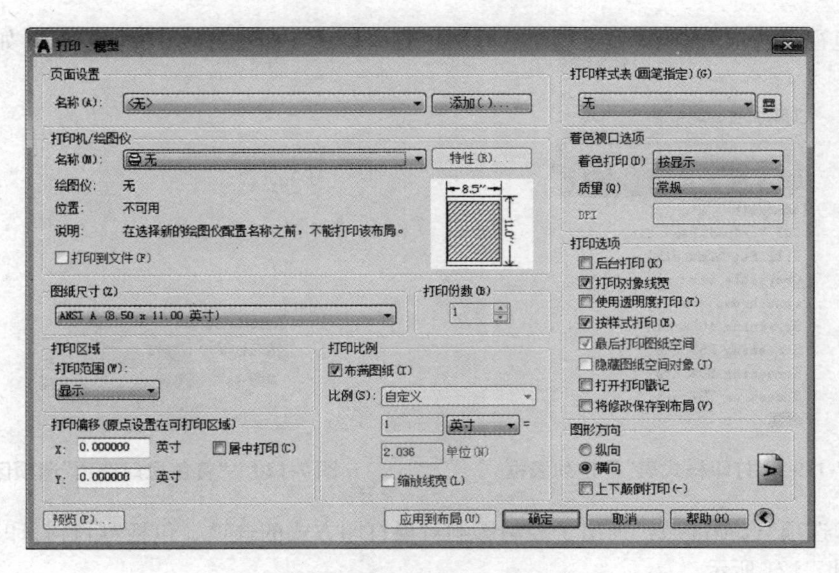

图 7-117 “打印一模型”对话框

1)“页面设置”选项区域：显示在页面设置管理器中设置的打印名称或上一次打印。

2)“打印机/绘图仪”选项区域：在“名称”下拉列表中选择与计算机连接的打印机或绘图仪的名称。

3)“图纸尺寸”选项区域：在下拉列表中列出了打印设备支持和用户使用“绘图仪器配置编辑器”自定义的图纸尺寸。

4)“打印范围”：用于设置打印的范围，包括“窗口”“范围”“图形界限”和“显示”四个选项，用户一般可利用“窗口”选项指定对角点选定打印范围。

5)“打印比例”选项区域：用于设置图样的打印输出比例。用户在绘制图样时一般选用 1∶1 的比例绘制，打印输出时则需要根据图样标注的比例输出。系统默认的选项是“布满图纸”，即系统自动根据图样及打印范围调整缩放比例，使所绘制图样充满打印图纸。用户可以直接在下拉列表中选择打印常用比例，也可以通过“自定义”选项设置用户指定的打印比例。其中，第一个文本框表示图纸尺寸单位，第二个文本框表示图形单位。如自定义打印比例 1∶25，则需要在第一个文本框中输入“1”、第二个文本框中输入“25”，表示图纸上 1 个单位代表实际图形中 25 个单位，如图 7-118 所示。

6)“打印偏移”选项区域：在该选项区可以确定打印区域相对于图纸左下角点的偏移量。

7)“打印样式表”选项区域：在下拉列表中显示用于“模型”或“布局”打印能够使用的打印列表样式，每一种打印样式对应不同的打印外观，如图 7-119 所示。

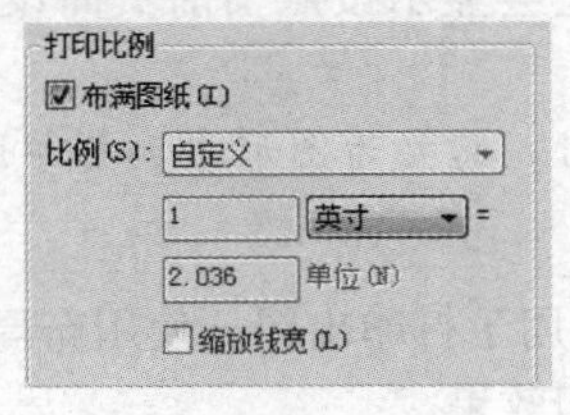

图 7-118 “打印比例”选项区域

8)“着色视口选项”选项区域：用于选择彩色打印模式，如“按显示”“线宽”等，如图 7-120 所示。

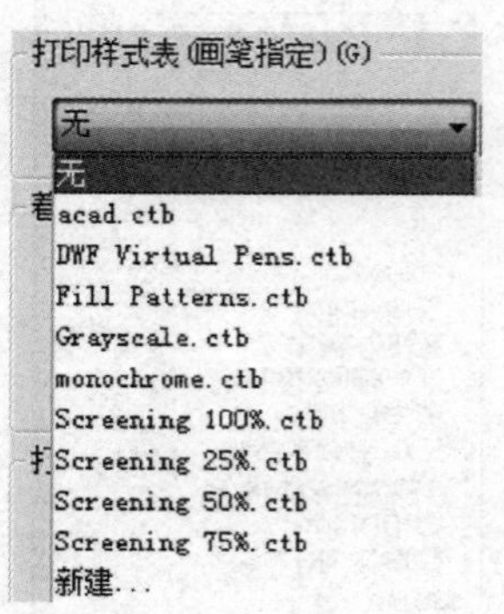

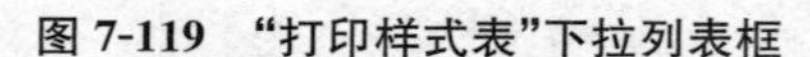
图 7-119 “打印样式表”下拉列表框

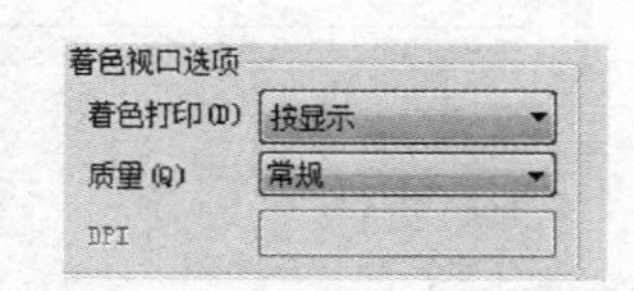

图 7-120 “着色视口选项”选项区域

9)“打印选项”选项区域：列出了控制影响对象打印方式的选项，包括“后台打印”“按样式打印”等，如图 7-121 所示。

10)“图形方向”选项区域：用于设置打印图纸方向，包括“横向”“纵向”等，如图 7-122 所示。

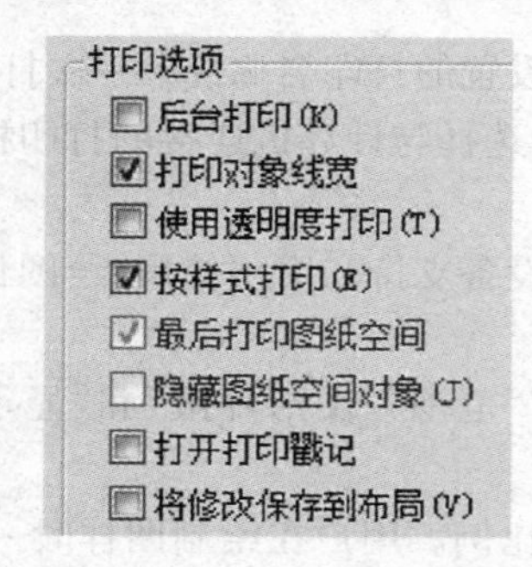

图 7-121 “打印选项”选项区域

图 7-122 “图形方向”选项区域

2. 打印预览

在 AutoCAD 中完成页面设置后，发送到打印机之前，可以对打印的图形进行预览，便于发现和修改错误。

功能区：在“输出”选项卡“打印”面板中单击“预览”按钮。

菜单栏：“文件”→“打印预览”。

命令行：PREVIEW。

程序菜单：“应用程序”→“打印”→“打印预览”。

执行上述操作之一后，在屏幕上会显示按照当前页面设置、绘图设备设置等最终要输出的图形。

注意：用户在预览打印的图形时，需要为图形添加打印设备，否则将不能进行预览。

(二)在布局空间中打印图纸

在 AutoCAD 中，布局空间主要用于打印出图。使用布局空间进行打印可以更方便地设置打印设备、图样布局等，并能预览打印效果。

1. 切换至布局空间

按钮法：单击“布局”标签中的“模型”或“布局”进行选择。

命令行：命令行中输入“MSPACE”或“PSPACE”进行模型与布局的切换，如图 7-123 所示。

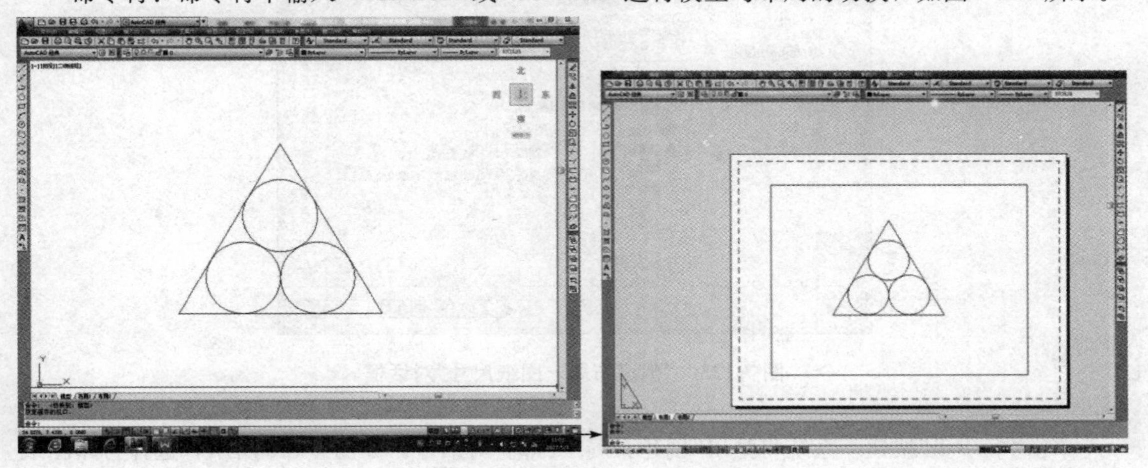

图 7-123 “模型空间”→“布局空间”

2. 创建打印布局

当默认的布局选项不能满足绘图需要时，可以创建新的布局空间。

(1)执行方式。

菜单栏：“插入”→“布局”→“创建布局向导”。

命令行：LAYOUTWIZARD。

(2)操作说明。执行上述操作之一后，系统将弹出“创建布局—开始”对话框。

输入新布局名称，单击“下一步”按钮，系统弹出“创建布局—打印机”对话框，如图 7-124 所示，添加需要的打印机。

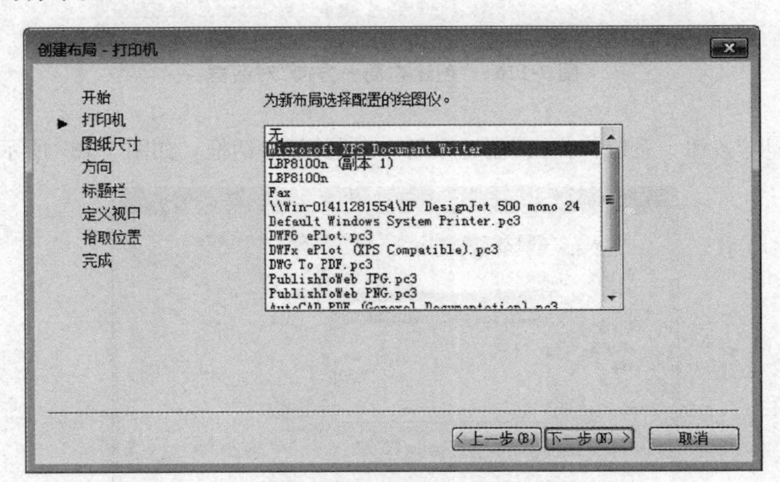

图 7-124 “创建布局—打印机”对话框

单击“下一步”按钮，系统将弹出“创建布局—图纸尺寸”对话框，如图 7-125 所示，在右侧下拉列表中选择图纸尺寸。

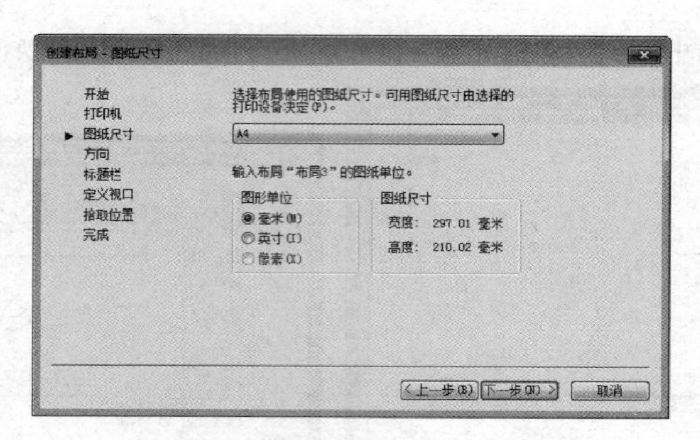

图 7-125 "创建布局—图纸尺寸"对话框

单击"下一步"按钮，系统将弹出"创建布局—方向"对话框，如图 7-126 所示，选择打印图纸方向。

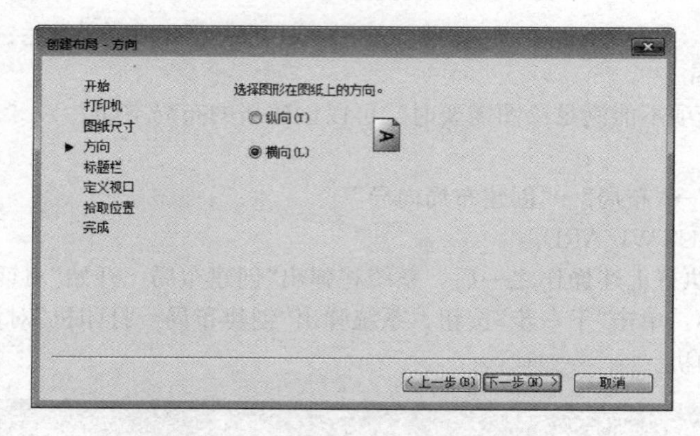

图 7-126 "创建布局—方向"对话框

单击"下一步"按钮，系统将弹出"创建布局—标题栏"对话框，如图 7-127 所示，选择"无"。

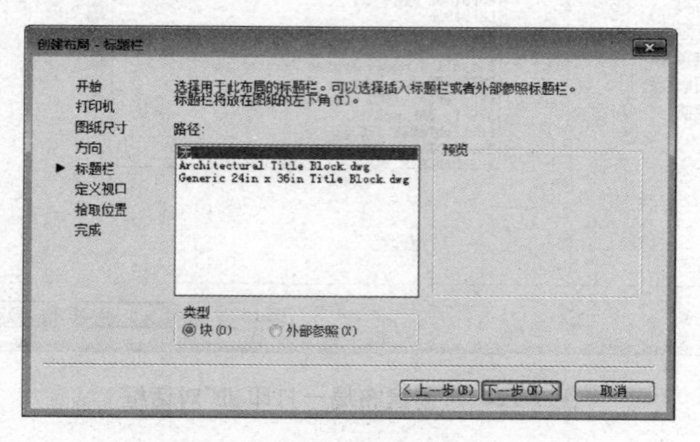

图 7-127 "创建布局—标题栏"对话框

单击"下一步"按钮，系统将弹出"创建布局—定义视口"对话框，勾选"标准三维工程视图"单选按钮，如图 7-128 所示。

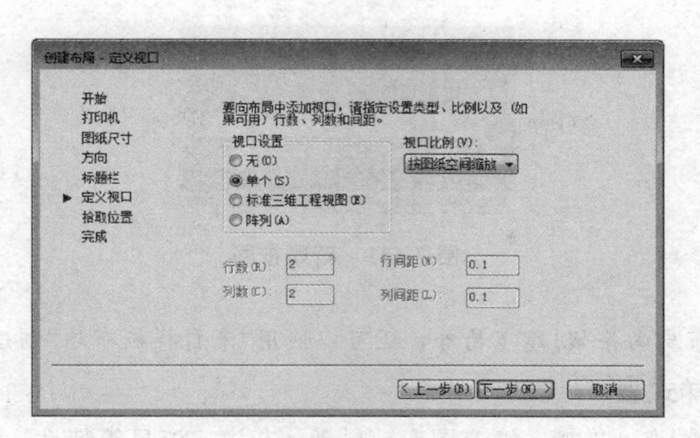

图 7-128 “创建布局一定义视口”对话框

单击“下一步”按钮，系统弹出“创建布局一拾取位置”对话框，保持默认选项，如图 7-129 所示。

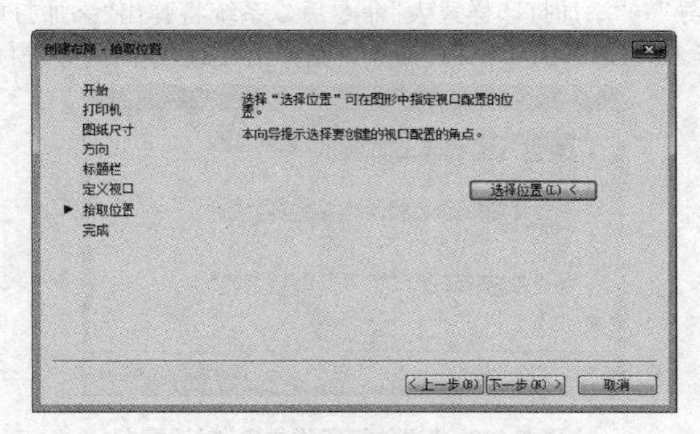

图 7-129 “创建布局一拾取位置”对话框

单击“下一步”按钮，系统将弹出“创建布局一完成”对话框，新布局创建完成，单击“完成”按钮即可，如图 7-130 所示。

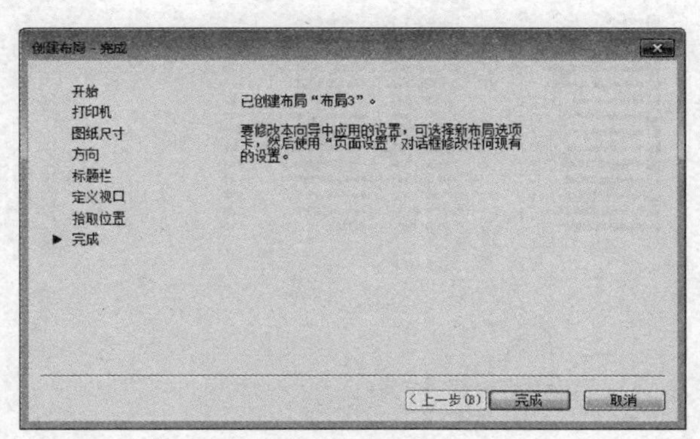

图 7-130 “创建布局一完成”对话框

返回操作界面，即可在布局标签中查看新创建的名称为“布局 3”的新布局，如图 7-131 所示。

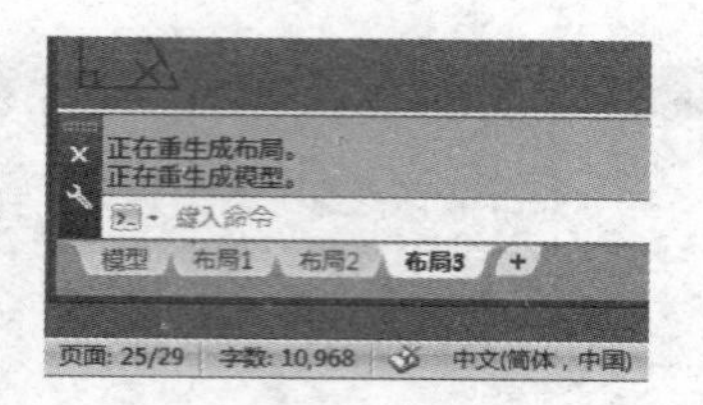

图 7-131　新建布局

注意：除使用“布局向导”创建布局外，还可以使用“来自样板布局”创建新布局。

(三)设置打印样式表

打印样式表包括端点、连接、填充图案、抖动、灰度、淡显等特性，通过设置和修改打印样式表来控制图形的打印外观。创建打印样式表的方式如下：

菜单栏：“工具”→“向导”→“添加打印样式表”。

命令行：STYLESMANAGER。

执行“工具”→“向导”→“添加打印样式表”命令后，系统将弹出“添加打印样式表”对话框，如图 7-132 所示；若执行 STYLESMANAGER 命令，则弹出“添加绘图向导”窗口，如图 7-133 所示。

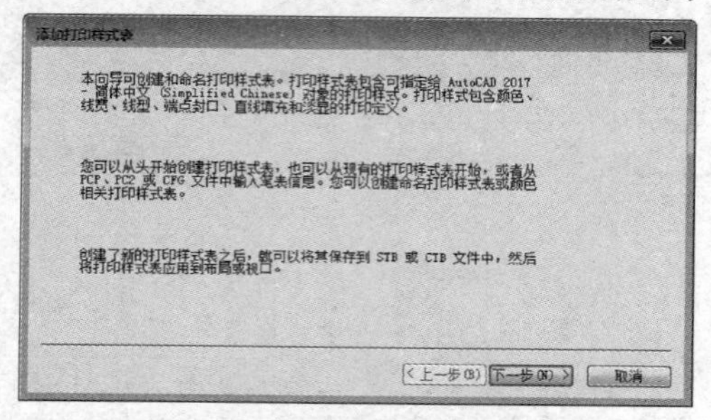

图 7-132　“添加打印样式表”对话框

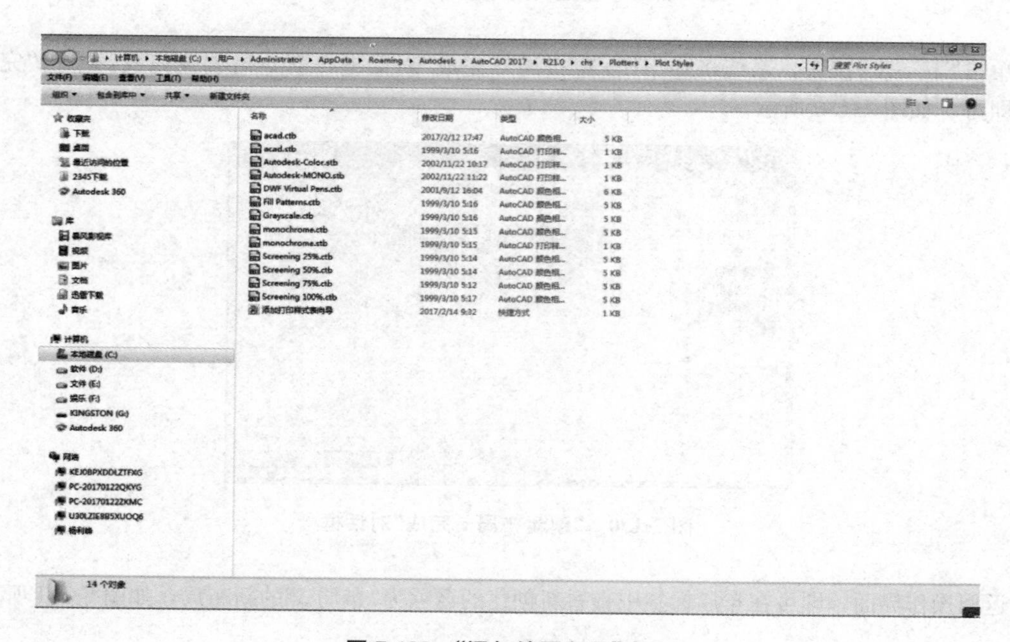

图 7-133　“添加绘图向导”窗口

单击“下一步”按钮，系统将弹出“添加打印样式表一开始”对话框，如图 7-134 所示。

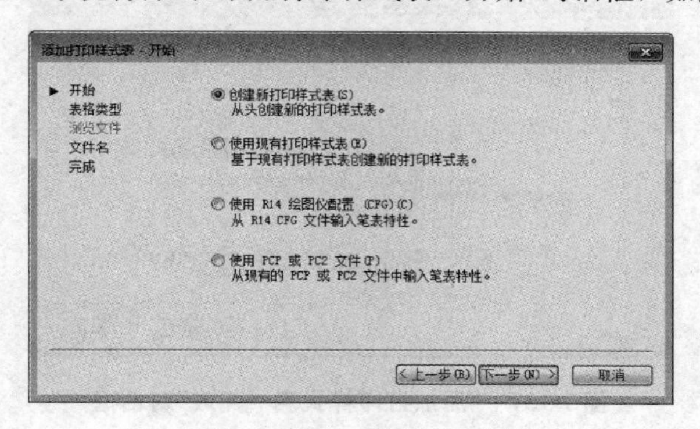

图 7-134 “添加打印样式一开始”对话框

单击“下一步”按钮，系统将弹出“添加打印样式表一选择打印样式表”对话框，如图 7-135 所示。

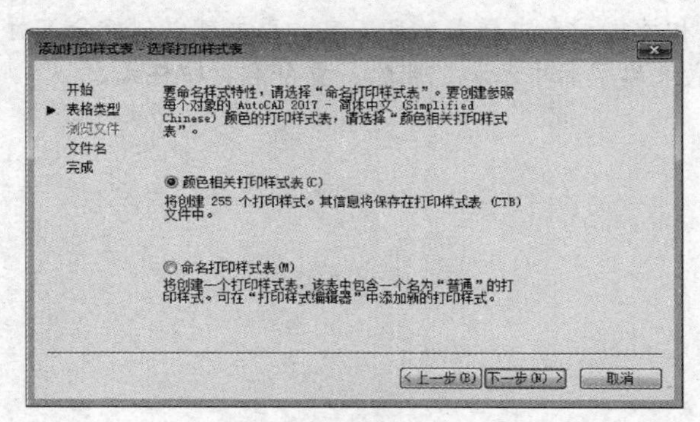

图 7-135 “添加打印样式表一选择打印样式表”对话框

单击“下一步”按钮，系统将弹出“添加打印样式表一文件名”对话框，如图 7-136 所示，输入文件名。

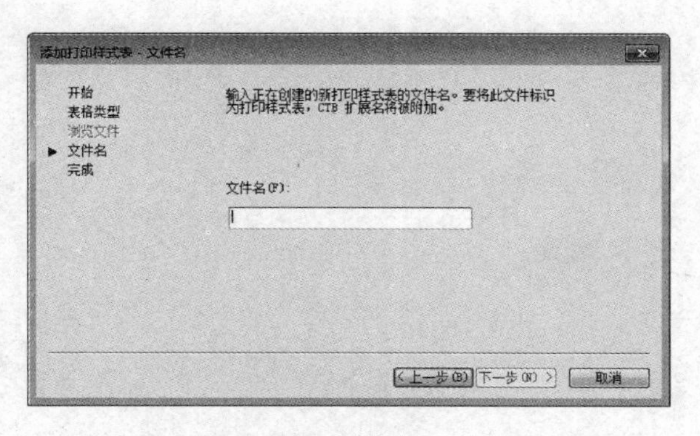

图 7-136 “添加打印样式表一文件名”对话框

单击“下一步”按钮，系统将弹出“添加打印样式表一完成”对话框，如图 7-137 所示，即完成新的打印样式表的设置，可根据需要在“打印一模型”选项卡“打印表样式”中选择新设置的打印样式表，后缀为 . ctb。

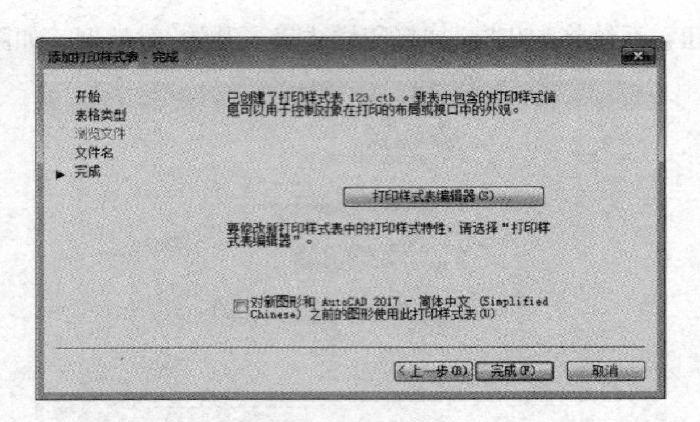

图 7-137 “添加打印样式表一完成”对话框

注意：(1)打印样式表有彩色打印相关样式表和命名打印相关样式表两种类型。彩色打印相关样式表定义有 255 个打印样式，每一种索引颜色对应一种打印样式，通过对象的显示颜色控制打印特征；命名打印相关样式表中样式数目不定，用户可以创建命名打印样式。

(2)可以在打印样式表编辑器中添加、删除、重命名打印样式。

第八章　AutoCAD 绘图规则

第一节　AutoCAD 工程制图基本设置要求

一、图纸幅面与格式

用计算机绘制工程图时，其图纸幅面和格式应符合《技术制图 图纸幅面和格式》(GB/T 14689—2008)的有关规定。在 CAD 工程制图中所用到的有装订边或无装订边的图纸幅面形式如图 8-1 所示。图纸基本尺寸见表 8-1。

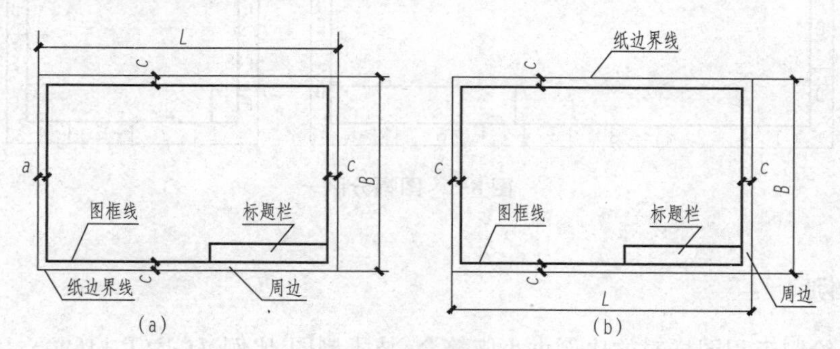

图 8-1　图纸幅面形式

(a)带有装订边的图纸幅面；(b)不带装订边的图纸幅面

表 8-1　图纸基本尺寸

幅面代号	A0	A1	A2	A3	A4
$b\times l$	841×1 189	594×841	420×594	297×420	210×297
c	20		10		
c	10			5	
a	25				
注：在 CAD 绘图中对图纸有加长加宽的要求时，应按基本幅面的短边(b)成整数倍增加。					

CAD 工程图中可根据需要，设置方向符号如图 8-2 所示、剪切符号如图 8-3 所示、米制参考分度如图 8-4 所示。对图形复杂的 CAD 装配图一般应设置图幅分区，其形式如图 8-5 所示。

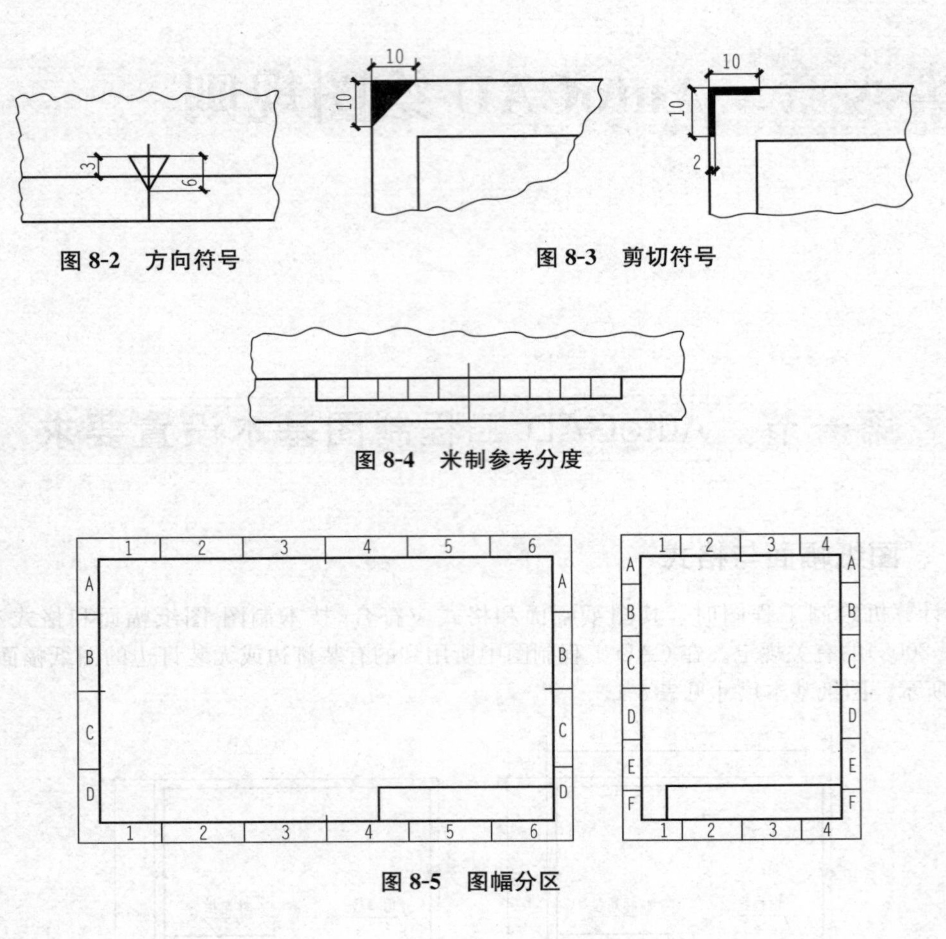

图 8-2　方向符号

图 8-3　剪切符号

图 8-4　米制参考分度

图 8-5　图幅分区

二、比例

用计算机绘制工程图样时的比例大小应符合《技术制图 比例》(GB/T 14690—1993)中的有关规定。在 CAD 工程图中需要按比例绘制图形时，按表 8-2 中规定的系列选用适当的比例，必要时，也允许选取表 8-3 中的比例。

表 8-2　CAD 工程图中的比例

种类	比例
原值比例	1∶1
放大比例	5∶1　2∶1 5×10^n∶1　2×10^n∶1　1×10^n∶1
缩小比例	1∶2　1∶5　1∶10 1∶2×10^n　1∶5×10^n　1∶10×10^n
注：n 为正整数。	

表 8-3　必要时 CAD 工程图中的比例

种类	比例
放大比例	4∶1　2.5∶1 4×10^{n}∶1　2.5×10^{n}∶1
缩小比例	1∶1.5　1∶2.5　1∶3　1∶4　1∶6 1∶2×10^{n}　1∶5×10^{n}　1∶10×10^{n}
注：n 为正整数。	

三、字体

CAD 工程图中所用的字体应符合《技术制图 字体》(GB/T 14691—1993)的要求，并应做到字体端正、笔画清楚、排列整齐、间隔均匀。CAD 工程图的字体与图纸幅面之间的大小关系参见表 8-4。CAD 工程图中字体的最小字(词)距、行距以及间隔线或基准线与书写字体之间的最小距离见表 8-5。CAD 工程图中的字体选用范围见表 8-6。

表 8-4　CAD 工程图的字体与图纸幅面之间的大小关系

字体 \ 图幅	A0	A1	A2	A3	A4
字母数字	3.5				
汉字	5				

表 8-5　CAD 工程图中字体的最小字(词)距、行距以及间隔线或基准线与书写字体之间的最小距离

字体	最小距离	
汉字	字距	1.5
	行距	2
	间隔线或基准线与汉字的间距	1
拉丁字母、阿拉伯数字、希腊字母、罗马数字	字符	0.5
	词距	1.5
	行距	1
	间隔线或基准线与字母、数字的间距	1
注：当汉字与字母、数字混合使用时，字体的最小字距、行距等应根据汉字的规定使用。		

表 8-6　CAD 工程图中的字体选用范围

汉字字型	字体文件名	应用范围
长仿宋体	HZCF. *	图中标注及说明的汉字、标题栏、明细栏等
单线宋体	HZDX. *	大标题、小标题、图册封面、目录清单、标题栏中设计单位名称、图样名称、工程名称、地形图等
宋体	HZST. *	
仿宋体	HZFS. *	
楷体	HZKT. *	
黑体	HZHT. *	

四、图线

CAD工程图中所用的图线，应遵照《技术制图 图线》(GB/T 17450—1998)中的有关规定。CAD工程图中的基本线型见表8-7。基本线型的变形见表8-8。屏幕上的图线一般应按表8-9中提供的颜色显示，相同类型的图线应采用同样的颜色。

表8-7 CAD工程图中的基本线型

代码	基本线型	名称
01		实线
02		虚线
03		间隔画线
04		单点长线
05		双点长线
06		三点长线
07		点线
08		长画短画线
09		长画双点画线
10		点画线
11		单点双画线
12		双点画线
13		双点双画线
14		三点画线
15		三点双画线

表8-8 CAD工程图中基本线型的变形

基本线型的变形	名称
	规则波浪连续线
	规则螺旋连续线
	规则锯齿连续线
	波浪线
注：本表仅包括表8-7中01基本线型的变形，02～15可用同样的方法变形表示。	

表8-9 CAD工程图中图线的颜色设置

图线类型		屏幕上的颜色
粗实线		白色
细实线		绿色
波浪线		绿色
双折线		绿色
虚线		黄色
细点画线		红色
粗点画线		棕色
双点画线		粉红色

五、剖面符号

CAD工程图中剖切面的剖面区域的表示见表8-10。

表 8-10 CAD工程图中剖切面的剖面区域的表示

剖面区域的式样	名称	剖面区域的式样	名称
	金属材料/普通砖		非金属材料（除普通砖外）
	固体材料		混凝土
	液体材料		水质件
	气体材料		透明材料

六、标题栏

CAD工程图中的标题栏，应遵守《技术制图 标题栏》(GB/T 10609.1—2008)中的有关规定。每张CAD工程图均应配置标题栏，并应配置在图框的右下角。标题栏一般由更改区、签字区、其他区、名称及代号区组成，如图8-6所示。CAD工程图中标题栏的格式如图8-7所示。

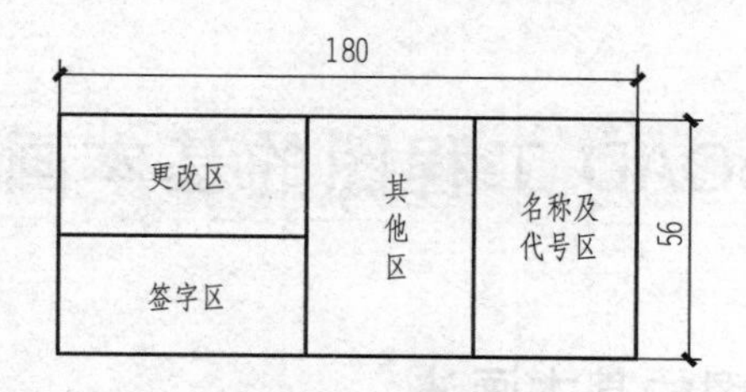

图 8-6 标题栏

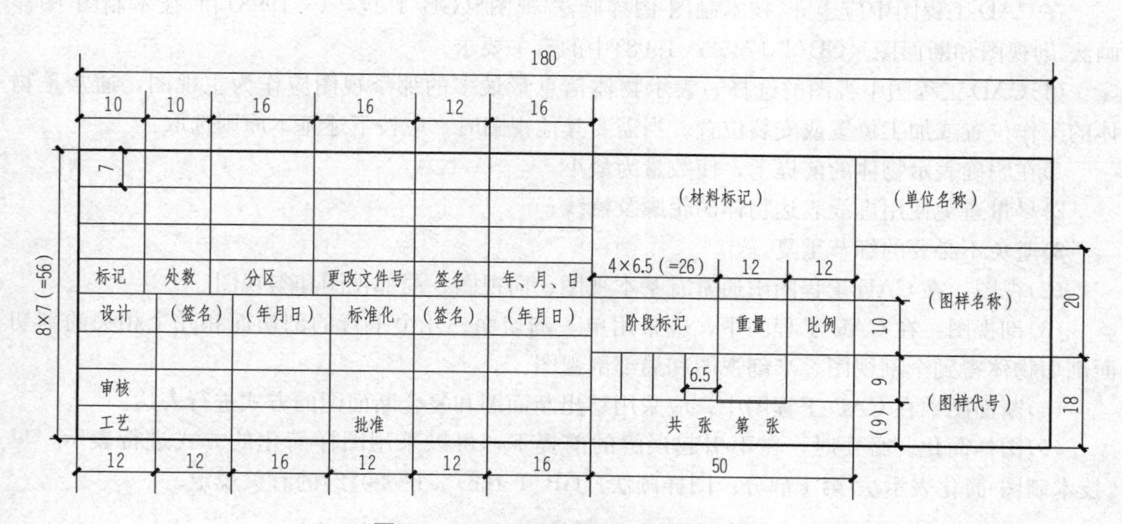

图 8-7 CAD工程图中标题栏的格式

七、明细栏

CAD工程图中的明细栏应遵守《技术制图 明细栏》(GB/T 10609.2—2009)中的有关规定，CAD工程图中的装配图上一般应配置明细栏。明细栏一般配置在装配图中标题栏的上方，按由下而上的顺序填写，如图8-8所示。装配图中不能在标题栏的上方配置明细栏时，可作为装配图的续页按A4幅面单独绘出，其顺序应是由上而下延伸。

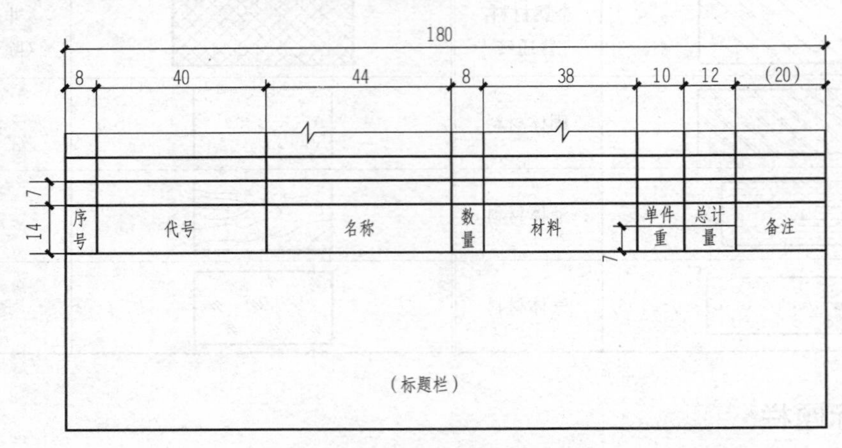

图8-8 明细栏

第二节 AutoCAD工程图的基本画法与尺寸标注

一、AutoCAD工程图的基本画法

在CAD工程图中应遵守《技术制图 图样画法 视图》(GB/T 17451—1998)和《技术制图 图样画法 剖视图和断面图》(GB/T 17452—1998)中的有关要求。

(1)CAD工程图中视图的选择。表示物体信息量最多的那个视图应作为主视图，通常是物体的工作位置或加工位置或安装位置。当需要其他视图时，应按下述基本原则选取：

1)在明确表示物体的前提下，使数量为最小；

2)尽量避免使用虚线表达物体的轮廓及棱线；

3)避免不必要的细节重复。

(2)视图。在CAD工程图中通常有基本视图、向视图、局部视图和斜视图。

(3)剖视图。在CAD工程图中，应采用单一剖切面、几个平行的剖切面和几个相关的剖切面剖切物体得到全剖视图、半剖视图和局部剖视图。

(4)断面图。在CAD工程图中，应采用移出断面图和复合断面图的方式进行表达。

(5)图样简化。必要时，在不引起误解的前提下，可以采用图样简化的方式进行表示，见《技术制图 简化表示法 第1部分：图样画法》(GB/T 16675.1—2012)的有关规定。

二、AutoCAD 工程图的尺寸标注

在 CAD 工程图中应遵守相关行业的有关标准或规定。

1. 箭头

(1)在 CAD 工程图中所使用的箭头形式，如图 8-9 所示。

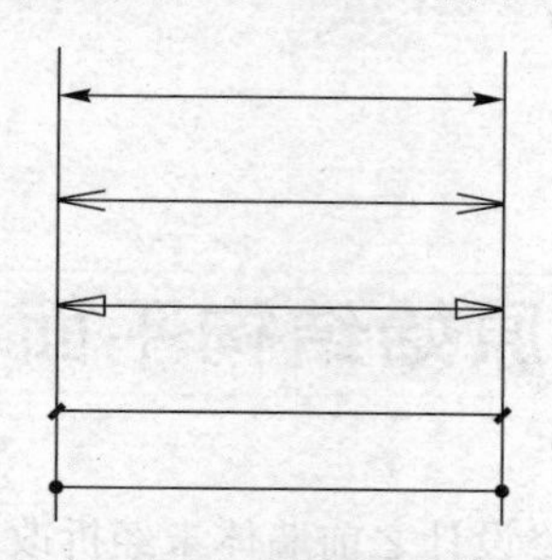

图 8-9 CAD 工程图中所使用的箭头形式

(2)同一 CAD 工程图中，一般只采用一种箭头的形式。当采用箭头位置不够时，允许用圆点或斜线代替箭头，如图 8-10 所示。

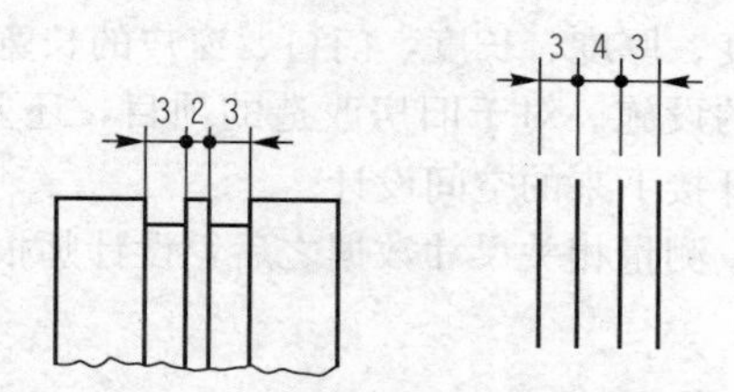

图 8-10 CAD 工程图中箭头的代替

2. 尺寸数字、尺寸线和尺寸界线

CAD 工程图中的尺寸数字、尺寸线和尺寸界线应按照有关标准的要求进行绘制。

3. 简化标注

必要时，在不引起误解的前提下，CAD 工程图中可以采用简化标注方式进行表示，见《技术制图 简化表示法 第 2 部分：尺寸注法》(GB/T 16675.2—2012)。

第九章 应用 AutoCAD 绘制装饰工程图样

第一节 原始结构平面图的绘制

微课：框架图简介

原始结构平面图一般是指在装修设计之前墙体未经拆改的户型图，多数为毛坯房。室内一般有墙体、梁、柱、烟道、电箱、窗户、进水管、马桶坑位、下水管等设施。

原始结构平面图相当于给设计师的一张白纸，让设计从头开始，在绘制原始结构平面图之前，设计师要亲自到现场了解所要设计的室内情况，测量房间的开间、进深，墙体的高度、厚度、长度，门口、窗户的长宽高，梁柱，顶棚、烟道、暖气等物理环境的设施。对于旧房改造的项目，还要准确记录下需要保留与拆改部分的位置和准确尺寸，以展开接下来的空间设计。

在经过设计师的现场调研、测量相关尺寸数据之后，设计师根据手绘草图再用 AutoCAD 软件绘制原始结构平面图。

一、工程图样板文件的创建

微课：样板文件设置

无论是绘制何种建筑施工图，如平面图、立面图、吊顶图、节点图、原始结构图，都需要创建工程图样板文件，它可快速绘制其他同类工程图形。在绘制如建筑平面图、立面图、剖面图或建筑详图时，可直接调用已创建的建筑工程图样板文件，从而不必每次都对图层、标注样式、绘图单位等参数进行设置，大大提高了作图效率。

1. 样板文件的创建

(1)调用已存在样板文件。AutoCAD 中提供了多个样板文件，执行"文件→新建"命令或是在命令行中输入"New"，可打开"选择样板"对话框，在该对话框中选择所需的样板文件，然后单击"打开"按钮 打开(O) ▾ 即可打开相应的工程图样板文件。

(2)自定义样板文件。用户可在默认的样板文件基础上修改创建一个新的图形文件，对其中的各类参数等进行重新定义，以适用于某类工程图样，并将该图形文件以样板文件的格式存储，即保存为". dwg"格式的样板文件，供以后绘图时直接调用。

(3)调用已有图形修改为样板文件。用户可直接调用已有的某个符合规定的专业工程图形文件作为样图，因其图形界限、单位、图层及实体特性、文字样式、图块、尺寸标注样式等相关系统标量已设置完成，因此，用户只需打开该文件，将文件中多余的内容删去，然后将其另存为". dwg"格式的样板文件即可。

2. 建筑工程图样板文件的创建

在创建建筑工程图样板文件时，用户应根据自身绘图习惯及建筑专业所包含的内容来设定。

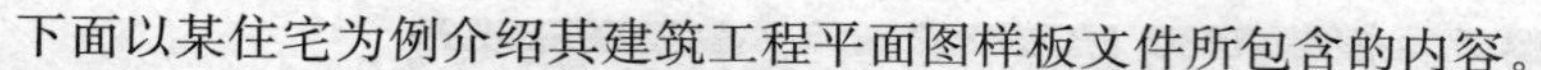

下面以某住宅为例介绍其建筑工程平面图样板文件所包含的内容。

(1)图形界限：由于建筑图形尺寸较大，且在绘制的时候通常按 1∶1 的比例绘制，因此应将图形界限设置得大一些，以让栅格覆盖整个绘图区域。

(2)捕捉间距：捕捉间距通常为 300，不符合模数的数据由键盘输入。栅格间距为 3 000，并启用栅格功能。

(3)单位：单位常为十进制，小数点后显示 0 位，以毫米为单位。

(4)图层、线型与颜色：平面图中所需的图层、线型及颜色可参照图 9-1 设置。

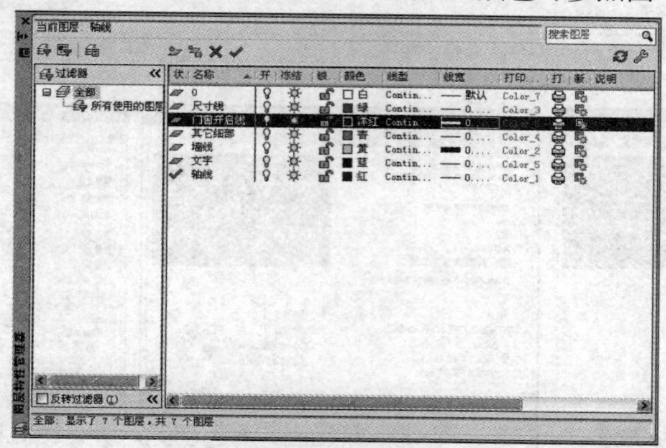

图 9-1 图层、线型与颜色设置

(5)系统变量：系统变量包括线型比例，尺寸标注比例，点符号样式、大小等。

(6)标注样式：平面图中所需的文字样式可参照图 9-2 设置；尺寸标注样式可参照图 9-3 设置。

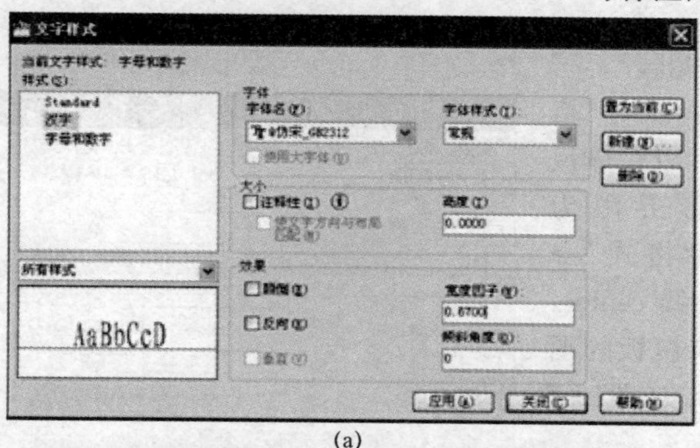

(a)

(b)

图 9-2 文字样式

(a)汉字样式；(b)字母和数字样式

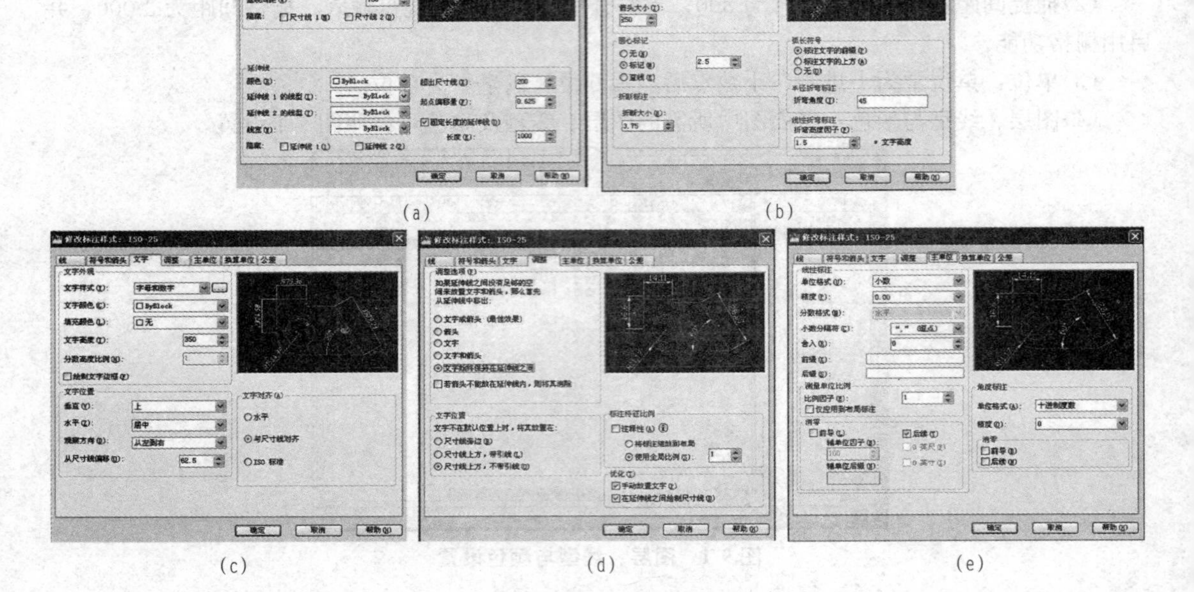

(a) (b) (c) (d) (e)

图 9-3　尺寸标注样式

(a)线样式；(b)符号和箭头样式；(c)文字样式；(d)调整样式；(e)主单位样式

3. 设置绘图环境与图层

(1)设置绘图环境：执行“格式”→“图形界限”命令，以总体尺寸为参考，设置图形界限为 42 000×29 700。执行“格式”→“线型”命令，加载中心线 center，根据设置的图形界限与模板的图形界限的比值，显示如图 9-4 所示。

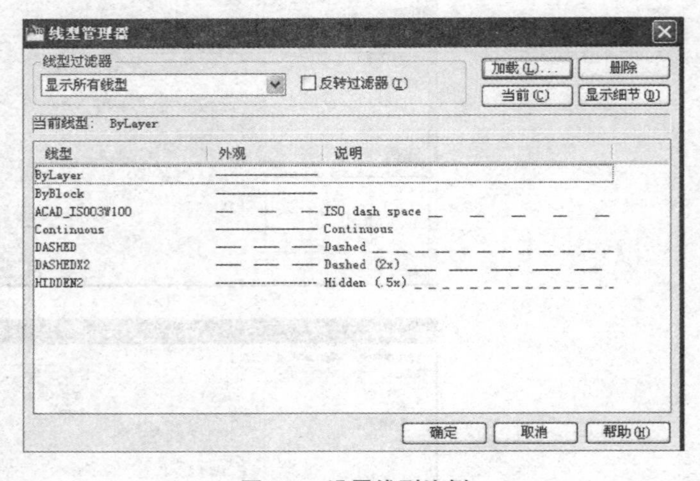

图 9-4　设置线型比例

(2)设置图层：根据不同特性创建图层以便于管理各种图形对象，如轴线层、墙体层、柱子填实层、门窗层等，如图 9-5 所示。常常将轴线设置成红色，修改轴线线型时，单击“线型”图标 Continuous ，打开“选择线型”对话框，单击“加载”按钮，打开“加载或重载线型”对话框，如图 9-6 所示。选择“ACAD _ ISO10W100”线型，返回到“选择线型”对话框，选择刚刚加载的“ACAD _ ISO10W100”线型，如图 9-7 所示，单击“确定”按钮完成线型设置，效果如图 9-8 所示。使用同样方法完成其他图层设置。

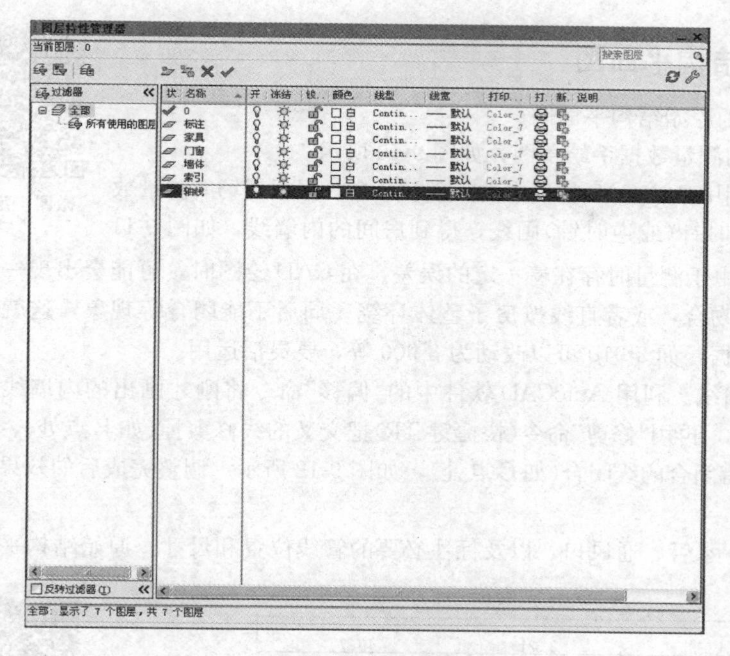

图 9-5　创建图层

微课：图层设置(一)

微课：图层设置(二)

微课：图层设置(三)

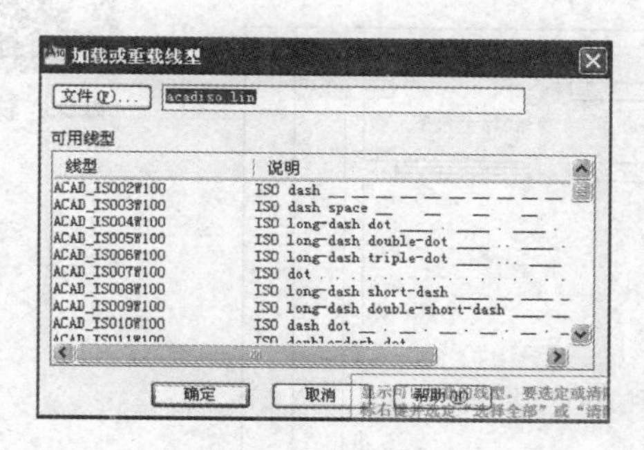

图 9-6　加载线型

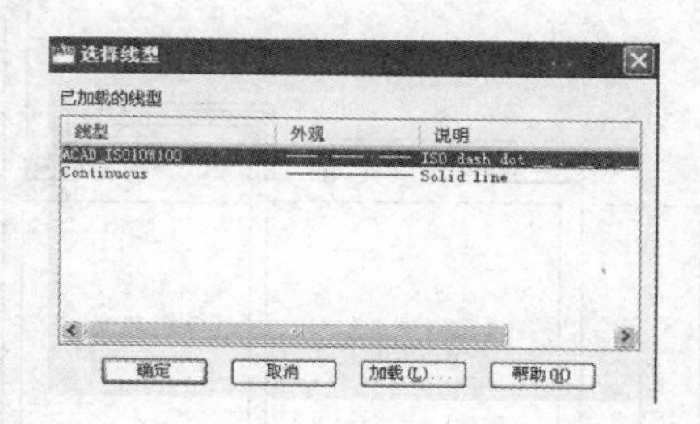

图 9-7　选择线型

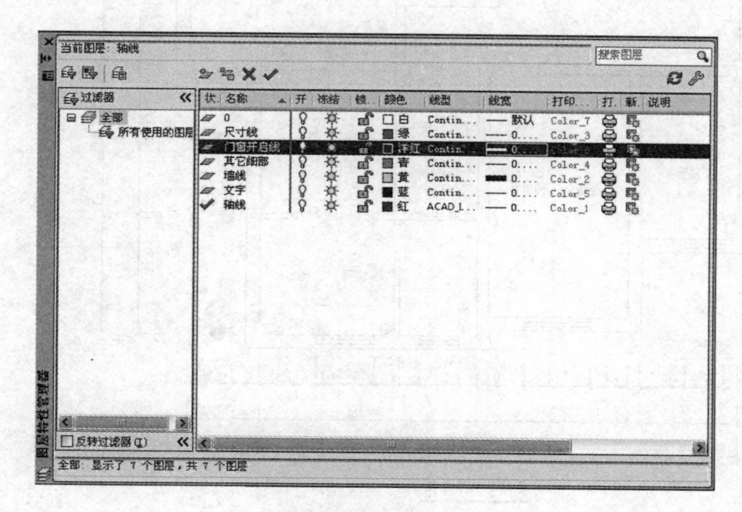

图 9-8　设置图层

二、绘制原始结构平面图

微课：定位轴线

绘制如图 9-9 所示的原始结构平面图。

(1)准备一张现场的测量数据手绘草图，如图 9-10 所示。

(2)绘制内墙线。利用 AutoCAD 软件中的“直线”命令，根据现场的测量数据从门的入口 A 点处顺时针(或逆时针)画线，得到房间的内墙线，如图 9-11 所示。需要注意的是，由于测量时存在着一定的误差，在 CAD 绘图时，可能会出现一个空间内的左右两面墙的尺寸不吻合，或者直线按房子整体环绕一周后不能闭合等现象，这就要求设计师主观处理一些尺寸数据，如 3 910 可以改动为 3 900 等，要灵活运用。

(3)绘制、调整外墙线。利用 AutoCAD 软件中的“偏移”命令将刚才画出的内墙线向外偏移 300，得到房间的外墙线，再用“修剪”命令(快捷键 TR)把交叉的线修剪掉(如 B 点处)，最后用导角工具(快捷键 F)将没有闭合的线闭合(如 C 点处)，如图 9-12 所示。调整完成后的效果如图 9-13 所示。

(4)绘制窗梁、上下水管、通风口，以及标注必要的管线位置和尺寸。原始结构平面图绘制完成，如图 9-14 所示。

微课：轴号绘制

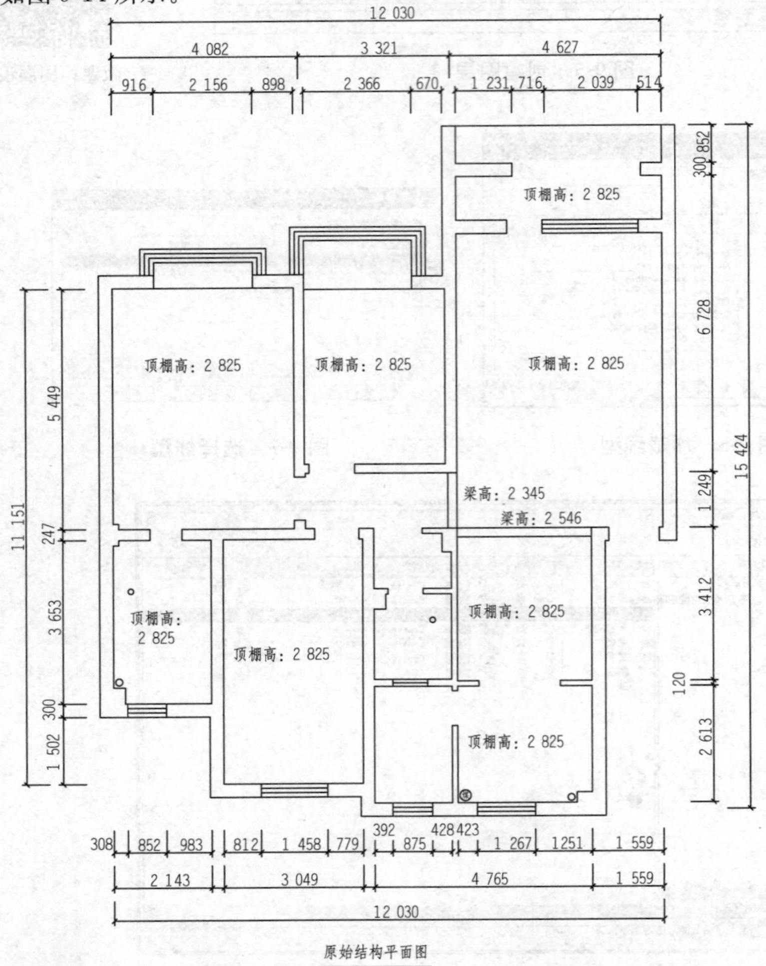

图 9-9　原始结构平面图

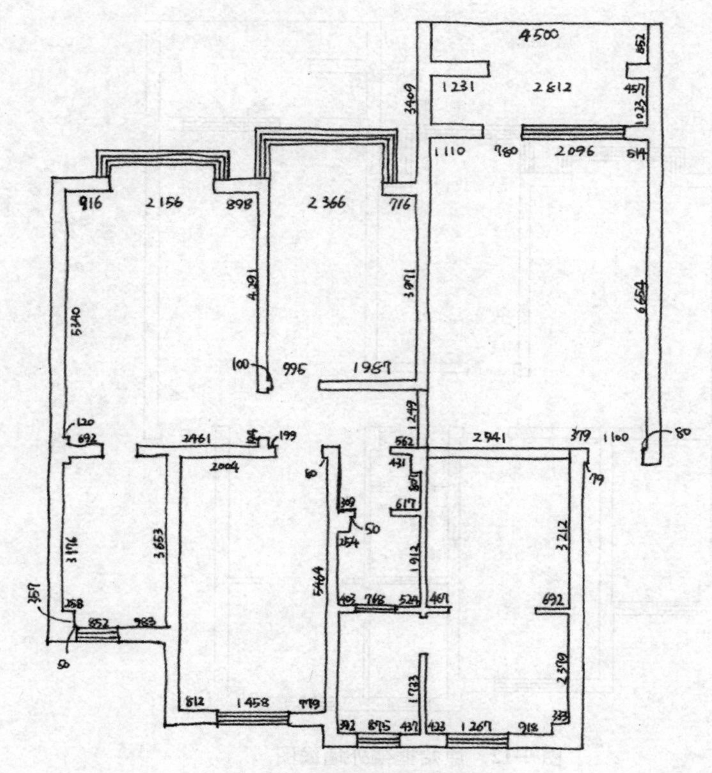

图 9-10　现场测量数据草图

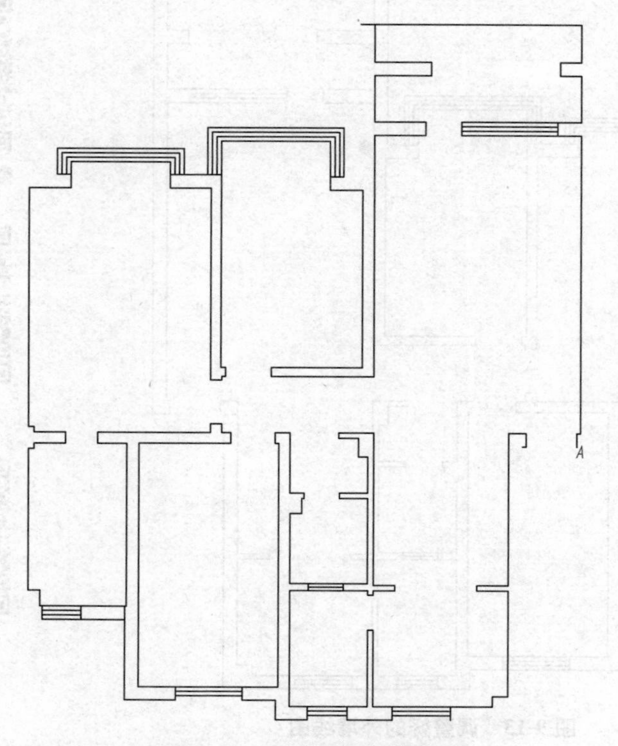

图 9-11　原始框架内墙线图

微课：绘制墙线(一)

微课：绘制墙线(二)

微课：窗户定位

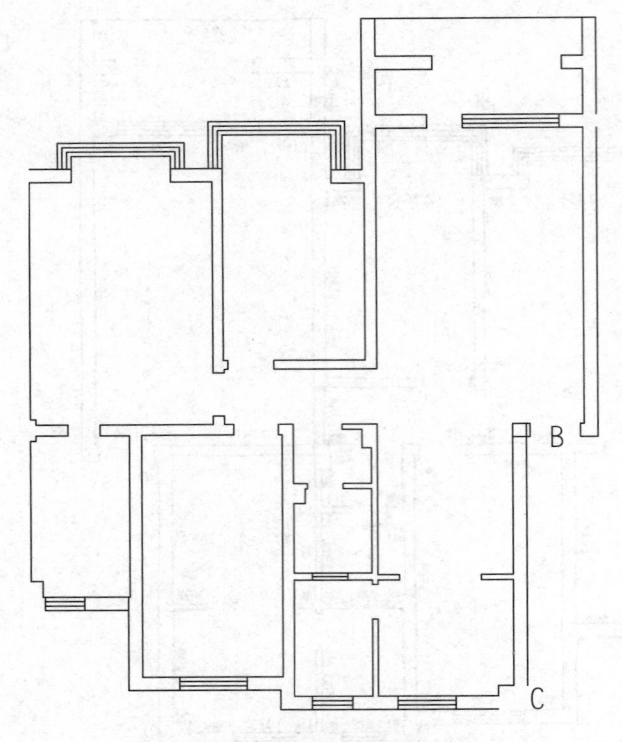

图 9-12　原始框架外墙线图

微课：窗户、门洞

微课：门

微课：标注

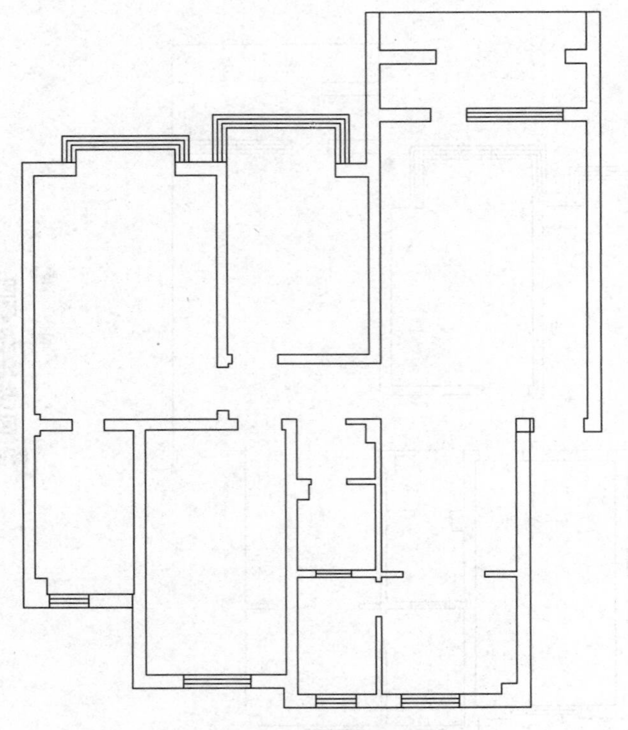
图 9-13　调整好的外墙线图

第二节　装饰施工平面布置图的绘制

绘制平面布置图首先要掌握室内设计原理、人体工程学等学科知识，绘制各个功能空间中的家具、设施时，应根据人体工程学来确定尺寸，如过道宽度，楼梯踏步宽度、高度等。这些理论知识不清楚，是无法绘制平面布置图的。

绘制平面布置图的基本步骤如下：

(1)调入原始结构图。

(2)调入(或自己绘制)家具、陈设、植物等 CAD 平面模型图块，根据人体工程学知识和设计方案将家具、陈设、植物等 CAD 模型修改至科学的尺寸。

(3)标注尺寸和文字。

(4)加图框和标题栏。

(5)打印输出图。

绘制如图 9-14 所示平面布置图。

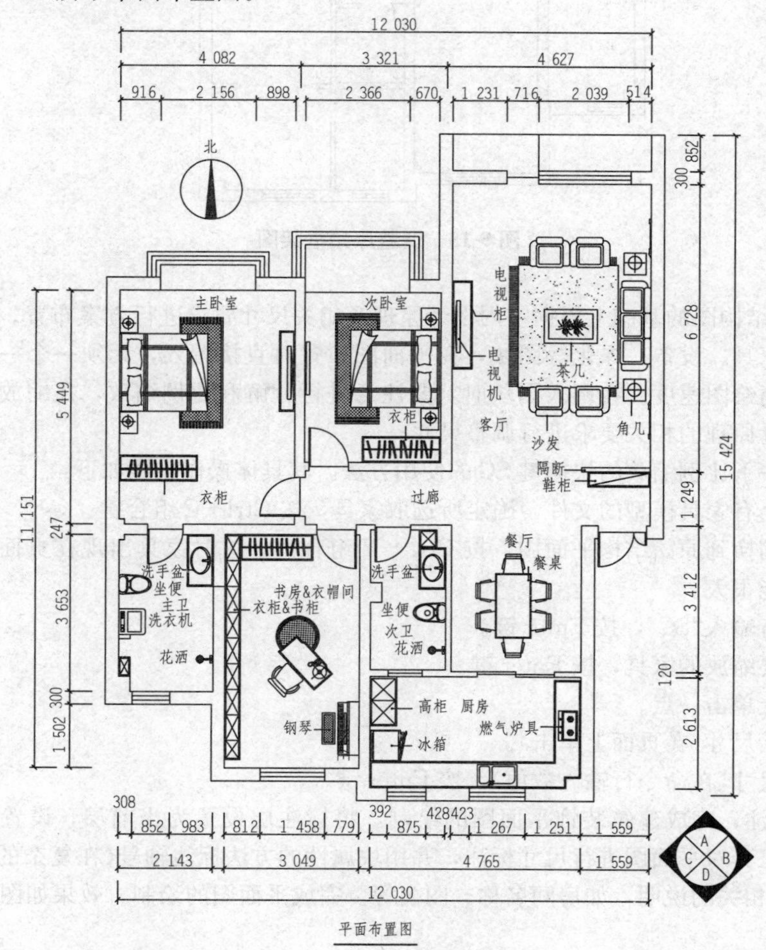

图 9-14　平面布置图

(1)设置绘图环境。执行“格式”→“图形界限”命令，以总体尺寸为参考，设置图形界限为40 000×33 000。执行“格式”→“线型”命令，加载中心线 center，根据设置的图形界限与模板的图形界限的比值，(单击可显示细节)设置其全局比例因子约为 100，使得中心线能正常显示。也可以在命令行输入“LTS”，比例设置为 100。

(2)打开原始框架图(或者重新建立一个文件，方法同原始框架图)，将图中的一些尺寸数据删除，只保留框架，如图 9-15 所示。

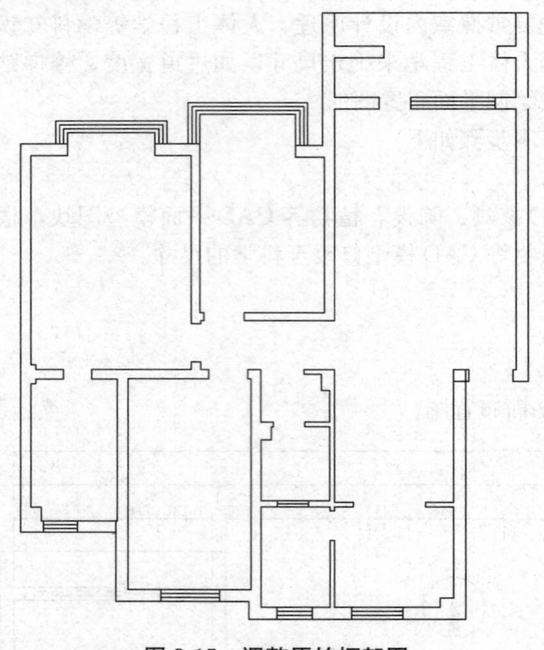

图 9-15 调整原始框架图

(3)在原始结构图的基础上根据室内设计原理及相关尺寸要求进行方案布置。我们可以利用以前制作好的家具、设备、绿化等图块，在平面图布置时直接调入，无须一个一个地绘制，这样可以大大提高绘图速度。在调入图块时，要注意进行分解和比例缩放，在缩放的时候主要以人体尺寸和设计原理的相关要求进行调整尺寸。

这里介绍一下比例缩放的快捷键 SC 的使用方法。其具体操作步骤如下：

1)打开一个有家具模型的文件，确定所选取家具，按 Ctrl+C 组合键。

2)将页面切换到原始结构平面图，按 Ctrl+V 组合键，这时家具出现在页面中，但有可能很小，也有可能很大。

3)在命令行输入“SC”，按 Enter 键。

4)选择所要缩放的家具，按 Enter 键。

5)在家具上单击一点。

6)输入原始尺寸(在页面上单击)。

7)输入新尺寸(在命令行输入数值)，按 Enter 键。

(4)尺寸标注，完成建筑装饰平面图的绘制。将标注层设置为当前层，设置正确的标注样式，使用标注工具对平面图进行尺寸标注，并用块属性的方法标注轴号(在复杂的大工程施工图中)。最后注写相关的说明，如房间名称、图名等。完成平面图的绘制，效果如图 9-14 所示。

第三节　装饰施工地面铺装图的绘制

有时候，地面铺装图与平面布置图同在一张图纸上，即在平面布置图上可以看到地面铺装的填充图案。当室内空间较复杂，地面材质较多，如欧式拼花图较多，斜铺等施工工艺比较多时，可单独绘制一张地面铺装图。

绘制如图 9-16 所示的地面铺装图。

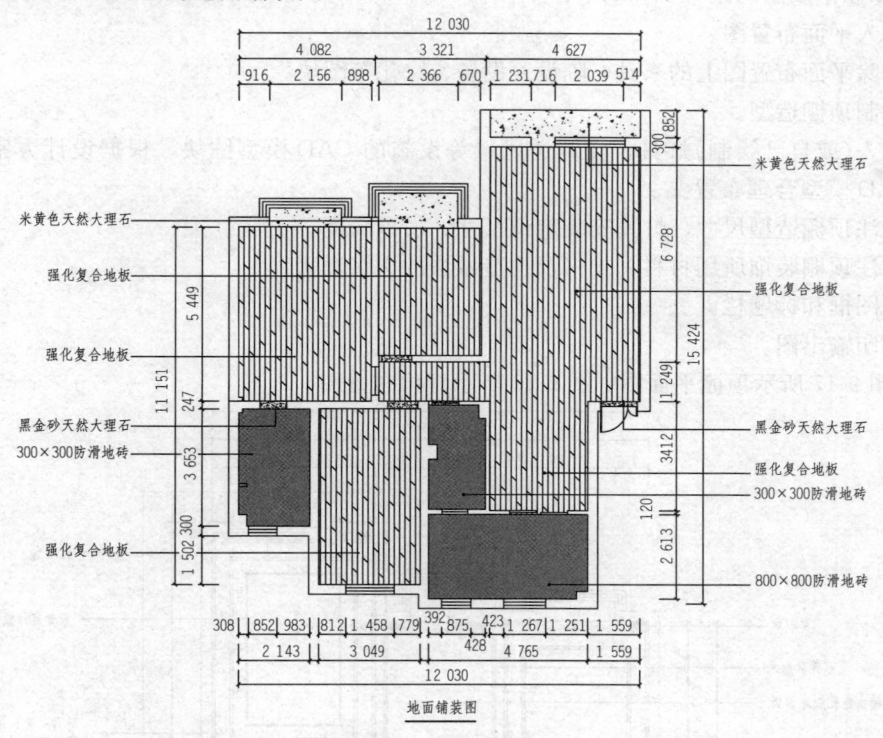

图 9-16　地面铺装图

地面铺装图的绘制相对简单，在这里就不详细说明了，其主要步骤如下：

(1)调入平面布置图。

(2)删除平面布置图上的家具、陈设、设备、绿化等图块。

(3)使用填充图案工具填充地面材质。

(4)标注尺寸和文字。

(5)加图框和标题栏。

(6)打印输出图。

需要注意的是，填充图案(快捷键 H)要选择那些与真实地面材质相接近的图案，特别是填充图案不能直接使用，要有一定的缩放比例。没有一个固定的比例，要试着调试，直到图面效果与真实的地材尺寸相符为止。如地砖的尺寸一般是 300 mm×300 mm、600 mm×600 mm 或者

800 mm×800 mm，如果画成 100 mm×100 mm 显然是不合理的。无论是绘制地面铺装图还是平面布置图，都要与设计原理、装饰材料、施工工艺与构造等相关知识紧密地联系起来，没有这些知识的积累是画不好 CAD 施工图的。

第四节　装饰施工顶棚平面图的绘制

绘制顶棚平面图的基本步骤如下：

(1)调入平面布置图。

(2)删除平面布置图上的家具、陈设、设备、绿化等图块。

(3)绘制顶棚造型。

(4)调入(或自己绘制)灯具、空调送风口等设施的 CAD 模型图块，根据设计方案将灯具、设施等 CAD 模型合理布置。

(5)标注顶棚造型尺寸、灯具安装定位尺寸、吊顶高度。

(6)标注顶棚装饰所用材料、规格及构造做法的文字说明。

(7)加图框和标题栏。

(8)打印输出图。

绘制图 9-17 所示顶棚平面图、图 9-18 所示灯位布置图。

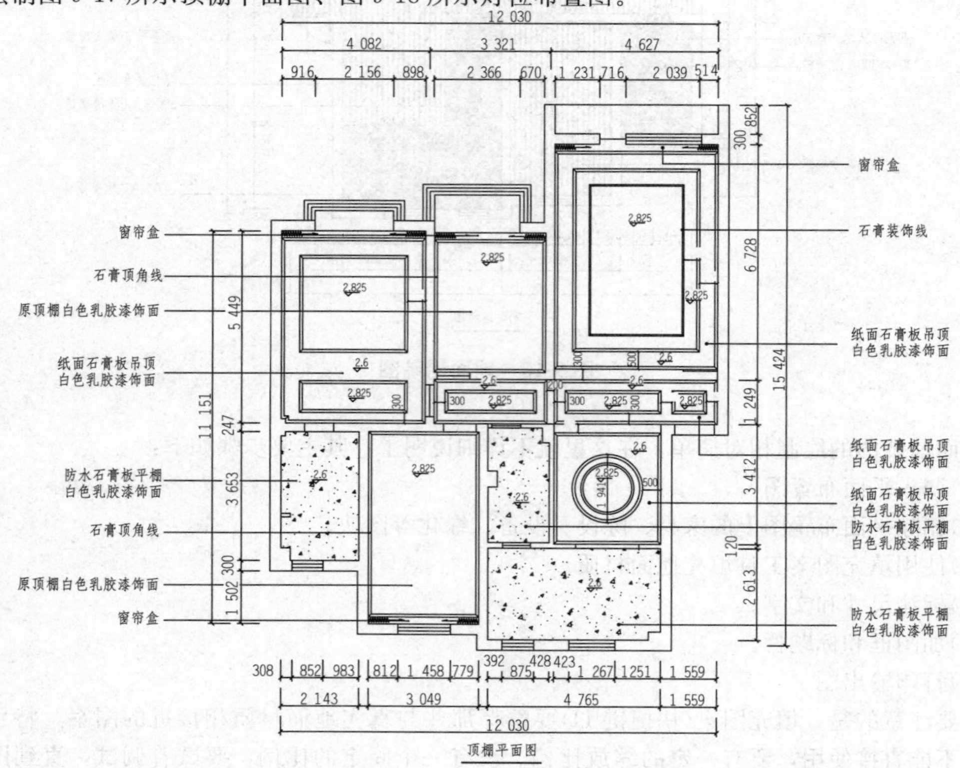

图 9-17　顶棚平面图

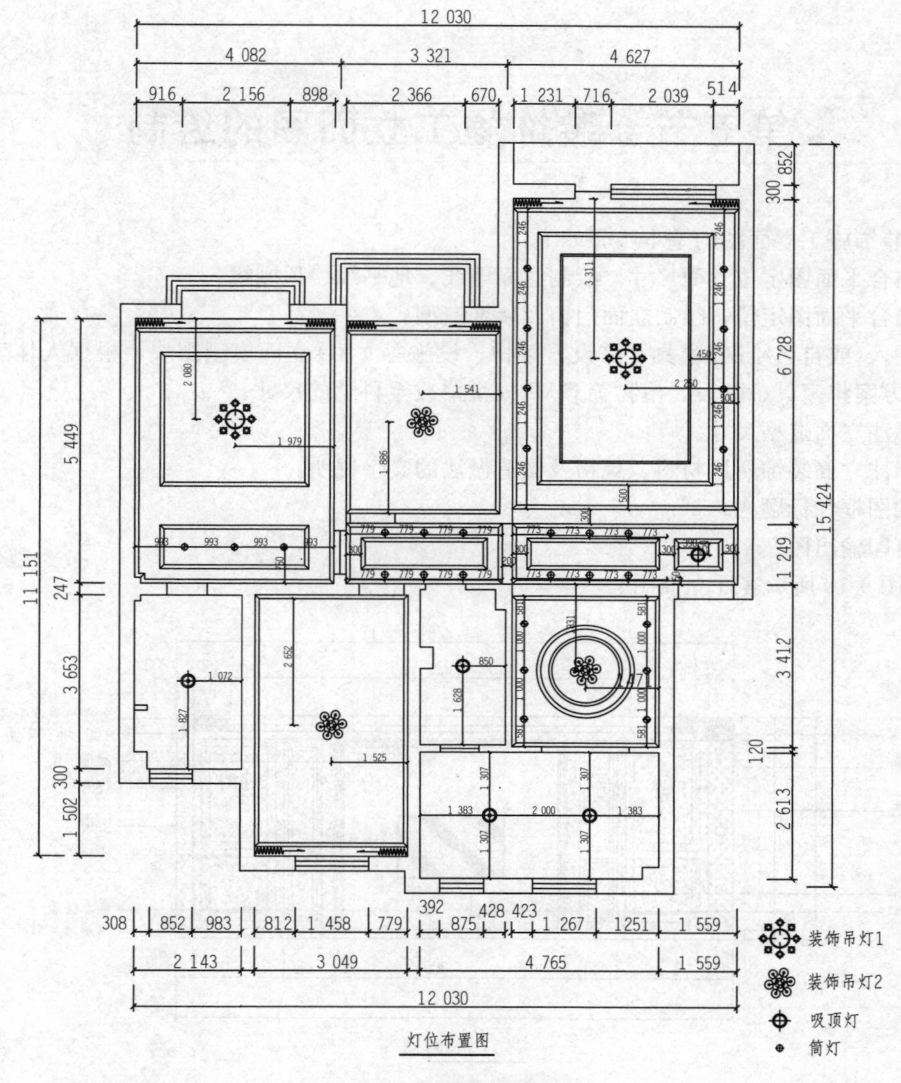

图 9-18　灯位布置图

(1)调入平面图：在平面布置图的基础上充分考虑照明、排气等功能要求，制定顶棚布置方案，并着手进行绘制。

(2)绘制顶棚造型：根据需要使用“直线”“矩形”或“填充”等命令绘制，并进行偏移、修剪等修改编辑操作，完成顶棚造型的绘制。

(3)灯具布置、标注尺寸及说明：根据绘制的顶棚造型设计方案，对所需灯具进行布置。在布置灯具时，可以调用图块，但是需要注意尺寸和比例，安装在相应的位置。使用尺寸标注工具对顶棚造型进行标注，这里标高标注是重要的施工参数，为了便于识读，必须表达清楚。还需要有必要的文字说明，如顶棚的材料、做法等。

第五节　装饰施工立面图的绘制

绘制装饰施工立面图的基本步骤如下：

(1)结合平面图定位立面尺寸，绘制立面墙线、地平线、顶棚线。

(2)结合平面图定位，绘制立面门窗及装饰造型。

(3)调入(或自己绘制)家具、陈设、植物、设施等CAD立面模型图块，根据人体工程学知识和设计方案将家具、陈设、植物等CAD模型修改至科学的尺寸。

(4)标注立面造型尺寸。

(5)标注立面装饰所用材料、规格及构造做法的文字说明。

(6)加图框和标题栏。

(7)打印输出图。

绘制图9-19所示客厅立面图。

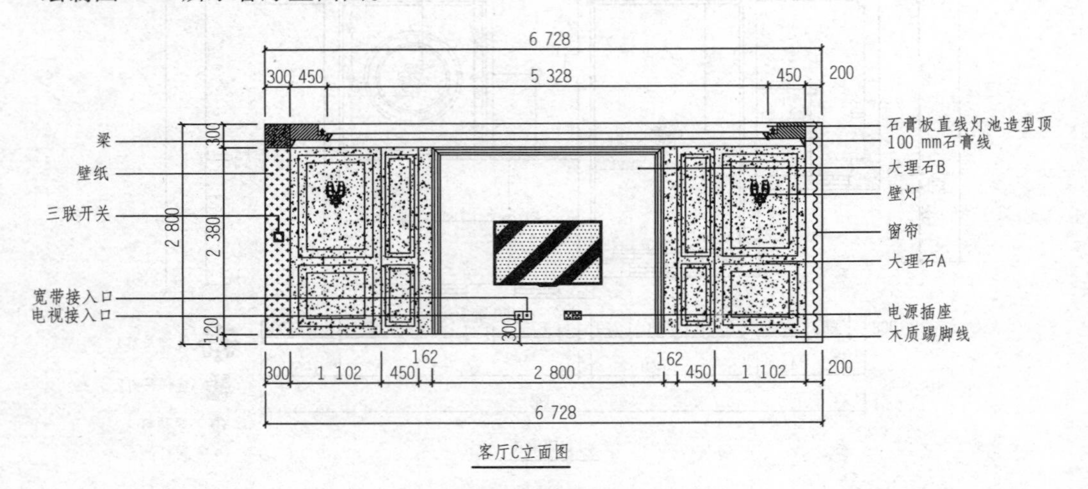

图 9-19　客厅立面图

(1)设置绘图环境：设置图层。

(2)绘制辅助线：结合平面图定位立面尺寸，绘制定位辅助线，如图9-20所示。

图 9-20　绘制定位辅助线

(3)绘制立面造型：在辅助轴线的基础上使用绘图及编辑工具绘制立面造型，并删除不必要的线段，效果如图 9-21 所示。在细部绘制的基础上进行图块的插入，设计摆放家具，此时注意缩放的比例，同时考虑人体活动所需的尺寸和美学原理，完成效果如图 9-22 所示。

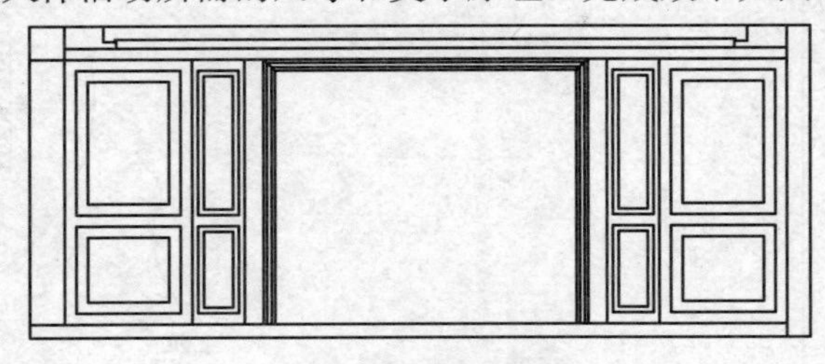

图 9-21　绘制细节

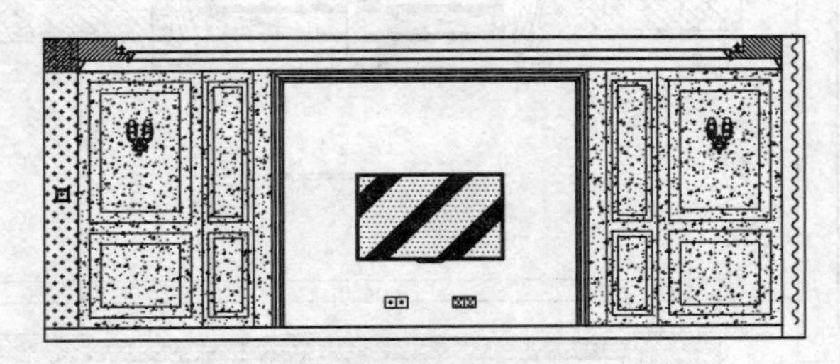

图 9-22　细部绘制插入图块

(4)标注尺寸、添加文字说明：将尺寸标注层设置为当前层，使用尺寸标注工具给客厅立面图添加标注，并且加注相应的说明，标识其材料或造型，效果如图 9-19 所示。

第六节　装饰施工节点详图的绘制

一、装饰施工节点详图的绘制要点

绘制装饰施工节点详图应结合装饰平面图和装饰立面图，按照详图符号和索引符号来确定装饰施工节点详图在装饰装修工程中所在的位置，通过读图应明确装饰形式、用料、做法、尺寸等内容。由于装饰装修工程的特殊性，往往构造比较复杂，做法比较多样，细部变化多端，故采用标准图集较少。装饰施工节点详图种类较多，且与装饰构造、施工工艺有着密切联系，其中必然涉及一些专业上的问题，因此，在识读绘制详图时应注重与实际结合。

二、绘制装饰施工节点制图

1. 绘制房门剖面图

在平面图和立面图的基础上绘制如图 9-23 所示的门的详图。

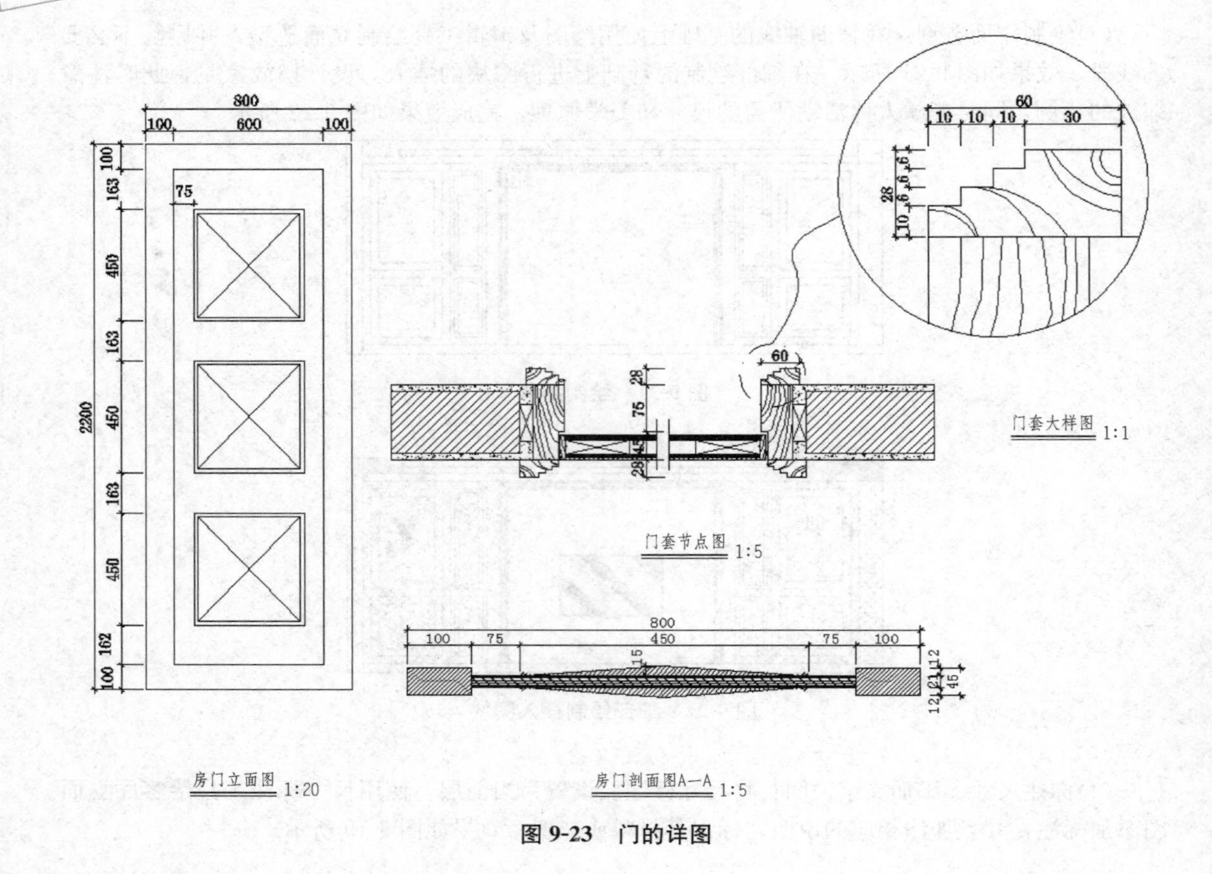

图 9-23　门的详图

(1)绘制轮廓线和辅助线：根据尺寸对平面图进行定位并绘制轮廓线和辅助线，如图 9-24 所示。

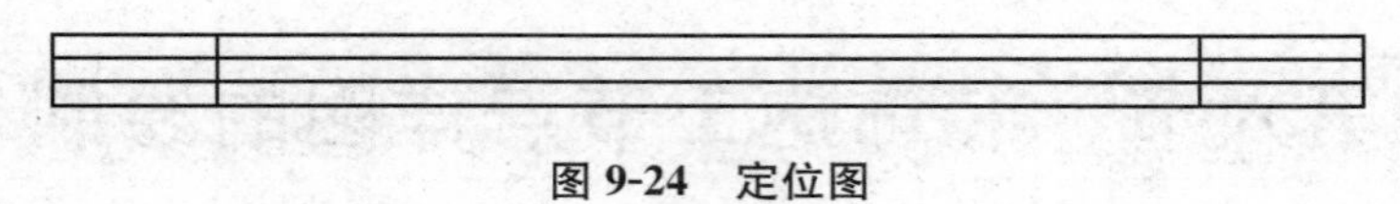

图 9-24　定位图

(2)绘制门形状：对辅助轴线进行修剪，并删除不必要的线段，如图 9-25 所示。

图 9-25　修剪后的平面图

(3)绘制构件并填充：绘制门的构件，填充门的材质，如图 9-26 所示。

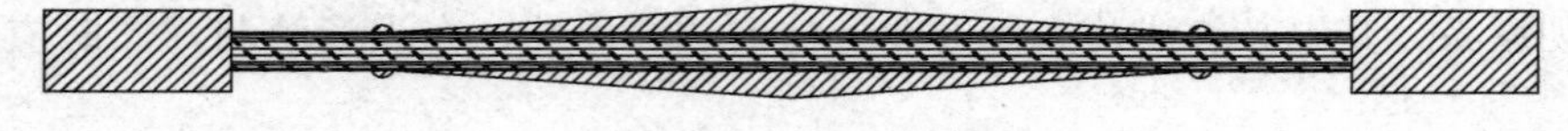

图 9-26　构件填充后的效果

(4)尺寸标注：对门的剖面图进行标注，完成绘图进行保存，如图 9-27 所示。

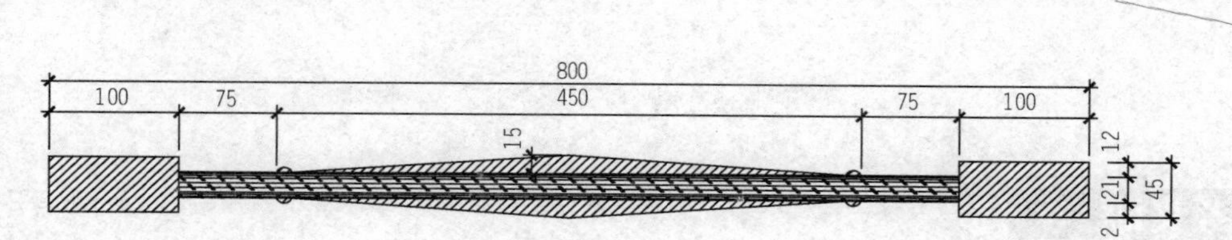

图 9-27　标注尺寸后的房门剖面图

2. 绘制门套节点大样图

(1)绘制轮廓线、门套节点的形状：根据门套尺寸进行定位，并绘制轮廓线进行修剪，如图 9-28所示。

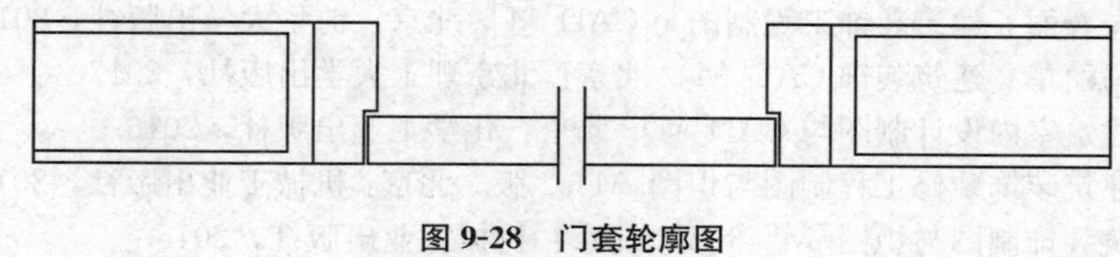

图 9-28　门套轮廓图

(2)进一步绘制细部：在图 9-28 基础上进行细部绘制，如图 9-29 所示。

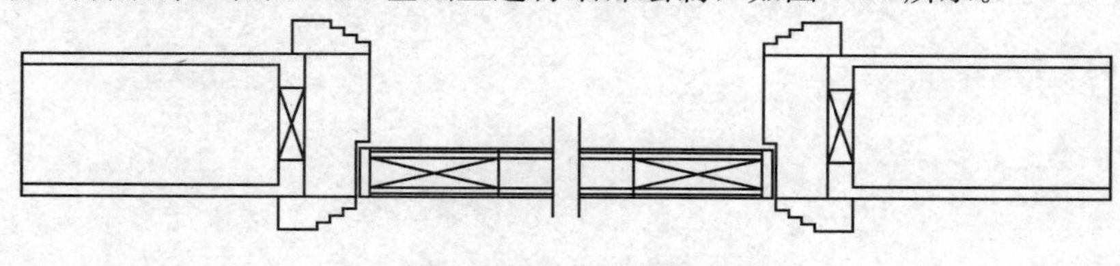

图 9-29　门套细部绘制

(3)对材质进行填充：在已经绘制好的图形上进行填充，应用填充命令对不同材质进行填充，此时需要注意调整比例，还需要掌握常用材料的图例，如图 9-30 所示。

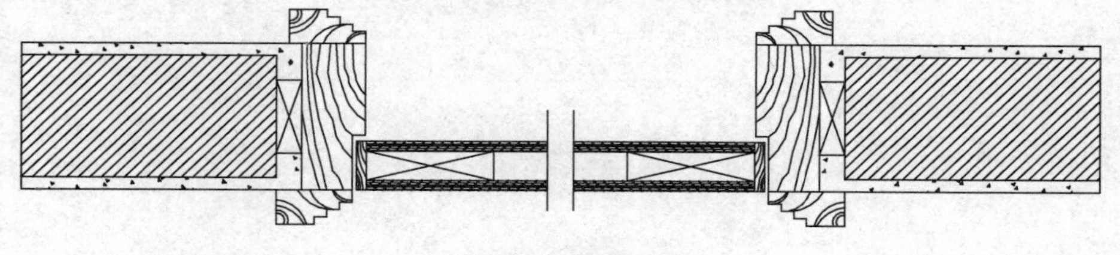

图 9-30　填充效果

(4)标注尺寸：根据已知尺寸对门套节点图进行尺寸标注，完成绘制，如图 9-31 所示。

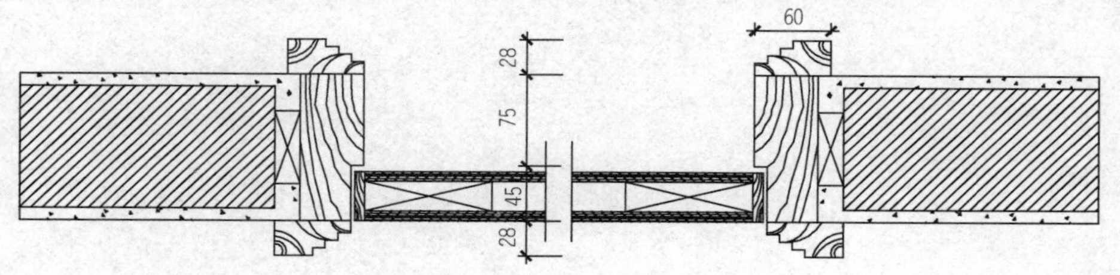

图 9-31　添加尺寸标注

References

参考文献

[1] 邹娟，罗雅敏，刘璐．建筑装饰 CAD 制图[M]. 重庆：西南交通大学出版社，2016.
[2] 覃斌，尹晶．建筑装饰工程制图与 CAD[M]. 北京：北京理工大学出版社，2018.
[3] 谭荣伟，李淼．装修装饰 CAD 绘图快速入门[M]. 北京：化学工业出版社，2012.
[4] 赵克理，左春丽．建筑装饰工程制图与 CAD[M]. 北京：清华大学出版社，2015.
[5] 武月清，马丽华．建筑装饰 CAD[M]. 北京：北京理工大学出版社，2017.
[6] 张英杰．建筑室内设计制图与 CAD[M]. 北京：化学工业出版社，2016.
[7] 沈百禄．建筑装饰装修工程制图与识图[M]. 2 版．北京：机械工业出版社，2010.
[8] 高远．建筑装饰制图与识图[M]. 3 版．北京：机械工业出版社，2016.
[9] 陈小青．室内装饰工程制图与识图[M]. 北京：化学工业出版社，2015.
[10] 夏万爽．建筑装饰制图与识图[M]. 北京：化学工业出版社，2010.